陕西师范大学一流学科建设基金资助
教育部人文社会科学重点研究基地重大项目资助

陕西师范大学西北历史环境与经济社会发展研究院学术文库

生态文明视域下农业水资源优化配置
——基于西北地区的研究

Optimal Allocation of Agricultural Water Resources from the Perspective of
Ecological Civilization - Evidence from Northwest China

方 兰 等◎著

中国社会科学出版社

图书在版编目（CIP）数据

生态文明视域下农业水资源优化配置：基于西北地区的研究／方兰等著．
—北京：中国社会科学出版社，2019.11

ISBN 978 - 7 - 5203 - 5762 - 3

Ⅰ.①生…　Ⅱ.①方…　Ⅲ.①农业资源—水资源管理—资源配置—优化
配置—研究—中国　Ⅳ.①S279.2

中国版本图书馆 CIP 数据核字（2019）第 289338 号

出 版 人	赵剑英	
选题策划	张　林	
责任编辑	高　歌	
责任校对	周晓东	
责任印制	戴　宽	

出　　　版	中国社会科学出版社	
社　　　址	北京鼓楼西大街甲 158 号	
邮　　　编	100720	
网　　　址	http://www.csspw.cn	
发 行 部	010 - 84083685	
门 市 部	010 - 84029450	
经　　　销	新华书店及其他书店	

印刷装订	北京君升印刷有限公司	
版　　　次	2019 年 11 月第 1 版	
印　　　次	2019 年 11 月第 1 次印刷	

开　　　本	710×1000　1/16	
印　　　张	20.5	
字　　　数	286 千字	
定　　　价	108.00 元	

凡购买中国社会科学出版社图书，如有质量问题请与本社营销中心联系调换
电话：010 - 84083683

目　录

第 一 章

绪　　论

第一节　研究背景和意义

一　研究背景

粮食安全是国家安全的重要基础，习近平总书记高度重视粮食问题，他说："中国人的饭碗任何时候都要牢牢端在自己的手上。"保证粮食安全的关键在于持续稳定的农业水资源供给和高效集约利用。以提高水资源使用效率为核心的需求管理来代替水资源开发为主的供给管理已经逐渐成为全世界的共识。从世界范围来看，农业用水是用水第一大户，因此农业水资源优化配置问题不仅影响粮食安全，也影响整个水资源可持续供应和生态环境的安全。

传统的水资源供给管理取得了巨大的成就，但是也带来了严重的生态环境问题。供水主导型管理使水资源的开发和利用逼近生态系统的极限。同时供给管理忽视了对水资源使用效率和水资源质量的管理，使水资源浪费和水资源污染情况未能得到有效控制。21世纪水资源管理面临的严峻挑战不仅仅是水资源短缺和洪涝灾害等问题，更紧迫的是水资源污染和水生态环境退化等严重问题。

21世纪以来，我国大力推行生态文明建设，经济发展由数量型向质量型转变。此举不仅让世界瞩目，也促进了我国经济健康与可持续发展。生态文明是更高层次的文明形态，是对当前经济社会发展模式的根本性、革命性反思。我国在农业现代化的道路上已经走过将近半个世纪的路程，随着改革的深入，农业生产格局、农业基本功能、农业生产主体等都发生了翻天覆地的变化。理解这些显著的变化,准确把握当前我国农业发展的基本态势,就能进一步明晰农业水资源优化配置的着力点、新要求。农业水资源的配置新动态,呼唤农业水资源优化配置新思路。只有对当前农业水资源配置的基本情况作出清晰的判断和研究,才能找准水资源优化配置的关键,寻求正确的改革路径和方法。

1. 生态文明理念提升农业水资源优化配置新高度

生态文明是人类继渔猎文明、农业文明、工业文明之后的新型文明形态,是人与自然和谐的高级文明形态。党的十七大确定了我国建设生态文明的目标,十八大以来,生态文明建设的重要性更加凸显,形成了经济建设、政治建设、社会建设、文化建设、生态文明建设"五位一体"的战略总布局。生态文明建设是中国特色社会主义事业的重要内容,关系人民福祉,关乎民族未来,事关"两个一百年"奋斗目标和中华民族伟大复兴中国梦的实现。

2011年水利部出台《关于加快推进水生态文明建设工作的意见》,要求将生态文明的理念纳入水资源管理的方方面面。农业水资源管理是水生态文明建设的重要组成部分,只有站在生态文明的高度看待农业水资源优化配置,才能够把握农业水资源配置的制高点。

生态文明将保护生态环境提到了保护生产力的高度,这彻底改变了传统的发展思维模式。不是只有物质财富是生产力,生态环境也是生产力。"保护生态环境就是保护生产力,改善生态环境就是发展生产力。"而发展生产力是社会主义的本质,这意味着生态文明是社会主义本质要求。习近平总书记指出"既要绿水青山,也要金山银山。宁要绿水青山,不要金山银山,而且绿水青山就是金山银山",也显示了对发展转变的决心。这就要求农业水资源配置不再是"就水论水",不再只是单方面地追求农业产量的增长。人水和谐成了农业水资源配置的基本前提。

生态文明将生态环境保护视为最大的民生。生态文明改变了财富的观念,不再片面追求GDP的增长,良好的生态环境是人民幸福生活的根本保障。从农业生产上看，片面追求农业产量，导致农业面源污染严重，食品安全受到严重威胁，反而降低了人民的幸福指数。我国的粮食产量逐年递增，粮食生产能力大幅度提高，但与此同时，对食品安全的担忧和批评也不断见诸报端。正在兴起的乡村旅游体现了人们对良好的生态环境和健康的追求。正如习近平总书记所说的"良好生态环境是最公平的公共产品，是最普惠的民生福祉"，"环境就是民生，青山就是美丽，蓝天也是幸福。要像保护眼睛一样保护生态环境，像对待生命一样对待生态环境"。

生态文明提倡命运共同体的理念。其中"山水林田湖生命共同体"就是将自然环境视为一个命运共同体，要以整体的观念对待各种生态系统。"山水林田湖是一个生命共同体，人的命脉在田，田的命脉在水，水的命脉在山，山的命脉在土，土的命脉在树。"不同的生命主体之间具有复杂的联系，相互影响。对于农业水资源来说，影响的不仅仅是水本身，还会影响到其他的生态系统。而"人类命运共同体"就是不同的人，不同的利益相关者要站在人类命运共同体的高度，认识和理解生态环境问题，才能够形成最广泛的共识，达成最大公约数。

生态文明的推进对农业水资源的优化配置提出了更高、更全面的要求，只有将生态文明的理念融入和贯彻到农业水资源配置中去，才能实现真正的农业水资源优化配置。

2. 农业发展新态势催生农业水资源优化配置新要求

我国的农业发展正处于传统农业向现代农业的转变过程之中，随着农业、农村改革的深入，农业发展态势和过去相比，发生了翻天覆地的变化。无论是农业生产方式、农业基本功能还是农业生产主体都和过去传统小农模式存在明显的不同。新型的农业发展模式需要与之相应的水资源配置方式，从这个角度看，农业发展的新态势，是农业水资源优化配置的着力点。

第一，农业定位正在从弱势产业向朝阳产业转变。传统的农业为人类生活提供不可或缺的粮食和工业发展的原料，一度被视为国民经济的基础。但在工业化发展的过程中，农业所占国民生产总值的份额不断缩小，很难被视为推动经济增长的主要增长点和增长极。随着农业经营方式和农业功能等的变化，农业正在成为朝阳产业，特别是"互联网＋"的出现，激活了农业生产和销售的巨大能量。2016 年中央一号文件明确提出"让农业成为充满希望的朝阳产业"，这表明农业发展将成为未来推动中国经济发展的重要增长极。

第二，农业功能正在从单一功能向多元功能转变。过去的农业生产的功能仅仅被看作提供人类生活不可或缺的粮食和工业发展的原料，因此农业发展被认为是保持农业产量的逐步提高。随着休闲农业、观光农业等新型农业模式的产生，农业的功能被进一步放大、延伸，农业的功能更加丰富和多元，这也对农业发展提出了新要求。我国在可持续农业发展战略规划中明确提出了"三型农业"的概念，即"资源节约型、环境友好型、生态保育型"农业。"三型农业"代表了我国可持续农业发展的方向和未来。

第三，农业发展业态正在从第一产业向"第六产业"转变。传统的农业被定义为第一产业，随着农业"接二连三"实现了一、二、三产业的融合，农业产业边界正在逐渐变得模糊。农业从一个单纯的物质生产部门，变成了与文化产业、服务产业等精神产品部门融合的部门。新业态不断出现的农业被概括为"第六产业"。我国的学术界和决策部门也采纳了这种提法。

第四，农业生产主体从小农向新型经营主体转变。随着土地确权和土地流转的加剧，农业生产出现了许多新型经营主体，包括家庭农场、合作社、龙头企业等。而家庭联产承包责任制下的农业生产基本上是小农生产。新型经营主体无论是从人力资本积累还是从生产经营观念等方面，都比小农更具现代农业的特征。在当前单个农户从事农业生产"微利"或"无利"的时代，新型经营主体正在逐渐成为农业生产的主力军。

农业定位、功能、业态以及生产主体的改变，意味着农业生产的新时代、新格局的出现，这就要求农业水资源配置发生质的改变，才能够更好地适应和促进农业发展的新态势。

3. 农业水资源配置新态势呼唤农业水资源优化配置新思路

我国农业水资源配置长期以来受计划经济思维的影响，以政府行政调节为主要手段，市场的作用发挥得不明显，这主要体现在农业水权不明晰，农业水价不合理等方面。这也导致我国农业水资源配置水平整体不高，不仅存在大量的水资源浪费的现象，也造成对生态环境的负面影响。

当前，我国的农业水资源配置主要存在以下问题：

第一，农业用水户节水意识淡薄，存在大量的农业用水浪费现象。一方面，我国的农业水资源越来越稀缺，另一方面却存在大量的水资源浪费现象。大部分农业灌溉方式依然是大水漫灌，农业用水户缺乏农业节水的意识。这除了客观上高效节水设施成本过高，大范围推广难度较大之外，还和当前水资源管理制度有关，对农业节水户缺乏激励措施，浪费水反而成为一种最经济的行为。

第二，农业水价偏低，几乎无法发挥市场的调节功能。当前我国农业水价基本上延续了农业福利水价的格局。农业用水和工业用水、生活用水、环境用水之间存在巨大的价格差异。过低的农业水价，无法真实反映农业水资源的稀缺程度，无法反映农业水资源的真实价值，导致价格杠杆的作用几乎无法发挥，同时也加剧了农业水价改革的难度。

第三，农业水权交易依然是政府行政主导，尚未产生巨大的市场价值。目前农业用水在向工业用水和生活用水等非农用水转让的过程中，仍然是政府在主导。如在干旱时期，往往是以牺牲农业用水为代价，来保障生活用水和工业用水。同时由于工业化、城镇化进程加速，政府分配初始水权时对农业水权的分配也逐渐下降。而这在一定程度上造成了农业水资源被无偿地侵占。

第四，农业水生态环境退化缺乏完善的补偿机制和责任追究机制。在农业生产过程中产生了大量的面源污染，导致农业水资源水质下降。同时过度使用农业水资源也造成了农业水资源生态环境的退化。目前缺乏完善的责任追究机制和生态补偿机制，导致这种现象并没有得到很好的遏制。当前农业面源污染已经成为我国第一大污染源，必须引起警惕。

值得欣慰的是我国农业水资源领域正在进行全面深化改革：第一，我国农业水价综合改革正在加快推进，农业水价达到运行维护成本水平的路线图和时间表已经出台，在不久的将来，农业水价的价格杠杆作用将会凸显。第二，水权制度在全国范围的建立，水权交易所的不断完善，农业水权交易制度将会趋于完善。第三，随着生态文明的推进，特别是水生态文明制度的构建，生态补偿机制等生态文明基本制度将全面构建，这将对农业水资源污染等问题的解决提供良好的制度保障。当前农业水资源配置的基本特征和呈现出来的变化趋势，呼唤着农业水资源优化配置的新思路。

二 研究意义

本研究对于促进我国生态文明视域下农业水资源优化配置的理论探索和实践推进具有重要的意义。

1. 理论意义

本研究是在生态文明视域下对农业水资源配置优化研究的初步探索和尝试，试图以生态文明的新理念和新要求指导农业水资源优化配置，将生态文明建设和农业水资源配置有机结合起来。本研究对农业水资源优化配置理论发展的意义主要体现在：

第一，将生态文明的理念全方位纳入农业水资源优化配置中。传统的农业水资源优化配置理论基本上是在工业文明的背景和理念下进行的，主要关注农业水资源单位产值的提高，以及水资源对农业持续增产的保障。即使考虑到水质、水污染等生态环境问题，也仅仅从环保的角度，强调对水污染的治理。而生态文明则将生态环境问题和经济社会发展紧密结合起来，贯穿于整个经济发展过程的始终。从生态文明的视角研究水资源优化配置就是以人水和谐的理念为前提，通过农业生产方式的改变、水资源管理制度的改进等综合方式，全方位提升农业水资源的优化配置水平。不仅考虑水量调节，而且将水质、水环境联合起来，形成三位一体的调节模式。不仅考虑水资源对农业生产的支撑，更是从生态系统的角度考虑水资源对整个经济社会生态系统的安全。这种研究是对农业水资源优化配置的一次全新的探索，为深化农业水资源优化配置理论发展的方向提供了有益的借鉴。

第二，丰富了对农业水资源配置效率的测算理论和方法。过去对农业水资源的效率研究，大多集中在农业水资源的使用效率上，主要衡量指标是单位水所带来的产出，以农业产值的提升，作为农业水资源使用效率提升的标准。也有不少学者利用各种数理模型对农业水资源使用效率进行测算，但是由于选择模型的不同，导致测算目标差异较大，缺乏横向比较的基础。近年来，随着全要素效率的研究深入，已经有学者开始对农业水资源从全要素生产率使用效率进行测算。在生态文明的视域下，本研究运用超效率数据包络分析模型（Super Efficiency Data Envelopment Analysis，SE - DEA）对西北地区的农业水资源配置效率进行了测算，运用2005—2014年西北地区的面板数据，兼取经济因素和生态因素对西北地区农业水资源配置效率进行了年度和地域的对比分析，详细解读了西北地区农业水资源配置效率的时空差异。在一定程度上丰富了农业水资源配置效率的测算方法。

第三，为西北地区农业水资源配置优化的研究提供了丰富的案例素材。本研究团队长期致力于西北地区农业水资源的研究，积累了丰富的素材和经验。本书选取了陕西省西安市现代都市农业水资源配置、河西走廊甘肃省张掖市绿洲农业水权建设探索和新疆绿洲农业水资源配置三个典型案例进行研究。这三个区域在自然气候条件和水资源禀赋上存在较大的差异，且农业发展模式不同。作为丝绸之路经济带的三个关键区域，对此进行深入研究具有重要的意义。本研究通过常年的实地调研，对这三个案例进行了深入的分析，为后续的研究者提供了丰富的素材积累。

2. 实践意义

本研究对于农业水资源管理工作的推动具有重要的实践意义，主要体现在以下几个方面：

第一，本研究对农业水资源优化配置提出了系统的、具有操作性的建议。基于理论分析、实证检验和案例分析三个角度，本研究对生态文明视域下农业水资源优化配置进行了深入的探讨，在此基础上对西北地区农业水资源优化配置提出了相应的政策建议。政策建议中涵盖了农业水价、农业水权、农业水利基础设施产权、农业水资源基层管理、农业水资源融资机制改革等方面，研究问题来源于实践，政策建议服务于实践。致力于解决当前西北农业水资源优化配置实际存在的问题，可操作性强。

第二，本研究对推进水生态文明建设具有重要的实践意义。水生态文明是生态文明重要的组成部分，在水资源日益短缺的情况下，推进水生态文明建设是必然的选择。在实践过程中，农业用水是用水的第一大户，是未来我国有限的水资源增量的重要来源。只有在农业水资源领域实现水生态文明，以生态文明理念引领的新型水资源治理才有可能真正实现。本研究是将生态文明理念纳入农业水资源优化配置的一次系统性尝试，无论是在理论探索还是在政策建议上都对水生态文明的推进具有重要的借鉴意义。

第三，本研究对我国农业水资源政策制定具有很好的参考作用。一方面，人水和谐的生态文明理念将被贯彻到农业水资源管理的方方面面。另一方面，农业水资源基层多中心治理的思维将被纳入改革的范畴，政府、市场和社会将以水利共同体的理念共同推动农业水资源配置效率的提高。在水利基础设施建设和维护上，公私合作的 PPP 等模式将极大地丰富融资的渠道，有效弥补政府投资的不足。这些先进理念的研究，将极大地丰富我国农业水资源管理的思路。

第二节　研究方法、思路和篇章结构

本研究致力于理论研究和实践应用相结合，一方面，期望通过对生态文明视域下农业水资源优化配置的探讨，对农业水资源优化配置理论进行深化和拓展。另一方面，通过理论分析与案例研究相结合，得出具有可推广、可操作性的政策建议。全书应用的研究方法和内容框架结构如下：

一 研究方法

科学的研究方法是保证研究成功的关键。不同层面的问题需要不同的研究方法和研究工具。单一的研究方法的研究局限已经被学术界所认知，多元方法正在成为学术界的基本共识。本研究所采用的主要研究方法有：

1. 文献研究法

文献研究法主要指收集、鉴别、整理文献，并通过对文献的研究形成对事实的科学认识的方法。文献法是一种古老而又富有生命力的科学研究方法。文献法的一般过程包括五个基本环节，分别是提出课题或假设、研究设计、收集文献、整理文献和进行文献综述。

本研究通过大量的国内外文献研究，包括学术论文、学术报告、统计年鉴、学术专著、政府文件等大量文献的阅读和整理，明晰了研究的思路、研究的内容和基本框架。通过文献的收集，获得了国外和国内农业水资源研究和实践情况的进展，并从中提炼出了可资借鉴的经验。这些都为本研究奠定了坚实的基础。

2. 案例研究法

案例研究法，主要是就某一问题对某一区域进行长期的定点观察，以求对某一问题有更加深刻的了解。随着奥斯特罗姆在其公共池塘资源研究过程中对案例研究的广泛使用和提倡，案例研究法在经济学领域得到了广泛的推广。

由于西北地区地域辽阔，情况复杂，在有限的时间内不可能对其农业水资源进行全方位的研究，只能通过代表性案例的选择和研究，通过个案分析推广到一般归纳。本研究选取了陕西省西安市、甘肃省张掖市和新疆维吾尔自治区三个有代表性的区域进行农业水资源研究。首先，从农业类型上看，西安市是现代都市农业发展的典型，张掖市是河西走廊绿洲农业的发展典型，新疆地区则是沙漠绿洲农业的发展典型。从水资源禀赋上看，从西安市到张掖市再到新疆地区，降水量逐渐减少，体现了从半湿润、半干旱到干旱地区的典型特征。通过对这三个案例的选择和研究，也体现出对西北地区农业水资源配置特征的较为全面的认识。其中西安市和张掖市的案例主要通过田野调查获得第一手的数据和资料，新疆维吾尔自治区案例主要是通过文献、资料收集等方式获得信息和数据。

3. 数理模型法

数理模型分析方法是指在经济分析过程中，运用数学方法来研究和表示经济过程和现象的研究方法。目前数理模型法已经被广泛运用于经济学研究的方方面面，并成为主流经济学最常用的研究方法。数理模型法可以精确了解经济变量之间的关系，有利于克服定性描述研究的不足。

本研究在对西北地区农业水资源配置效率进行直观的定性描述的基础上，通过数理模型的构建，结合西北地区近年来农业水资源相关的基本数据，对西北地区农业水资源的配置效率进行了定量测算。通过具体的指标测算能够更加准确地了解西北地区农业水资源配置存在的问题，以及分析这些问题产生的根源。

二 研究内容

本研究的基本思路主要是基于生态文明的理念和要求，通过理论和实证的分析对西北地区农业水资源配置的总体状况进行综合的分析和评判，并在此基础上对西北地区农业水资源优化配置提出相应的政策建议。首先，对我国当前水资源管理及利用的总体情况以及水资源配置存在的基本问题进行了梳理，通过对国内外水资源优化配置研究的理论述评，明晰了生态文明视域下农业水资源亟须解决的问题和优化配置的方向，基于此提出了本研究的基本框架和主要内容。其次，通过对生态文明视域下农业水资源优化配置的理论分析，明晰了生态文明对农业水资源配置的重要意义以及生态文明视域下农业水资源优化配置的新要求。通过对西北地区农业水资源的基本特征和存在问题的梳理，形成对西北地区农业水资源配置的一个基本判断。再借助西北地区农业水资源的相关数据，运用 SE – DEA 对西北地区农业水资源配置效率进行测算及分析。

在完成上述理论及模型实证分析后，重点选取了三个具有代表性的区域进行研究。

陕西省西安市是古丝绸之路的起点城市，世界四大古都之一，在"一带一路"建设中具有重要的战略意义。国际化大都市的建设中，带来的是人口的快速集聚和现代工业、服务业等产业的迅猛发展，而这也意味着大量的农业水资源将向非农产业转移。在这种情况下，都市农业只能走高效节水的战略发展道路。西安市现阶段农业用水效率较高，如何进一步更高效地提高水资源配置效率，是我们关注的重点。甘肃省张掖市是河西走廊绿洲农业发展的典范，该市农业发展历史悠久，是我国重要的玉米制种基地。21 世纪以来张掖市在执行国务院黑河分水计划的背景下，开展了一系列节水战略，其节水型社会建设和水权制度建设都走在了全国的前列，是我国节水型社会最早的一批实践者。张掖市通过节水型社会和水权制度建设来提高水资源效率的方法，具有十分重要的现实意义。新疆绿洲农业是典型的沙漠绿洲农业。新疆是新时期丝绸之路经济带向西开放的桥头堡，在新的历史机遇下，新疆的绿洲农业迎来新的发展黄金期，但是水资源是制约其可持续发展的最重要因素。寻求干旱区水资源合理利用方式，保障新疆绿洲农业的可持续发展，具有重要的战略意义，也是我们关注的焦点。

本研究结果说明，以生态文明理念为引领的农业水资源配置方式是西北地区农业水资源优化配置的必由之路，本研究就此提出了相关政策、制度改革的建议，并提出了未来的研究方向及展望。

本研究技术路线图如下：

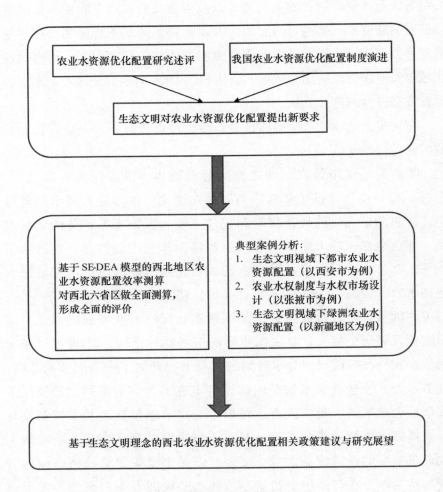

图1-1　技术路线

三　篇章结构

本书主要分九个章节对西北地区农业水资源优化配置进行深入系统的研究。

第一章，绪论。本章总领全篇。首先，对当前农业水资源优化配置的研究背景进行梳理。基于生态文明建设的新要求，对水资源优化配置的制高点、着力点和出发点进行了层层递进的描述，并对全书的主要内容、研究思路及篇章结构做了简要介绍。

第二章，农业水资源优化配置研究述评。国外的水资源优化配置经历了从供给管理到需求管理再到水资源"软路径"的思路演进，并提出了生态伦理视域下的水资源配置新要求。国内的水资源管理经历了从供给管理到需求管理，再到参与式管理的过程。现阶段提出了生态文明的核心理念，水资源管理逐渐向综合治理发展。

第三章，我国农业水资源优化配置进程演进。基于政府颁布的相关文件和研究文献，我国农业水资源优化配置进程大致可分为四个阶段，即无偿供水阶段、福利供水阶段、水权市场交易阶段和水价综合改革阶段。通过对每个阶段的特征进行系统的归纳分析，形成了我国农业水资源配置的思路，并在此基础上对我国农业水资源优化配置的发展方向提出了相关建议。

第四章，生态文明建设与农业水资源优化配置。本章重点阐述了生态文明与农业水资源优化配置的关系，阐明了生态文明建设对农业水资源优化配置的重要意义和新要求。在此基础上，提出了生态文明视域下水资源优化配置的基本思路及实现路径。

第五章，西北地区农业水资源配置效率研究。本章重点对西北农业水资源配置的效率进行定性和定量的研究。首先，对西北地区水资源的总量特征及行业用水基本情况进行梳理。再聚焦农业水资源配置，对农业水资源配置中存在的问题及影响因素进行分析。运用 SE - DEA 模型对西北地区农业水资源配置效率进行分省区测算，并据此提出相关政策建议。

第六章，生态文明视域下都市农业水资源配置——以西安市为例。本章首先对西安市都市农业的发展进行了简要的回顾。运用实地调研的数据对西安市农业水资源配置效率及其影响因素进行了定性和定量的分析。根据测算结果，提出了生态文明视域下西安市农业水资源优化配置的政策建议。

第七章，生态文明视域下水权制度与水权市场设计——以张掖市为例。张掖市是河西走廊绿洲农业的典型代表，也是我国水权制度改革试点的重要地区。通过对当地工业和农业水权市场的调研，对张掖市水权市场建设进行了总结与反思，并将其推广至西北其他半干旱、干旱地区农业水权制度和水权市场建设。

第八章，生态文明视域下新疆绿洲农业高效节水战略推进研究。新疆水资源极度紧缺，是沙漠绿洲农业的典型代表。本研究对新疆绿洲农业的发展历程进行了回顾，对新疆绿洲农业水资源配置存在的问题及其原因进行了深入的分析，最后，对生态文明视域下新疆绿洲农业高效节水战略推进提出了相关的政策建议。

第九章，政策建议与研究展望。本章首先对全书的主要内容和观点进行了简要回顾。然后对西北地区农业水资源优化配置提出了相关政策建议。作为研究的进一步拓展和深化，本章对西北地区未来农业发展和农业水资源配置的可能方向提出了设想和展望，以期引起学术界对西北地区农业水资源优化配置持续的关注和研究。

第 二 章

农业水资源优化配置研究述评

随着经济快速增长和人口急剧膨胀，水资源供需矛盾日益加剧，水质危机频繁，并且水资源研究越来越表现出学科之间的交叉、渗透、融合，如水资源经济学与水文学、地理学、环境科学、政治学、社会学等学科的结合交叉研究，并从单学科、单目标逐步向多学科、综合目标演进。

第一节　国外有关水资源配置理论研究的文献综述

20 世纪 30—70 年代，西方国家从经济危机转入黄金发展时代，对新水源需求旺盛，许多国家纷纷上马水利工程，这一阶段水资源优化配置研究重点为优化水库调度问题。但技术的不断突破，不能有效地缓解水资源的短缺。很多学者开始将管理理论应用于水资源的管理，水资源供给存在"增长的极限"，突破这个极限将危及生态安全，于是水资源管理由供给管理逐步向水资源需求管理过渡。随着水资源配置研究的深入，和众多学科相交叉，越来越多的学者认识到水资源既有公共物品的属性，也有私人物品的属性。随着全球"公共治理"理论的兴起，很多学者从水资源的公共物品属性出发，深入研究"水资源治理"模式。同时，很多学者认为单靠政府的行政管理，很难达到明显的效果，经济学的手段和措施不断被引入水资源配置的理论中来。随着生态伦理学的兴起，很多学者从生态角度看待水资源的可持续发展，水资源的配置实现了从工业文明向生态文明的过渡。

一　供给主导的水资源优化配置

国外水资源优化配置研究始于 20 世纪 30 年代水库优化调度问题。当时世界各国水资源匮乏矛盾主要依靠兴建水利、寻找新水源来解决。进入 50 年代后，系统分析理论和优化技术不断进步和完善，水资源系统分析得到了迅速发展。1953 年，美国陆军工程师兵团建立模型来解决 6 座水库的运行调度问题，即为最早的水资源模拟模型。60 年代随着计算机技术迅速发展，哈佛大学 1962 年出版了《水资源系统分析》一书，将系统分析引入了水资源规划，从此水资源配置模型在欧美受到了极大重视。Haimes 等（1977）把多目标分析应用在水资源规划中，在水资源配置模型中应用了大系统分解理论和层次分析，简化了流域水资源优化配置的方法。1974 年 Becker 和 William 对美国中央河谷工程中的 Shasta 和 Trinity 两水库系统建立了线性规划与动态规划相结合的实时优化调度模型，根据系统的来水量进行实时调度，揭开了实时调度的篇章。80 年代，一批美国学者对肯塔基州格林河流域 4 个水库的多目标系统的实时调度进行了全面研究，分别建立了线性、非线性和目标规划模型，并建立了专家系统。Willian W-G Yeh（1985）对水库调度方法进行了综述，总结了线性规划、动态规划、非线性规划以及模拟方法在水库优化、实时调度中的应用。Houck（1982）提出了模拟和 DP 相结合的日实时优化调度模型。Akhound 和 Karamouz（1988）提出了用 Bayesian 理论和基于规则推理的混合推理结构及隐含用户经验的径流预报工具，开发计算机实时水库运行决策支持系统。Dinar（1991）以灌溉为例，对资源保护、污染减少的技术选择进行了经济学分析。Willian（1992）建立了水电火电系统实时优化调度模型，采用动态规划模型进行实时调度，同时处理了月、日、小时模型的时间尺度问题。Zacharias 等（2003）采用地理信息系统技术和遥感技术等来量化现有的水资源，并提出在制定可持续管理方案的时候既要考虑人类用水，也要考虑环境保护。Katz（2015）试图阐述收入增长和清洁水的使用之间的关系，并指出在制定水资源使用政策时，库茨涅兹曲线有很大的限制。Allouche（2011）对水资源和粮食安全之间关系进行了研究。

二　由水资源供给管理转向水资源需求管理

近年来，水资源危机日益加剧，许多国家都出现了不同程度的水环境污染、水资源短缺的问题，各个国家通过一系列的改革，从制度层面进行创新，以建立可持续发展的水资源管理体系。联合国环境与发展大会（1992）通过了《21 世纪议程》，这是一份关于 21 世纪生态环境与经济发展的全面计划。第 18 章是"保护淡水资源的治理和供应：对水资源的开发、管理和利用采用综合性办法"，其中重要的内容是促进水资源的统筹规划和管理，覆盖包括地表水和地下水在内的所有种类的淡水水体，与此同时，重视水资源开发的跨行业性质，承认水资源的利用是为不同利益服务的。建议将满足各国水资源需求作为总目标，以实现可持续发展。联合国秘书长加利在报告中明确提出，水资源是一种可以交易的商品，政府的角色也必须做出相应转变，不应该千方百计控制水价，而应该重点对水务市场进行调节。

1. 水资源需求管理

以色列率先从水资源供给管理转向需求管理，A. Rejwan 和 Y. Yaacoby（2015）指出，以色列综合使用诸多创新方法与工具，达到有效的需求管理。以色列《水法》规定水资源是公共财产，由国家控制，私人不得拥有水资源，所有的水污染，包括点源和非点源污染都被禁止。美国经济学家 Cummings 和 Nercissiantz（1992），Ohansson（2002）特别注意到了水价对用水情况的影响，提倡利用价格机制，适当提高水价，调节用水需求。N. Spullber 和 A. Sabbaghi（1998）在分析水供给、需求的基础上分析水资源管理和政策的作用。Merrett（1995）用 Hydroeconomics 表述"水资源经济学"，建立起水资源管理的体系。Steven（2002）在资源环境价值评价理论发展的基础上，系统建立了水资源需求理论。在韩国，水资源政策是以大规模开发水资源为主，以此来满足需求的日益增加，但由于供水负担越来越重，以

2006 年 3 月 22 日"水日"为契机，韩国政府提出了新的水资源政策，即从过去的大规模开发、扩大供应转变为适度开发、需求管理，突出安装节水设备、提高水价、实行用水价格累进制（对超过正常用水的人征收更多的费用）、安装中水回用设施等。

2. 水资源管理的"软路径"

在实践中，水资源质量、水资源供给等问题不能完全通过市场机制来解决，单靠政治政策和"公众参与"也不能有效解决水供给短缺、水污染等危机。Brooks 和 Brandes（2011）在水资源供给管理理论和水资源需求管理理论基础上又提出"软路径"。在水资源服务的区分的基础上，开始思考一些特定需求所需要的水质。并创立需要用水量的模型，进一步分析了包括地表水和地下水的供水方案。通过制度创新设计出可变的"软路径"，并通过创造的需水模型和供水方案分析出供水的限制，确定所有的选择都是经济的、社会能接受的、可操作的。Brooks 明确指出，所有的软路径都应该具备两个特征：第一，制度的调节是为了在限制或者目标下，寻找最大的可能。第二，需求管理受消费习惯、增长速度和经济结构的影响。软路径关键性的一步是如何将自己的结论传递给公众，尤其是传递给做出关键决定的决策者。

3. 市场机制下的水资源需求管理

随着外部性理论和公共物品理论的发展，水资源逐步被人们认为是具有极强外部效应的公共物品，因此需要政府加以管理。随着经济理论的演进，经济学家认识到，水资源是多种属性混合的物品，既有公共物品的性质，也有私人物品的性质，因此要用市场机制加以配置。很多学者兴起对水权理论研究的热潮。对于水权市场的研究，国外的水权有公有制和私有制两种，例如英国、美国东部多实行河岸权，规定水权属于沿岸的土地所有者。

第一，关于农业水价的相关研究。

20 世纪 80 年代主要研究水资源价值核算，为水权、排污权等市场建立和交易机制的形成奠定了理论基础。Stanley（1982）认为，水资源定价可以达到保护资源、提高用水效率和公平分配、为供水企业提供稳定收入的目的，对水资源价格的重要性作了较为深入的阐述；Fakhraei（1984）认为，水价与利润之间有正相关关系，价格是节约用水的重要参数，并可推出获取最大利润的长期价格；Moncur（1987）对城市用水定价和短期的蓄水弹性研究得出水资源边际价格上升，则用水量减少的结论；Wolman（1984）认为，解决水资源危机依赖于对水资源的管理，但不能纳入纯经济商品的范畴，也不宜用作成本—效益分析；Mercer（1986—1989）研究了水资源定价对水利部门利润影响的情况，认为边际价格可影响用水量，当水价有足够弹性时，水资源附加税可调节用户用水，促进水资源的节约利用；Narayanan（1987）采用非整数规划模型研究计量成本下的季节水资源价格，指出实施季节价格有利于合理配置水资源；Moncur（1988）认为，水价在水资源管理中具有重要作用，水价有足够弹性时，通过征收干旱附加税调节用量，可以促进水资源的节约使用。

　　90年代的焦点集中在水价弹性和水资源定价方法上，Schneider（1991）对用户需水量弹性的研究，揭示了水价弹性与节约用水的关系，为节约用水提供了有益的经验；Michael（2001）利用边际成本模型和平均成本模型研究美国南部和西部地区水资源价格的定价问题；Teerink（1993）在对定价模型进一步研究后认为，定价模型一般基于服务成本、支付能力、机会成本、边际成本和市场需求；Warford（1992）提出用边际机会成本对自然资源定价；Panayotou（1994）利用全成本定价法分析了水资源的价格和均衡产量，并指出了水资源对可持续发展的重要作用；Tate D. M. 和 D. M. Lacelle（1995）根据加拿大水资源丰富的特点，通过对水价管理权限、水价制定和审批程序、现行各类用水水价标准、水价执行情况、用水户水价承受能力等的分析，并与其他国家水价标准比较，说明了加拿大水价标准严重偏低；Cuthbert 和 Pamela（1996）指出美国的水价制定原则是供水单位不以营利为目的；实行批发水价与分类水价相结合的水价制度；采用服务成本定价、支付能力定价、机会成本定价、增量成本定价和市场需求定价等水价计算方法，但普遍采用的是服务成本法；Nyoni（1999）以赞比亚为例，分析了发展中国家的水资源定价，研究结果表明采用市场定价将会促进水资源节约使用、提高用水效率。

与此同时，部分学者将目光转向对水市场构建和水权交易制度的探讨，Schodmaster（1991）通过美国得克萨斯州格朗德河下游河谷的水市场与水权转让的实践，说明了水市场机制建立是水资源管理的一种新模式，可以有效提高供水利用效率；Colby（1993）分析了水资源定价和水权交易两者之间相互促进的关系，指出了水权交易市场的优势；Renato（1996）对水权交易的研究认为，可交易的水权的作用有可以促进对节水技术的投资、可以刺激用户进一步考虑外部成本和机会成本、可以减轻资源退化的压力、有利于农作物的多样化等；Geoffery（1996）研究认为，对水资源配置效率有着重要影响的伦理道德和公平性，同样与水资源规划和水资源配置的优先权有着密切的联系；Bekeret（1996）在对中东几个国家利用对策论的方法研究水资源优化配置过程中的水权转让条件时，说明了水市场的重要性。

进入21世纪，水权市场实验模拟（Murphy，2000）、季节性水权市场构建（Brennan，2006）等方面的研究使水权市场研究更加细化，水资源定价和水权交易进一步明晰化（Ioslovich，2001；Chatterton，2002；Balali et al.，2011）。随着水权交易制度的发展，水权回购政策因其实践效果而得到了更多关注（Crase，2009；Wheeler，2011），并有学者对政府回购的形式和效应（Grafton，2011）进行了深入研究。综观国外水权与水价研究，大多是直接基于市场主体的供需双方，对诸多利益相关者对水价的影响较少涉及。目前对利益相关者的研究更多地体现在农业水资源配置（Wang，2015）及参与式管理研究（Baggett，2008）中，而其对水价改革的影响则鲜有文献报道。

第二，关于水权理论的相关研究。

可交易水权制度最早出现在美国西部的部分地区，这些地区在优先权制的基础上，逐步放松和解除对水权转移的限制，允许优先专用水权者在市场上出售富余水量，使水资源更充分得以利用。从1978年开始，澳大利亚的维多利亚、南澳、新南威尔士等各州也相继开始实施可交易水权制度。发展中国家智利和墨西哥也分别从 1981 年和 1992 年开始尝试在政府的管制下开放水权的转移与交易。越来越多的国家已开始重视和准备实施可交易水权制度。

可交易水权制度在各国的实践也逐渐形成了水权流转和水权交易的概念。水权流转是广义的概念，即水权的所有者、用途、用水量、期限以及使用地点等水权构成基本要素，其中任意要素发生变更均可视为水权的流转。水权交易是指水权人或用水户之间通过价格的协商，进行水的自愿性转移或交易（Saliba, 1987）。水权交易与政府性调配水资源的最大差异，在于前者所反映出的价格并非仅限于对用水损失以及输水成本的补偿，而是更积极地反映出被交易的水权或水量的效益及市场价值，因此既可以增强卖方转让的动力，同时又提升了买方自行节水的压力，实现水资源的更优配置。

在可交易水权广泛应用的基础上，近年来国外对水权的研究也在不断深化。20 世纪 80 年代主要研究水资源价值核算，为水权、水价、排污权等水市场机制的形成奠定了理论基础。90 年代的焦点集中在水价弹性和水资源定价方法上，与此同时，部分学者将目光转向水市场构建和水权交易，美国得克萨斯州格朗德河下游河谷的水市场与水权转让的实践为水市场的建立开辟了新的空间。进入 21 世纪，水权市场实验模拟、季节性水权市场构建等方面的研究使水权市场研究更加细化，水资源定价和水权交易进一步明晰化。随着水权交易制度的发展，水权回购政策因其实践效果而得到了更多关注，并有学者对政府回购的形式和效应进行了深入研究。

三　对水资源由管理模式向治理模式转变

水资源同时具有稀缺性、公共池塘资源性和社会属性，对水资源的有效管理离不开制度的创新。制度创新要求制度必须同时具备约束机制与激励机制。约束机制可以确保制度有效实施，激励机制有助于经济主体的行为和制度目标保持一致，降低制度实施的成本。不同的制度创新对水资源危机的治理，效果截然不同。不合理的制度不仅不能对经济人的行为进行有效的约束，甚至还能够促使经济人的行为朝着利己方向前行，走向制度设计初衷的反面。合理的制度创新不仅能兼顾经济人自身的利益，规制其损人利己的行为，减少负外部性影响，同时能激发经济人追求自身利益，有效保护水环境，缓解水危机的环境友好行为。20世纪90年代以来，全球化不断推进，人类政治生活发生了重大变革，"治理"成为公共领域中解决矛盾的新途径。

从20世纪70年代开始，世界许多国家和地区都出现了资源占用者自主治理的现象，表明合适的制度环境能够促成公共产权结构下的合作（Tyler，1994）。"公共池塘资源"（Common Pool Resource）理论开拓了人们的视野，展示了对公共资源问题的不同定义和不同的解决方案。由此可以看出，建立完备的制度不仅是可行的，而且对于具有地方性和物质性特点的公共资源及其占用者来说，也是十分必要的。Ostrom（1999）通过对公共资源管理的制度组织问题的大量实践考察研究得出以下结论：首先，"市场或国家"的二元模式并不能涵盖公共资源管理实践的多样性。其次，公共机构与私人机构之间的关系往往可以相互弥补并且相互依赖，它们并非存在于两个互不相干的世界里。最后，Hardin（1968）强调的国家或者私人管理优于共同管理的论点令人质疑。公共资源占用者与供应者面临着一个安排组织的问题："如何才能将人人为己、互不相干的处境转化为一种所有人共同遵守约定策略的处境，从而达到获取更多利益或降低共同损失的目的。"Ostrom（2000）相信能够支持公共资源的自主治理是可以演化形成的，特别是当永远"搭便车"的人比例不是很高、个体决策对整个结果影响比较显著的时候，并且由于资源占用者更清楚资源情况，自主治理通常会带来良好的管理效率。Donbner（2011）从水政治的维度来深入分析水治理，不仅看到了治理结果的有效之处，还认为公共治理模式下水资源的治理存在很多有争议之处。

四　生态伦理下的水资源配置

最先建立了生态伦理学理论构架的是英国哲学家莱奥波尔德的

《大地伦理学》（1949）。此后，相继有与生态伦理相关的著作问世，推动西方生态伦理学热潮的形成。生态伦理学的崛起，对西方人们的价值观甚至国家政治、社会生活产生较大影响。人们逐渐接受《大地伦理学》的观点："一切事物趋向于保护生物群落的完整、稳定和美丽时，它就是正确的，而当它与此相反时，它就是错误的。"蕾切尔·卡森（1962）在《寂静的春天》一书中用大量的事实说明，大量杀虫剂污染了水资源，制造了她所说的"死亡之河"，污染了土壤，破坏了环境，毒杀昆虫的神经和免疫系统，很多昆虫、鸟类死亡，生态失衡严重，从而敲响了工业社会环境危机的警钟，人们开始反思人与自然的关系。"罗马俱乐部"（1972）发表的研究报告——《增长的极限》，提出：人类生态足迹的影响因子已经过大，生态系统反馈循环滞后，其自我修复能力已经受到严重破坏，若继续维持现有资源消耗速度和人口增长率，人类经济与人口的增长只需百年或更短时间就将达到极限。人类社会不顾生态环境，片面追求经济增长，实际上走上了一条不可持续的道路。报告呼吁人类转变发展模式：从无限增长到可持续增长，并将增长限制在地球可以承载的限度之内，主张经济、社会、资源、环境、人口之间相互协调地发展。1983 年联合国成立世界环境与发展委员会，从颁布《我们共同的未来》（1987）正式提出了可持续发展模式，到《21 世纪议程》（1992）指出："水不仅是维持地球的一切生命所必需，而且对一切社会经济部门都具有生死攸关的重要意义。"

世界环境与发展首脑大会通过了《约翰内斯堡宣言》（2002），确定发展依然是人类共同的主题，进一步提出了经济、社会、环境是可持续发展不可或缺的三大支柱，以及水、能源、健康、农业和生物多样性等实行可持续发展的五大有限领域。各国环保法规的制定和实施，从思想、物质、制度等不同维度昭示了生态文明正在成为人类文明的发展方向。

第二节　国内农业水资源优化配置文献综述

改革开放以来，我国经济迅速发展，对水资源的需求快速增长，水资源短缺加剧，而同时浪费现象严重。20 世纪 80 年代，在试图通过采用工程和技术的手段来解决这些问题而难以获得令人满意的成效后，开始从技术、制度、市场等多方面入手，实行综合管理，逐步实现从重优化调度向综合管理的转变。20 世纪 90 年代，经济高速发展进一步加大了水资源的供给压力，水源日渐稀缺，且建设大型的水利工程对生态环境的负面影响较大，越来越多的学者将研究重点从供给管理转向需求管理。水资源并不是单纯的公共物品，还具有私人物品的属性，因此应将水资源看作商品，将水资源纳入市场机制的框架之中，学术界开始对水资源价格、市场交易、水权等方面进行了大量的理论探索。近十多年，随着对水资源优化配置管理的逐步深入研究，有关学者综合了供给管理和需求管理的特点，建议采取更加综合的制度方式，使水资源的管理效果更加内生和稳定。至 21 世纪初，很多学者认识到单一的供给管理或需求管理，具有明显的局限性，供给管理和需求管理综合起来，更能全面解决实际问题，形成新的需求管理模式。在美国学者奥斯特罗姆提出"公共池塘资源"的理论后，我国也兴起了"公共治理"研究的热潮，有学者认为水资源具有准公共物品的性质，能够应用公共参与的"治理"模式解决水资源短缺、水资源配置效率低等问题。水资源"治理"在城市中表现为用水听证会，农村中则成立了"用水者协会"。我国水资源从"管理"逐步向"治理"转变。随着全球水资源的缺乏加剧，很多学者开始反思"治理"模式的局限性，指出"治理"能否缓解水资源危机，尚存在很多疑问。也有学者开始反思"工业化"这一道路本身，认为是"工业化"造成了水资源缺乏、环境污染、生态失衡等问题，开始反思自身的行为，提出以生态文明引领经济发展。自此，我国水资源配置也从"工业文明"的增长观转向"生态文明"的人与自然和谐相处的发展。

一　以供给为主要导向的水资源优化配置

20 世纪 80 年代以前，我国水资源尚处于供大于需，或者供需平衡的状况，人们对水资源的认识集中于"水利是农业的命脉"。因此这一阶段我国兴建大量水库、农田供水工程，对水资源的开发管理较为宽松。80 年代后，我国经济迅速发展，城市人口日益增加，对水资源需求也迅速增长，因此水资源的配置研究集中于水库优化调度问题。中国工程院院士张勇传（1981）提出了以曲面调度图为依据的单一发电水库统计预报调度方法，张勇传（1984）将模糊集理论用于水库调度中，并提出了适应型水库调度模型。冯尚友、胡振鹏（1988）研究汉江中下游防洪系统实时优化调度问题，提出了前向卷动决策与 DP 相结合的决策方法。90 年代后，我国频繁遭受洪涝、地区和城市缺水、水污染等问题的困扰，很多学者深入研究水资源调度的问题，以期解决防洪排涝、实现水资源优化配置。白宪台、龙子泉（1990）采用随机方法对平原湖区除涝系统的实时调度进行了研究。李占瑛（1991）针对湖区除涝排水系统的实时优化调度问题，考虑湖区径流和外河水位的长、短期预报，建立了随机 DP 和确定性 DP 相结合的实时调度模型。雷激等（1991）对长江城陵矶站实时洪水预报和分洪调度进行了研究。施丽贞（1991）用多元非线性多项式逐步回归方法，将优化调度得到的最优策略序列回归成有关因素的预报公式来进行水库实时调度。刘健民（1993）采用大系统递阶分析方法，建立了模拟和优化相结合的三层递阶水资源供水模拟模型，并对京津唐地区的供水规划和优化调度进行了应用。并应用该模型对 2000 年、2020 年水平年近 40 个组合方案进行运算。雷晓云等（1996）对水库群供水系统优化和实时调度进行了研究。邵东国等（1998）建立了南水北调中线工程的自优化模拟实时调度模型。

进入 21 世纪后，随着计算机的发展，数理模型方法研究水资源配置日渐普遍。胡四一、王银堂等（2001）应用大系统递阶分析的原理和方法，建立了三层南水北调中线工程优化调度模型。何新林、郭生练等（2002）开发了灌溉实时优化调度决策支持系统。但随着经济的发展、水情的变化，水资源的优化配置局限于水资源的优化调度、防洪排涝，远不能满足经济日益增长对水资源供给提出的挑战，不断有学者指出必须利用多种手段对水资源实行综合管理。王顺久（2002）基于区域经济结构和发展规模分析，将水资源优化配置纳入区域宏观经济系统。当区域经济发展对需水量要求增大时，必然要求供水量快速增大，使经济发展的速度、结构、节水水平以及污水处理回用水平发生变化，实现基于宏观经济的水资源优化配置。王光谦、魏加华、翁文斌、赵建世等（2006）结合黄河、塔里木河流域水量调度重大的科学与实践问题，对流域水量调控的理论、模型及应用进行了系统深入的研究；针对流域水量调控涉及内容广、影响因素多、来水和用水具有不确定性和随机性的特点，提出并建立了自适应控制模型和基于复杂适应系统的水量优化配置理论，这一理论在流域水资源管理、水量统一调度等方面具有推广应用价值。赵勇、裴源生等（2006）结合黑河流域实际情况和流域发展的现实需求，提出了"宏观总控、长短嵌套、实时决策、滚动修正"的流域水资源实时调度的模式，并应用自适应控制方法，建立了流域水资源的实时调度系统，包括相互嵌套的实时调度预报子系统、实时调度决策子系统和实时修正子系统。

随着公众对涉水事务的认识不断提高，尤其是可持续发展的思想不断深入人心，水资源配置理论不再单纯就水利谈水，而是将水资源配置纳入社会经济发展的系统框架之中，探寻水资源和社会经济的可持续发展之路。中国工程院院士王浩（2005）利用模型分析，将经济发展的其他因素引入水资源分析之中。基于黄淮海水资源配置研究，提出水资源"三次平衡"的配置思想，流域水资源可持续利用的系统配置方法。钱正英（2006）强调水资源的配置要与经济结构、经济增长方式相结合。针对西北地区，她提出在今后的发展中，必须确立人与自然和谐共存的方针，必须以水资源的可持续利用，来支持社会经济的可持续发展，建设高效、节水、防污的经济与社会。王学渊（2008）基于前沿面理论，针对农业生产主体，衡量农业水资源生产配置的效率差异，探讨农业水资源生产配置低效或无效的主要原因，重点考察了水资源配置市场化改革对农业水资源生产配置效率的影响。

由于水资源对经济增长的约束力日益显著，很多学者通过经济计量学的方法研究经济发展和水资源的关系，从宏观经济发展的层面揭示水资源对经济发展的重要意义。邓朝晖（2013）的研究表明，经济增长与总用水量、工业用水量和生活用水量之间存在长期均衡关系，而农业用水与经济增长之间不存在长期均衡关系，经济增长对水资源利用的预测方差起着重要作用，而水资源利用对经济增长的预测方差的贡献度较小。吴丹（2014）构建了中国经济发展与水资源利用的脱钩时态分析模型，应用模型分析了中国经济发展与水资源利用的脱钩态势，剖析了经济发展与水资源利用脱钩的内在机理，预测了我国水资源需求利用的自然发展趋势。更多学者对区域水资源优化配置进行了深入研究，为区域水资源的优化配置提供切实可行的措施。杜朝阳（2013）以上海市为例，利用模型对可持续水资源系统机制深入地进行了研究，运用二次非线性微分方程来描述和分析可持续水资源系统的演化动态过程，评判了可持续水资源系统状态，拟合了2001—2010年可持续水资源系统的演化曲线，并分析给出了该系统这一时段的演变过程。侍翰生（2013）针对南水北调东线江苏境内工程水资源的优化配置方法进行研究，他提出了"河—湖—梯级泵站"的多库供水系统水资源优化配置模型，从三个方面系统分析了南水北调东线江苏境内工程水资源的优化配置。该模型提高了整个系统的供水保证率，同时实现了可供水量在各区间各时段的均衡分配，可见通过优化调度，降低了系统运行成本，实现了本地水和向外调水的联合优化配置。高亮（2015）以济宁市为例，针对多水源、多用户的区域供水、需水特点，从经济效益、社会效益等角度出发构建区域多水源多用户水资源优化配置模型，寻求多水源与多用户之间最优的配水方案，实现区域综合效益最大化。齐学斌（2015）针对灌区水资源合理配置进行研究，认为灌区水资源合理配置是提高灌区水资源利用效率及保障粮食安全的重要途径，也是实现灌区水资源可持续利用的有效调控措施。

从灌区水资源管理政策、水资源循环转化规律、水资源优化配置模型与方法和水文生态四个方面，对国内外该领域的研究现状进行了对比分析。

综上，围绕水资源优化配置的研究早期集中于水利系统优化调度和配置。这一阶段的研究多采用模型模拟现实状况，探寻水资源优化配置的影响因素和最优解决方案。这一类型的研究视野相对较为局限，集中于水利工程人士的专业研究，专注于技术手段和配置方式的创新。随着多学科的交叉融合，优化水资源配置的目标和经济发展密切相关。这一方面的研究初期以构建和完善理论为主，后期以具体区域的水资源优化配置与经济目标完成为主要对象。总体来看，研究视野仍然集中于水资源供给方面的研究，没能将使用水资源的"人"纳入到研究框架之中。随着经济增长，人口膨胀，需水量不断攀升，单从供给面已无法解决水资源短缺问题，要多方寻求解决途径。

二　以需求为主要导向的水资源配置研究

21世纪初，水利部明确提出水资源必须可持续利用，传统的工程水利要向资源水利转变。《中共中央关于制定国民经济和社会发展第十个五年计划的建议》首次提出了建立节水型社会的目标，为我国水资源管理指明了改革的方向。我国传统的治水理念是基于供给面的管理思想。面对各行业水资源需求的不断增长，通过新增水源提高供水能力，已经无法持续。为解决日益严峻的水资源供需矛盾，必须从水资源需求方面来寻求解决途径，也就是通过水资源需求管理来合理抑制用水需求的增长，达到缓解水资源供需矛盾的目的。

1. 宏观的水资源需求管理

20世纪80年代的水资源配置的理论研究，着眼于水资源的利用和开发，从而增加供给量，随着水资源日益缺乏，20世纪90年代，联合国提出水资源具有私人物品的属性，水资源需求管理是解决水危机的现实出路，我国兴起了关于水资源需求管理的研究。越来越多的学者认为应加强水资源需求面管理，运用多种手段、多种技术来管理人们的用水方式等。陈家琦（1983）、任鸿遵（1990）都认为水资源管理是水资源开发利用的组织、协调、监督和调度。运用各种手段，开发水利、保证水资源的供给，科学调度和配置。这一阶段关于水资源管理的认识虽然比起单一的水利工程增加供给，有了突破，但其立足点局限于水利的开发和防治，水资源管理手段虽然是多样的，但其目标是单一的。高宏（1997）、吕一河（1999）、刑福俊（2001）将需求管理技术应用于水资源的需求管理，不再把新水源的开发看成是满足水资源需求的唯一手段，对水资源的管理措施、管理的关键因素——水价、管理政策等一系列问题展开研究。姜文来（2001）、胡继连（2006）认为需水管理与供水管理的区别在于，供给管理是对供水行为的管理，而需求管理是对用水行为的管理。王亚华（2005）从制度角度着手，通过对黄河防断流的初步评价，分析了制度变迁的节约成本，减小风险，激励合作作用和功能。认为黄河防断流工作的最重要经验是，制度建设是成功的关键，实现水管理从传统到现代的转型，将水管理送入制度化和法制化的运行轨道，核心是从工程建设为中心转向制度建设为中心。强调了制度在水资源需求管理中的重要作用，也指出了我国现代水资源管理制度的改革趋势，但单纯的制度建设并不能全面缓解我国水危机矛盾。姜文来（2005）、胡继连（2005）、胡四一（2006）等都从水资源管理转型的角度，强调应由以供给管理为主的"开发利用型水资源管理模式"转向以需求管理为主的"节水效率型管理"模式，通过提高效率促进节水，达到供给约束条件下的水资源供需平衡。这些研究在水资源的优化配置上主要强调政府的主体作用，借助于各种法律、制度和行政手段。

2. 市场机制下水资源需求管理

由于水资源具有私人物品的属性，单靠政府自上而下的行政管理，优化配置效果往往不尽如人意。行政手段不但交易成本高，效率低，而且调节机制比较僵化，难以根据实际情况的变化灵活调节水资源的配置。我国水资源管理中一直存在"多龙治水""机制僵化"等问题，如何协调政府与市场的关系，如何让市场在水资源配置领域发挥作用，是水管理改革面临的核心问题。国际经验表明，市场机制可以成为水治理实现"良治"的重要手段之一。引入经济手段管理水资源，是全球水资源管理发展的重要趋势。水资源管理的经济手段主要包括水价、水权等。王金霞（2005）实证研究发现，我国传统上村级的集体水资源管理制度正在逐渐被用水协会和承包管理所代替。黄河流域四个大型灌区的研究表明，由于改革具有很明显的自上而下的特征，缺乏地方领导和农民主观能动性的充分发挥，因而很多改革流于形式，而只有那些建立了有效节水激励机制的水资源管理制度才能实现节水的目标。当时，我国的水资源管理制度改革还处于初期，还需要不断完善，但已有的形成了有效激励的管理制度改革不仅节水效应明显，而且负面效应微弱，改革的潜力还很大。以市场为导向研究水资源优化配置的理论集中于两方面：

（1）农业水价综合改革

在我国，由于水资源属国家所有，且由政府对其管理和定价，故国内学者的研究较多关注于水资源管理宏观层面的改革。20世纪末，姜文来（1999）的研究认为，农业水价改革是促进节水农业发展的动力，而合理的水价是改革的目标。田圃德（2003）、杨斌（2007）、李宝萍（2007）等进行了灌溉水价政策对农户承受力的影响研究，探讨了农业水价可行的价格范围。严冬（2007）、邓群（2008）、王克强（2011）分别利用 CGE 模型对水价调整的政策影响进行了模拟。这一时期的水价研究主要集中在农户承载力和水价政策影响上，并没有涉及农业水价形成机制的研究。柳长顺（2010）阐述了我国农业水价的形成机制，从管理体制、运行机制、保障措施等方面提出农业水价改革的政策选择。王树勤（2012）、王健宇（2013）提出了深化和推进农业水价综合改革的若干建议。王冠军（2015）分析了我国农业水价综合改革面临的形势，并介绍了国内外相关的经验借鉴。何寿奎（2015）以重庆市为例研究了农业水价综合改革的路径选择和配套机制，并指出具体的改革路径是：确定农业水权、区域之间水权调节与转让、供水成本测算、农民的水费承受能力调查研究、供水价格的确定。这一时期的研究开始转向农业水价形成机制研究，但大多数学者都集中在水价定价的理论方法和核算原则的研究上，或者是给出政策性建议和描述性的路径，缺乏对水价形成机制的深刻认识和数理分析。将利益相关者理论应用于农业水价改革方面的研究处于摸索阶段，学者们多是运用利益相关者理论对水价改革的相关利益方进行初步界定与利益分析（陈菁，2008；刘建英，2007），仅少数学者尝试在利益相关者理论的基础上进行深入研究，汪国平（2011）引入了博弈理论中的"囚徒困境"，但仅从定性的角度分析了供水单位和用水农户的得益。

我国农业水价一直由政府管控，且价格远低于供水成本，多年来对供求关系变化并不敏感，导致农业水价波动的传导效应不明显，鲜有学者对此进行深入研究。现有定价模型也大都从静态的角度分析，未能考虑到随着经济社会发展农业水价的市场化属性及价格的变动趋势。

（2）水权制度的建立

相对于国外的水权研究进展和管理实践，中国的水权研究起步较晚。2000 年水利部汪恕诚部长发表了"水权和水市场——谈实现水资源优化配置的经济手段"的论述之后，全国关于水权理论的研究开始增多。国内的学者从许多不同的角度对水权理论进行了研究。如赵伟（2001）从产权、物权的概念出发解释了水权的内涵，研究了水权制度建立的体制保证和水权的分配、取得、转让等法律问题；王治（2001）简述了水资源、水权、水权制度、水市场的基本概念，指出了我国水权制度的实践、创新，提出了建立水权水市场的重要性和对水权水市场建设框架的建议；胡鞍钢（2001）从经济学角度来看东阳—义乌的"水权交易"的意义和启示，研究了我国进行水权交易的背景，并对建立水权交易市场提出了政策建议；刘杰（2001）提出了农业水权的概念，分析了农业水权的界定、特征、农业初始水权的分配和农业水权交易的转让机制；钟玉秀（2001）归纳了以市场为基础的水资源管理方法，介绍了国外的水权交易成本和地表、地下水市场，分析了可交易水权制度的建立的基本条件、水市场的立法原则；苏青

（2001）等也在综述水权、水市场理论的基础上发表了自己的观点，等等。关于水权理论的研究较多，但还没有形成较统一的说法。主要集中在水权的内涵和水市场的建立两个方面。

第一，水权内涵的相关研究。水权概念自产权概念延伸而来，关于水权的内涵争论较多，不同观点间分歧的核心在于对水权所包含的权能的认识不同，归纳起来主要有以下几种观点：①水权的"一权说"。周玉玺等（2003）认为，水权一般指水资源使用权；崔建远（2003）则认为，水权不包括水资源所有权，但水权是一系列水资源使用权的总称。②水权的"二权说"。傅春（2000）认为，水权即为水资源的所有权和使用权；汪恕诚提到，水权最简单的说法就是水资源的所有权和使用权。③水权的"三权说"。姜文来（2000）认为，水权是指水资源稀缺条件下人们对有关水资源的权利的总和，最终可归结为水资源的所有权、经营权和使用权。邵益生（2002）、冯尚友（2000）等也认为水权包括水资源的所有权、经营权和使用权。④水权的"四权说"。沈满洪（2002）认为，水权就是水资源的所有权、占有权、支配权和使用权等组成的权利束。有的"四权说"表述稍有所不同，如张范（2001）认为，水权涉及水资源的使用权、收益权、处分权和自由转让权。⑤其他观点。王治（2003）认为，水权是水资源产权和水商品产权的简称，也叫水产权，都属于市场配置资源的范畴。

第二，水市场的相关研究。在国内，汪恕诚认为，水市场的建立是水资源合理、优化配置的重要手段。黄河（2000）提出，根据市场经济理论和水市场的特点及实践经验，要建立一个有效、公平和可持续发展的水市场，就要创建可交易水权制度，建立相应的独立于买卖双方的管理单位，制定保护第三方利益以及解决冲突的机制。范黎等（2002）利用经济学模型对指令配置模式和市场配置模式进行比较，认为市场配置水资源更有效率，并提出了水资源市场化的基本思路和实施途径。傅涛（2003）从水资源所有权和经营权、使用权相分离的角度出发，对政府水管范围、经营者的职责界定等进行了研究。顾浩

（2003）从市场经济发展和水资源可持续利用方面研究入手，提出了我国水资源管理需要充分重视以水权理论为基础的水资源经济管理，并对水资源经济管理的含义、主要内容和主要原则进行了探讨。蔡守秋（2005）对水权转让的范围、原则和条件进行了分析，提出了水权转让的一般条件和程序。

21世纪以来，明晰水资源的用水权利和实行水权交易制度成为国内讨论的热点问题。现代水管理制度发展的一个核心内容是建立水权制度。王亚华（2007）以黄河的水权规则和用水激励结构为例，认为水权制度建设的基本思路是"总量控制和定额管理相结合、确立总量和定额两套指标"。分析了我国水权市场交易的范例，指出水权管理是推进水资源管理制度建设的基本途径。马培衢（2007）构造了农业水权制度有效性分析模型，论证了农业水权制度有效性决定的内在机理，提出并论证了构建可交易农业水权制度和扁平化水权结构的设想。陈旭升（2009）建立了基于流域统一管理的水量配置模型，提出了促进水权交易的评价指标与方法，从投入产出角度研究了水污染治理效率。和其他水权相比，农用水权界定难，实施难。胡继连（2010）对我国农用水权的界定和实施进行了考察表明，我国农用水资源的所有权、取水权、供水权在法律（法规）层面上界定清晰，但在实施过程中存在着若干形式的水权侵蚀问题，影响了农用水资源的配置效率。农户水权具有明显的俱乐部产权属性，对外清晰但对内模糊，在很大程度上影响了农用水资源的利用效率。要提高农用水资源的配置和利用效率，应强化水资源所有权、取水权、供水权，更清晰地界定农户水权。纵观国内水权市场及水价改革研究进展，大多数围绕水权市场交易主体，即供需双方、制度设计以及水价进行研究讨论，将水权、水量、水质乃至生态安全纳入整个水权市场及制度建设体系进行系统研究尚未见到。水权的初始配置以及合理的水价构成将是中国水权制度改革的关键环节。国外的水权制度所有权明晰，其交易价格大多基于市场需求。中国特色的水权制度的建立应基于中国的社会制度以及自然资源产权管理制度，也因此应该有中国特色的价格形成机制。

3. 综合的水资源需求管理

单纯强调水资源需求管理，具有一定的局限性。有部分学者进一步将水资源需求管理理论扩大为需求管理和供给管理两者的综合。综合论则从水资源需求和供给两方面来强调需水管理的内涵，即在水资源供给约束条件下，把供给方和需求方的各种形式的水资源作为一个整体进行管理，使开源和节水融为一体，运用市场机制和政府调控手段，通过优化组合实现高效益低成本地利用和配置水资源。姜文来（2005）阐述了水资源管理的理论基础，研究探讨了水资源的综合管理的框架。胡继连（2007）从农业水资源需求管理的经济原理和内在机制入手，发现终端用水户的冷漠是节水灌溉技术推广的重大障碍。钱正英（2009）从水资源管理宏观规划角度分析，指出许多地方在规划的指导思想上，还停留在传统的供水管理阶段。应该从思想上实现从供水管理到需水管理的转变。王金霞等（2011）认为，综合论的观点更科学，更全面。因为水资源从供给管理向需求管理的转变，重要的是管理理念从"以需定供"向"以供定需"转变。在需求管理的治水思路和策略下，不仅仅要调整用水者的需水行为，也必须对供水者的供水行为进行调整。唯有这样，才能有效地实现水资源的需求管理。姜东晖（2012）从水资源消耗之比70%以上的农业产业出发，认为农用水资源需求管理是在不影响甚至提高农业生产总体产出水平和经济效益的前提下，控制和减少农用水资源的需求量，节约农业生产用水，提高农用水资源的配置效率。孙秀玲（2013）指出，最严格水资源管理制度是新时期治水方略的重要组成部分。

4. 水资源管理的"软路径"

"软路径"是未来水资源管理模式。曾经长期实行的供水管理，主要是通过集中和大规模的基础设施建设以及集中的水资源管理制度来满足用水需求。随着供水日益受到限制，需水管理应运而生。需水管理着眼于使当前用水更有效率。而"软路径"综合了供水管理和需水管理的特点，明确认识到水资源利用的根本目的是满足社会经济需求，围绕这一根本目的，应首先关心实际需要多少水、何种水质来满足这些需求，即集中关注达成水资源目前服务的方式，并对此进行根本性的再评价。在此基础上，要求水资源服务方式即用水方式的改变，这种方式的改变及其带来的节水效果，内含于经济社会生活本身，从而使水资源管理的节水效果不再是临时和外生的，而成为稳定和内生的。"软路径"要求水资源管理采取更广泛的制度性方式，包括运用巧妙的经济手段、分散而非集中的水资源管理体系，以及水政策抉择中的民主参与。此外，"软路径"以生态可持续的需水量作为底线，据此对经济社会用水划定上限，并以这个既定的限度作为远期目标，以倒推方式保证逐步达成该目标。因此，"软路径"本身是制度性、预防性和长期性的，对于"软路径"我国学者研究尚属起步阶段。

　　杨彦明（2013）指出，所谓"水资源软路径"，是在供水管理和需水管理之外的一种新型水资源管理模式。面对严格的水资源约束，它以主动、前瞻、长期、渐进的方式，全面使用制度、经济、技术等各种手段，结构性地改变经济社会对水资源服务的需求及其服务方式，从而内生性地促进节水，保障生态环境和经济社会持续性。"软路径"本身也可视为是对传统需水管理的深化、拓宽和彻底实现，并认为最严格水资源管理与水资源"软路径"是一致的。从"软路径"的视角来看，最严格水资源管理制度包含了一系列与软路径相一致的新特征。最严格水资源管理制度与水资源"软路径"，在理念、目标和主要关注点方面是高度一致的。"水资源软路径"是水资源管理的未来趋势，也是应对水资源危机的切实可行的方式，是综合的新型的水资源管理模式。郑通汉（2006）则称为"软规则"，其内涵比"软路径"丰富，对于我国建设"水资源软路径"的管理模式有极强的借鉴意义。他将制度分为"硬规则"和"软规则"。"硬规则"是指政府及政府有关权力部门颁发的水资源开发利用、节约保护、配置、治理各环节直接或间接相关的法律、法规、部门规章和规范性文件，包括专业治水规则和涉水公共规则。"软规则"是指由传统文化、历史经验、风俗习惯、社会价值观、社会道德规范、守法意识、可持续发展理念、资源节约观念、节约用水观念、环境意识、减灾意识等一系列基于传统文

化、哲学思想的影响水资源开发、利用、节约、保护、配置、治理各
环节的各种思想、思潮、观念、意识形态等，是"群体内随经验而演
化的规则"。他还进一步指出，水危机背后涉及制度、传统文化、人
文价值等深层原因。"软规则"要受到"硬规则"的规范，而"硬规
则"的建立，要以人们已经形成的软规则为基础。当前中国水危机之
所以产生并愈演愈烈、屡禁不止的重要原因就是"软规则"的缺失。
我国正处于转型期，经济社会基础发生重大变化，环境伦理道德体系
存在严重缺失，造成人与自然相处时"善恶"不分，是导致当代水危
机的文化根源。但国内对于"水资源软路径"的研究尚处于起步阶
段，对于"水资源软路径"的内在机制和影响因素的研究是摆在学者
面前的新课题。

21 世纪初期的理论多集中于从单一的角度解释水资源管理，对水
资源管理的有效性和合理性的论述，阐明了水资源需求管理的内涵，
并分别就水价、水权等制度因素对水资源需求量的影响及相应的管理
对策进行研究。近些年的研究将水资源需求管理和供给管理相结合，
从"以需定供"到"以供定需"，更适宜水资源日益短缺的当下形势。
但现有研究仅停留在理论的解释和需求理论的制度、政策建议的层面，
在制度框架尚缺少重大创新。

三　对水资源由管理向治理模式转变

水资源管理中存在许多问题，如灌区繁重的行政管理负担，用水
者的权益得不到保证等，从而影响国家有关的法律制度的有效执行，
造成水质监管的缺失等。"治理"是 20 世纪 90 年代国际社会兴起的新
的管理公共事务的思想，其核心是扩大公民对公共事务的参与，从只
有政府单一的制度实施者转变为多主体共同治理，包括政府、非政府
组织、公民、私营部门、媒体、国际组织等，信息逐步公开化和透明
化。我国的水资源管理也逐步从政府主导模式向多主体参与的治理模
式转变。目前在城市水资源管理方面，用水户参与水资源管理的一个
重要方面是水价听证制度，该制度已在很多城市推广和实施。在农村，

用水户参与水资源管理的最主要特征是成立农民用水者协会。多主体参与管理早在20世纪90年代中期即开始，但真正得到快速发展还是从21世纪初期，这得益于国家出台的一系列相关政策的推动。

范仓海（2015）指出，从我国水资源管理的实践看，水资源公共政策议程建立的途径主要有政治体制途径、实验探索途径、社会舆论与大众传媒途径；政策方案形成方式主要有经验总结型、问题推动型和目标引导型，但同时水资源公共政策形成在政策议程、政策规划、决策主体、决策程序等方面存在各种问题。因此，随着社会经济的发展，政府水资源公共政策决策的形式和内容也需进一步拓展和更新，实现科学决策和民主决策，以保证全社会的水资源公共利益。

21世纪之初，我国的学者注重从理论和实证角度论述我国"水资源治理"的有效性和存在的问题，以及探索建立合理的模式。毛寿龙、龚虹波（2004）认为，水具有一定的公共物品性质，不能完全按市场规律来确定，应设计出集体选择的管理制度。李强等（2005）认为，利用"非政府力量"参与水资源管理是世界和我国共有的大趋势，并实证分析了公众参与水资源管理的情况，从农民的意愿上看，由政府管理模式向市场化、第三部门化的管理方式转变已成为必然。胡若隐（2006）、骆进仁（2014）也认为，水资源具有准公共物品的特性，政府、市场和公民自组织都可以参与。水资源公共性治理的重点，在于受水区各县区在水权和排污权配置、受水区与水源区在环境效益补偿及供水体系各主体间的利益分享。

近些年，很多学者试图探讨"水资源治理"的各种模式。马捷（2010）从网络治理模式的创新的角度对区域水资源共享冲突进行了深入的分析，从我国的水资源共享冲突区域现实及"9+2"合作区（包括福建、江西、湖南、广东、广西、海南、四川、贵州、云南九省区和香港、澳门两个特别行政区）的构建出发，认为我国的区域水资源共享冲突治理需要借鉴西方的网络治理模式，以提高治理效率。李四林（2012）提出了一种新的适合我国实际的管理模式：政府主导下的准市场加协商的管理模式。该模式能够实现水资源公平合理的配置，较好地解决集体非理性问题。王亚华（2013）提出"层级推动—策略响应"政策执行模式。通过对福建省用水者协会的调查数据分析得出：在自上而下层层推动之下，基层组织策略性地完成上级政策，同时也契合当地实际和满足自身利益，其结果是上级的政策看似在基层很快得到执行，而政策落实的实际情形在各地千差万别。现有的政策执行模式导致用水户者协会数量快速增长的同时，也伴随大量的低效和流于形式。这种现象深层根源在于目前的基层灌溉管理实践中，一些地区缺乏用水户者协会有效运作的条件及对用水户者协会的制度需求。由于对灌溉活动中的主体身份及职能界定模糊，也造成我国农业水资源灌溉效率提升缓慢。方兰（2016）基于利益相关者理论，结合其在贵州、山西及陕西等地的调研，提出灌溉活动中三个主要的利益相关者——政府、供水单位与农户，在灌溉行为优化中起着举足轻重的作用。

"水资源治理"理论的提出，是建立在水资源准公共物品属性之上的研究，是对水资源管理理论的补充和完善，也是对水资源市场化配置的协调。加强民众的公共参与，可以使水资源管理更有效、更透明、更持久，是多主体的"共治"，有利于全民共同应对水资源的挑战。但水资源优化配置是一个全球性的复杂问题，"水资源治理"依然有进一步完善的空间。

四　"生态文明"的发展观

20世纪末，可持续发展研究成为热点问题，水资源的持续发展也成为关注的热点。将水资源研究与生态环境结合起来的研究开始出现。刘思华（1997）提出了"现代生态经济基本矛盾"的概念。马晓河（2006）通过对以色列的农业生产与用水的分析，阐述了可持续发展的动力机制，从实践的层面阐述生态文明的发展模式。沈满洪（2011）以生态文明理论为指导，重点分析水资源配置的若干关键问题，概括出水资源配置的三种管理模式：着重于挖掘水资源开发潜力，增加生产和生活用水供给的水资源供给管理模式；着重于提高水资源利用效率，遏制不合理用水需求的水资源需求管理模式；着重于降低市场主体间水资源效率差异，发挥市场配置功能的水资源贸易管理模式。并提出制度结构的创新和制度体系的构建。侯西勇（2013）、乔延丽（2015）从生态文明和水资源的关系入手，重点分析中国生态文明建设的水资源的基础、水问题背景及态势，提出有效支撑生态文明建设的水资源综合管理战略、目标及举措，认为党的十八大报告提出把生态文明建设融入国家建设全过程具有重大的现实意义，将有利于资源、环境和生态保护目标切实纳入国家及地方发展的综合决策。詹卫华（2013）、陈明忠（2013）、唐克旺（2013）将生态文明的重要组成部分——水生态文明进行深入研究，阐述了水生态文明的概念和内涵，以及建设途径等。还有学者采取量化、实证研究，将生态文明下的水资源的配置进行深入研究。杨朝晖（2013）以洞庭湖区为例，阐述生态文明下水资源的综合调控研究。"建设生态文明"是我国面对资源约束趋紧、环境污染严重、生态系统退化的严峻形势提出的新的发展思路与模式。曹洪华（2014）以洱河流域为例，在生态文明的视角下研究流域生态和经济系统的关系。

生态文明是我国社会主义建设的本质要求，也是社会主义发展的重要模式，是对马克思主义理论的创新。目前，我国对于生态文明理论和实践进行了多学科、综合的研究。生态文明视角下水资源优化配置的研究也有了长足的发展。现阶段我国生态文明的研究还较多关注宏观理论创新，对于生态文明视角下水资源优化配置的内在机制的研究和实证分析较少，尤其是对农业水资源的研究更是鲜有涉及。

第三节　述评

基于以上对中外文献的梳理，可以看到水资源配置的方式和理论随着水资源日益稀缺、水污染加剧和生态环境变化而不断深化。

20 世纪初期以来，在解决水资源问题方面，一直是以供给为导向、公共所有权为主体。进入 20 世纪 80 年代后，世界人口增长迅速，水资源供给日益成为影响经济长期增长的"瓶颈",受自然条件约束和人口的日益增加的影响,寻找新水源越来越难,且成本较高。人们认识到了"供给管理"存在"生态极限",超过这一极限,生态系统就会威胁到人的生存安全,因此急需找到新的方式和方法,确保现有供水条件下提高水资源的经济效率,缓解供需矛盾,于是水资源需求管理应运而生。水资源需求管理理论认为要综合运用制度、经济、政策等手段规范水资源使用主体的行为,水价能激励水资源使用主体的节水意识和行为等,水权是市场机制顺利运行的前提。应降低水资源需求的增长,从而使水资源配置达到优化。

随着多学科对水资源的交叉研究,很多学者认为水资源是混合物品,既是公共物品,又是私人物品。作为公共物品,政府是承担这种满足公共增长需要的责任主体,政府利用手中的权力,构建了水资源配置的体制。但由于水资源的流动性和极强的外部性,仅仅依靠"公权力"的制约无法有效调动水资源使用主体的积极性。随着21世纪初"公共治理"理论的兴起,很多学者将水资源研究和"公共治理"相结合,超越市场失灵和政府管制,寻找公共资源的切实解决之道,探寻"自治"的具体运行机制和制度如何促进水资源的可持续利用。但很多学者也对这一理论提出疑问,在公共资源的边界很难界定的情况下如何避免"公地悲剧","公共财产所有"是否诉诸产权机制,缺乏外在权威性"自治"机制能否顺利运行等。

无论是需求管理还是公共资源自治理论,都是从如何提高水资源自身效率的角度进行深入研究。随着全球性水危机的加剧,生态环境的恶化,人与自然的矛盾日益激化,生态环境已经威胁到人自身安全。许多学者从生态的高度,运用生态伦理,在批判"现代化工业"基础上,反思水资源危机,指出人与自然和谐相处的生产方式才是未来社会发展模式,这些理论为我国建设生态文明提供了宝贵的借鉴。

我国水资源配置研究起步较晚,20世纪90年代起,我国关于水资源配置的研究逐步融入世界研究的大潮之中,逐步采用模型分析方法对水资源优化调度。单靠水利工程和技术的变革已经难以缓解水资源供给和需要之间的矛盾。人们也逐步认识到大型的水利工程对生态的巨大影响，越来越多的学者认为从水资源需求方面改革是水资源优化配置的趋势。但我国水资源市场理论的实现缺乏西方国家的较成熟的产权制度。随着水资源供需矛盾日益突出，不断有学者指出需求管理是结合供给管理的综合需求管理，我国水资源研究不断转向综合需求管理阶段。近几年，一些学者倡导用"水资源软路径"来解决水资源危机的有效管理方式，但其理论尚未成熟，还需要有更深入的实证、理论的研究。

我国部分学者也看到了在对水资源配置中，单靠政府政策，存在着"政府失灵"的现象，很多政策落实不到位，管理体制僵化，反而加剧了水危机。水资源的管理有必要引入"公共治理"模式，政府逐步让权，非政府组织和水资源使用主体逐步共同参与相关的决策，从而提高水资源的配置效率，避免"公地悲剧"。"治理"理论虽然为我国水资源优化配置起到了很大的推动作用，虽然能补充和部分解决"政府失灵"引起的水资源问题，但水资源"公共治理"理论和实践在我国依然缺乏广泛的参与基础，我国水资源公共治理的制度建设和创新还有很大的提升空间。

我国社会主义的建设要从"工业化"的粗放式发展逐步转向人与自然和谐发展，即建设中国特色的社会主义生态文明。现阶段关于生态文明视域下反思工业化思维下水资源的配置方式的研究较少，对生态文明视域下农业水资源的优化配置进行分析研究显得非常必要。

第 三 章

我国农业水资源优化配置进程演进

第一节　我国农业水资源配置进程演进

中华人民共和国成立以来，我国农业水资源配置制度经历了从无偿供水到有偿供水的转变。在无偿供水阶段，国家对水资源使用者不征收费用；在有偿供水阶段，国家对水资源使用者开始征收水费，在此阶段内，我国先后经历了福利供水阶段、水权交易阶段、农业水价综合改革阶段，这三种形式当前在我国不同地区同时存在，也推动着我国农业水资源优化配置的进一步发展。

一　无偿供水阶段（1949—1964 年）

中华人民共和国成立以来，我国确立了公共水权的基本原则。由于当时水资源相对比较丰裕，起主导作用的是以自由无偿取用水为主的水权制度。

随着社会主义基本制度的建立，公有制为基础的计划经济体制确立，体现在水资源领域则是公共水权基本原则的形成，水资源归国家所有。这一阶段我国仅在法律上承认国家对水资源的所有权，但这种所有权并没有得到充分实现，取水、用水几乎不存在水资源费用。水利部于 1949 年 11 月提出："所有河流湖泊均为国家资源，为人民公有，应由水利部及各级水利行政机关统一管理。无论人民团体或政府机构举办任何水利事业，均须先行向水利机关申请取得水权——水之使用权和受益权。"这一规定表明了中华人民共和国成立后，对水资源所有权的初始安排明确归国家所有，同时奠定了国家利用自身权威对水资源进行开发、规划和管理所需的最重要基础（马晓强等，2009）。

计划经济时期，我国水资源处于开放状态，公共水权制度几乎不具有排他性，人们在长期的取用水过程中无意识地形成了取水习惯和未成文的取水规章以及流程，这些习惯和章程不断发展，融入代代相传的水文化之中。在人们从大自然取水的初始阶段，水量充裕，受生产力水平制约，只有很少一部分水资源被人们所需，而大部分任其自然流动，公众在用水意识上觉得水资源可以自由取用，也就是所谓的"取之不尽，用之不竭"。并且在这一时期，即使在干旱半干旱地区，水量供给也比较充裕，对于用水、取水习惯，人们缺乏改变的客观原动力和诱因。在没有成文水权制度以及水资源充足的情况下，水资源被随意消耗、浪费情况严重，原先农业生产的大水漫灌的低效灌溉生产方式仍在继续。由于当时并没有征收水费和水资源费，微观主体在用水过程中几乎不受限制，因此如何提高对水资源的利用效率并未得到重视。国家虽然提出了在农业生产灌溉方面需要节约用水的理念，但实际上没有真正得到执行（马晓强等，2009）。

可见，此阶段的水权制度是公共水权基础上的水权制度安排，这种制度安排无法对浪费用水形成约束，更不能激励节约用水。

无偿供水情况自1964年水利电力部制定《水库工程税费征收、使用和管理试行办法》起宣告结束，但直至今天，在我国个别水资源丰富的地区（如南方某些丰水区域），农业用水依旧实行无偿供水的形式。

二　福利供水阶段（1964年至今）

1964年，水利电力部在江西召开全国首次水利管理会议，制定了《水库工程水费征收、使用和管理试行办法》，结束了水利工程无偿供水的局面，开始逐步推行供水水费制度。从此我国进入了福利供水阶段。

表 3 - 1 显示了我国农业水资源配置在福利供水阶段的演进过程。

1964 年《水库工程水费征收、使用和管理试行办法》规定："凡是发挥兴利效益的水利工程，其管理、维护建筑物、设备更新等费用，由水利管理单位向受益单位征收水费解决。水费标准应当按照自给自足、适当积累的原则，并参照受益单位的受益情况和群众的经济力量合理确定。"但当时水价的制定未考虑供水成本，水价过低，不符合商品定价原则。此外，自给自足也只是低标准的自给自足，有些地区的群众经济状况较差，水费收缴很困难。有些地区虽然计收了一部分水费，但因标准过低，所收费用也不能满足水利工程管理单位的正常运行、管理和维修需要（雷波，2008）。

1978 年 12 月，党的十一届三中全会在北京召开，此时在改革开放背景下，作为成文明确的水资源管理正式制度的雏形已经开始显现，水资源管理逐步有文可依。

1979 年 12 月，上海市公用事业局发布《上海市深井管理办法》。如表 3 - 1 所示，该办法是我国第一个关于征收水资源费的地方规定，并启动了我国水资源费征收工作。该办法规定"凡在上海市自来水公司管网到达范围内使用深井以及郊县各用水单位使用深井，其采用量全部按上海市自来水公司规定的工业自来水价格收费"。虽然并没有使用水资源费这一名称，但对取用地下水按采用量征收费用的性质与水资源费无异。

表 3 - 1 福利供水阶段演进过程

年份	重大事件/法规政策	意义
1964	全国首次水利工作会议召开，制定《水库工程水费征收、使用和管理试行办法》	水利工程无偿供水状况结束
1978	十一届三中全会召开	有明确成文的水资源管理正式制度雏形形成
1979	《上海市深井管理办法》发布	我国第一个关于征收水资源费的地方规定，我国水资源费征收工作启动

年份	重大事件/法规政策	意义
1979	全国水库养鱼与综合经营座谈会召开	我国水费征收和管理等各项工作开始走上正轨
1985	《水利工程水费核订、计收和管理办法》发布	理论上确定水利工程供水属于商品,供水是有偿服务,水费为行政事业性收费
1988	《中华人民共和国水法》颁布实施	中华人民共和国第一部关于水的基本法
1993	《取水许可制度实施办法》颁布	取水许可制度确立,推动征收水资源费
1995	《关于征收水资源费有关问题的通知》印发	推动地方水资源税费的征收
1997	《水利产业政策》发布	水价改革步入快速发展新时期
1998	《关于矿泉水地热水管理职责分工问题的通知》发布	部分领域暂不征收水资源费
1999	《水利产业政策实施细则》发布	细化上述规定,完善我国水资源费征收制度
2002	修订《中华人民共和国水法》	解决了管理主体不明确、征收机制不完善问题
2004	制定《水利工程供水价格管理办法》,1985 年《水利工程水费核订、计收和管理办法》同时废止	水利工程供水实行农业和非农业分类定价
2006	《取水许可和水资源费征收管理条例》颁布	进一步明确、完善水资源费征收和取水许可问题

1979 年水利电力部在广东省东莞县召开了全国水库养鱼与综合经营座谈会,这标志着我国水费征收、管理等各项工作开始逐步走上正轨(雷波,2008)。会上针对如何加强我国现有水利工程的经营管理,提高经济效益,进行了充分讨论。1982 年中央一号文件也指出:"城乡工农业用水应重新核定收费制度。"

20 世纪 80 年代初,我国北方一些地区的水利部门或城建部门也开始对一些直接从地下和江河湖泊取水的工矿企业和事业单位征收水资源费。例如 1982 年 10 月山西省颁布《山西省水资源管理条例》,在全国率先实施取水许可制度，并征收水资源费。该条例明确规定水资源属于国家所有，实行定额用水，按累进制办法收费，适用于本省范围内一切地表及地下水资源。此后，包括北京、山东在内的一些地区也陆续制定了类似办法，开始了水资源费征收工作。这一阶段有关水资源费征收主要是针对城市地下水的取用行为，对其他取水行为并未征收水资源费，同时水资源费征收规定停留在地方性规定的水平，国家尚未制定全国统一的规范。①

1985 年 7 月 22 日，国务院发布《水利工程水费核订、计收和管理办法》（以下简称《水费办法》），如表 3 - 1 所示。该办法从理论上确立水利工程供水属于商品这一概念，供水作为一种有偿服务行为，水费定位为行政事业性收费。如其中第一章总则第一条规定"为合理利用水资源，促进节约用水，保证水利工程必需的运行管理、大修和更新改造费用，以充分发挥经济效益，凡水利工程都应实行有偿供水。工业、农业和其他一切用水户，都应按规定向水利工程管理单位交付水费。"《水费办法》目前仍是我国中央和地方各级有关政府部门规范管理水利工程有偿供水行为的主要法律依据，为大部分省、自治区、直辖市人民政府先后制定本地的水利工程水费核定、计收和管理实施办法、实施细则或其他相应文件提供了依据。

《中华人民共和国水法》于 1988 年 1 月 21 日通过，自 1988 年 7 月 1 日起施行。正如表 3 - 1 显示，1988 年《水法》是中华人民共和国第一部关于水的基本法，其颁布施行是我国水利事业发展进程中的标志性事件。《水法》第一章总则第三条对水资源的权属做了规定，"水资源属于国家所有，即全民所有。农业集体经济组织所有的水塘、水库中的水，属于集体所有。国家保护依法开发利用水资源的单位和个人的合法权益。"第一章第九条对水资源的管理工作做了规定，"国家对水资源实行统一管理与分级、分部门管理相结合的制度。国务院水行政主管部门负

---

① 《我国水资源费征收标准问题研究》课题组，2011 年，http：//www.china-re-form.org/？content_ 139.html.2011 - 04 - 18。

责全国水资源的统一管理工作。国务院其他有关部门按照国务院规定的职责分工，协同国务院水行政主管部门，负责有关的水资源管理工作。县级以上地方人民政府水行政主管部门和其他有关部门，按照同级人民政府规定的职责分工，负责有关的水资源管理工作。"《水法》第四章用水管理第三十二条对取用水许可方面做了规定，"国家对直接从地下或者江河、湖泊取水的，实行取水许可制度。为家庭生活、畜禽饮用取水和其他少量取水的，不需要申请取水许可。"

1993 年 6 月国务院颁布了《取水许可制度实施办法》，确立了取水许可制度，推动了水资源费的征收。该办法规定直接从江河、湖泊或地下取用水资源的单位和个人应当向水行政主管部门或者其授权的流域管理机构申请领取取水许可证，获得取水权，并缴纳水资源费。由于该办法主要实行的是在指定河段和区域取水限额以上的取水许可审批管理，因此对于取水限额以内的水资源费征收难以起到促进作用。

1995 年国务院办公厅印发《关于征收水资源费有关问题的通知》，推动地方水资源费征收工作迅速开展。文件明确了"在国务院发布水资源费征收和使用办法前，水资源费的征收工作暂按省、自治区、直辖市的规定执行"。在此之后，全国绝大多数省、自治区、直辖市出台了《取水许可制度实施细则》和《水资源费征收管理办法》，对水资源费征收的范围、水资源费的征收标准作了更为细化的规定。

自 1997 年国务院发布《水利产业政策》后，水价改革进入快速发展新时期。政策规定国家实行水资源有偿使用制度，对直接从地下或江河、湖泊取水的单位依法征收水资源费。规定："新建水利工程的供水价格，按照满足运行成本和费用，缴纳税金、归还贷款和获得合理利润的原则制定。原有工程的供水价格，要根据国家的水价政策和成本补偿、合理收益的原则，区别不同用途，在三年内逐步调整到位，以后再根据供水成本变化情况适时调整。"以及"根据工程管理的权限，由县级以上人民政府物价主管部门会同水行政主管部门制定和调整水价。"

1998 年中央机构编制委员会办公室发布《关于矿泉水地热水管理职责分工问题的通知》，规定农业用水、中央直属水电厂的发电用水和火电厂的循环冷却水以及地热水、矿泉水暂不征收水资源费。1999年5月水利部发布《水利产业政策实施细则》，进一步细化上述规定，强调水资源的有偿使用制度，并对水资源使用方向予以明确规范，使我国的水资源费征收制度更加完善。

1997年到2002年，国家价格主管部门和水利部领导水价改革各项工作的积极进行。首先，将水利工程的水资源供给价格归到了国家商品价格管理体系之内。国家计委已明确由价格司来具体管理水利行业的水价、电价，国家综合经济管理部门对水价的管理体制逐渐清晰明了。其次，有关制度建设取得了很大的进展。在国家《水价办法》未出台前，各地区认真贯彻《水费办法》，结合市场经济体制改革的相关要求，不断探索适应新的经济体制的合适的水价办法。许多省已将"水费标准"改为"水价"，这种举措为正式出台水价办法奠定了基础。再次，水价几经调整，水价水平渐渐提高，逐渐覆盖农业水利工程的管理和维护成本。最后，对水利工程的水资源收费改为经营性收费管理。到21世纪初，水利工程实行有偿供水的行为已被社会各界普遍接受，水资源的商品属性得到各方面的广泛认同，与此同时水资源价格水平有不同程度的增加，水费收取办法逐步完善。

为解决管理主体不明确和征收机制不完善等问题，2002年8月第九届全国人民代表大会常务委员会对1988年《中华人民共和国水法》进行修订，并于2002年10月1日正式实施。其中，第一章总则第三条修改为："水资源属于国家所有。水资源的所有权由国务院代表国家行使。农村集体经济组织的水塘和由农村集体经济组织修建管理的水库中的水，归各该农村集体经济组织使用。"新增第七条规定："国家对水资源依法实行取水许可制度和有偿使用制度。但是，农村集体经济组织及其成员使用本集体经济组织的水塘、水库中的水的除外。国务院水行政主管部门负责全国取水许可制度和水资源有偿使用制度的组织实施。"第十二条修改为："国家对水资源实行流域管理与行政区域管理相结合的管理体制。国务院水行政主管部门负责全国水资源的统一管理和监督工作。国务院水行政主管部门在国家确定的重要江河、湖泊设立的流域管理机构（以下简称流域管理机构），在所管辖的范围内行使法律、行政法规规定的和国务院水行政主管部门授予的水资源管理和监督职责。县级以上地方人民政府水行政主管部门按照规定的权限，负责本行政区域内水资源的统一管理和监督工作。"第五章水资源配置和节约使用第四十八条修改规定："直接从江河、湖泊或者地下取用水资源的单位和个人，应当按照国家取水许可制度和水资源有偿使用制度的规定，向水行政主管部门或者流域管理机构申请领取取水许可证，并缴纳水资源费，取得取水权。但是，家庭生活和零星散养、圈养畜禽饮用等少量取水的除外。"第四十九条规定："用水应当计量，并按照批准的用水计划用水。用水实行计量收费和超定额累进加价制度。"表 3 - 2 显示了 1988 年《水法》与 2002 年《水法》有关农业用水相关内容的变化情况。

表 3 - 2　　　　《中华人民共和国水法》修改前与修改后有关
农业用水的内容对比

	1988 年《水法》	2002 年《水法》
修改内容	水资源属于国家所有，即全民所有。农业集体经济组织所有的水塘、水库中的水，属于集体所有。国家保护依法开发利用水资源的单位和个人的合法权益。	水资源属于国家所有。水资源的所有权由国务院代表国家行使。农村集体经济组织的水塘和由农村集体经济组织修建管理的水库中的水，归各该农村集体经济组织使用。
	国家对水资源实行统一管理与分级分部门管理相结合的制度。国务院水行政主管部门负责全国水资源的统一管理工作。国务院其他有关部门按照国务院规定的职责分工，协同国务院水行政主管部门，负责有关的水资源管理工作。县级以上地方人民政府水行政主管部门和其他有关部门，按照同级人民政府规定的职责分工，负责有关的水资源管理工作。	国家对水资源实行流域管理与行政区域管理相结合的管理体制。国务院水行政主管部门负责全国水资源的统一管理和监督工作。国务院水行政主管部门在国家确定的重要江河、湖泊设立的流域管理机构（以下简称流域管理机构），在所管辖的范围内行使法律、行政法规规定的和国务院水行政主管部门授予的水资源管理和监督职责。县级以上地方人民政府水行政主管部门按照规定的权限，负责本行政区域内水资源的统一管理和监督工作。

续表

	1988 年《水法》	2002 年《水法》
修改内容	国家对直接从地下或者江河、湖泊取水的，实行取水许可制度。为家庭生活、畜禽饮用取水和其他少量取水的，不需要申请取水许可。	直接从江河、湖泊或者地下取用水资源的单位和个人，应当按照国家取水许可制度和水资源有偿使用制度的规定，向水行政主管部门或者流域管理机构申请领取取水许可证，并缴纳水资源费，取得取水权。但是，家庭生活和零星散养、圈养畜禽饮用等少量取水的除外。
新增内容		国家对水资源依法实行取水许可制度和有偿使用制度。但是，农村集体经济组织及其成员使用本集体经济组织的水塘、水库中的水的除外。国务院水行政主管部门负责全国取水许可制度和水资源有偿使用制度的组织实施。
		用水应当计量，并按照批准的用水计划用水。用水实行计量收费和超定额累进加价制度。

从表 3 - 2 可以看出，新旧《水法》的区别主要体现在以下两方面：

（1）2002 年《水法》克服了 1988 年《水法》中"分部门相结合的管理制度"所造成的水行政主管部门、城建部门、地矿部门共同征收的局面，这符合水资源统一管理与水资源开发、利用、节约和保护相分离，流域管理与行政区域管理相结合的原则改革水资源管理体制，强化水资源统一管理，新《水法》为水资源费的统一征收管理提供了切实保障。

（2）2002 年《水法》注重水资源的宏观配置，把节约用水、提高用水效率和水资源保护放在突出的位置，同时增加了不按照国家有关规定征收水资源费的相关法律责任规定，增强对水资源费依法征收行为的管理力度。

水资源费征收制度的建立，体现了国家收益权，是水资源管理从定性管理向定量管理的重要转变，是水资源所有权管理和资源有偿使用的具体实现方式。2009 年 8 月和 2016 年 7 月两次修正并未对相关规定做出修改。

2002 年《水法》修订后，虽然在水资源费征收制度上有较大改进，但各地水资源费征收标准总体仍然偏低。2004 年国务院办公厅发布了《关于推进水价改革促进节约用水保护水资源的通知》，要求各地"扩大水资源费征收范围并适当提高征收标准。凡未征收的地区要尽快开征水资源费，并根据水资源紧缺程度逐步提高征收标准"。2005 年 4 月，国家五部委召开全国水价改革与节水工作电视电话会议，进一步要求全国各地区切实落实水资源费征收。一定程度上促进了全国各地区水资源费征收制度的落实进程，但由于缺乏具体有效的实施办法，可操作性上存在局限。

2004 年 1 月 1 日制定的《水利工程供水价格管理办法》正式实施后，1985 年的《水费办法》废止。《水价办法》中第二章水价核定原则及办法第十条规定："根据国家经济政策以及用水户的承受能力，水利工程供水实行分类定价。水利工程供水价格按供水对象分为农业用水价格和非农业用水价格。农业用水是指由水利工程直接供应的粮食作物、经济作物用水和水产养殖用水；非农业用水是指由水利工程直接供应的工业、自来水厂、水力发电和其他用水。"表 3 - 3 对比了《水费办法》《水价办法》中农业用水相关内容。

从表 3 - 3 可以看出，《水价办法》比《水费办法》的进步之处在于实行农业用水价格分类定价，而不是笼统地对农业用水征收标准一致的水费。这样的改进更加符合我国农业发展的实际，推动了我国农业水价制度的进一步完善。

2006 年 1 月国务院发布《取水许可和水资源费征收管理条例》，于 2006 年 4 月 15 日起施行，进一步明确、完善水资源费征收和取水许可问题。该条例规定了水资源费的征收主体、征收标准、标准制定原则、计费原则、农业取水征收原则、缴纳、申请缓缴、解缴、使用与监督管理等内容，统一规范了水资源费征收的具体办法。其中第四章水资源费的征收和使用管理第三十条规定："农业生产取水的水资源费征收标准应当根据当地水资源条件、农村经济发展状况和促进农业节约用水需要制定。"

表3-3   1985年《水利工程水费核订、计收和管理办法》与

2004年《水利工程供水价格管理办法》内容对比

	1985年《水费办法》	2004年《水价办法》
修改内容	为合理利用水资源，促进节约用水，保证水利工程必需的运行管理、大修和更新改造费用，以充分发挥经济效益，凡水利工程都应实行有偿供水。工业、农业和其他一切用水户，都应按规定向水利工程管理单位交付水费。	根据国家经济政策以及用水户的承受能力，水利工程供水实行分类定价。水利工程供水价格按供水对象分为农业用水价格和非农业用水价格。农业用水是指由水利工程直接供应的粮食作物、经济作物用水和水产养殖用水；非农业用水是指由水利工程直接供应的工业、自来水厂、水力发电和其他用水。

在这一阶段，我国制定了明确的水资源管理相应的法规、条例，并在实践的过程中逐步完善，使农业用水管理有法可依，农业用水工作步入正轨。

三 水权交易阶段（2000年至今）

随着农业水价综合改革的推进，各地在实施改革的实践中又面临着新问题，水资源使用权属不明确，界定不明晰，于是水权交易的形式逐步在各地推广实施，我国农业水资源配置进入到水权交易阶段。水权交易是指在合理界定以及分配水资源使用权的基础上，通过市场机制使水资源使用权在地区与地区间、流域与流域间、流域上下游之间、行业与行业间、用水用户间流转的一种行为，是利用市场经济优化配置水资源使用的重要体现。各级政府逐渐认识到节水在社会发展中所起到的重要作用，纷纷开始因地制宜节水治水。

早在2000年11月，浙江省东阳市、义乌市就进行了地区间水权

交易的尝试，义乌市一次性出资 2 亿元，向东阳市买断了每年 5000 万立方米水资源的永久使用权，成为中国水权交易的第一案，也成为我国水权交易的最早实践。

　　同样作为早期试点的还有 2001 年甘肃省张掖市的水票交易。2002年初，国家水利部正式将甘肃省张掖市确定为全国第一个节水型社会试点地区。张掖市把用水制度改革作为重点突破口，以带动节水型社会建设全面展开。在改革中，水务部门通过全面调查，对本区域水资源现状、国民经济现状、各行业、各部门用水现状、水利工程现状、土地利用现状等进行了详细的调查了解，之后，以此为基础，对农户用水实行总量控制，定额管理，并根据灌区内农户承包地的数量，确定农户的水权及水量，为农户颁发"水权证"。由于改革试点起步早，如今的张掖在节水方面具有极大的示范作用。

　　2005 年 1 月，水利部印发《水权制度建设框架》的通知，理清水权制度的基本内容，提出水权制度建设的总体思路。通知指出，水权制度建设应遵循可持续利用原则、统一管理监督原则、优化配置原则、权责义统一原则、公平与效率原则、政府调控与市场机制相结合原则六项原则，从水资源所有权制度、水资源使用权制度和水权流转制度三个方面阐述了水权制度体系的建设框架，在每一个框架下提出了主要内容和具体的法规制度，其中既包含已经出台的法律政策，也包括应尽快研究制定并实施的相关规定。这一框架的构建为今后水权制度改革指明了方向，也为相关政策的制定提供了依据。

　　与此同时，2005 年 1 月，水利部发布了《水利部关于水权转让的若干意见》，对进一步推进水权制度建设、规范水权转让行为做出了指导。《意见》中指出，对水资源进行合理配置，应当充分发挥市场机制对资源配置的基础性作用，将《通知》中的原则具体化，提出要遵循水资源可持续利用原则、政府调控与市场配置相结合原则、公平与效率相结合原则、产权明晰原则、公平公正公开原则、有偿转让与合理补偿原则六项原则，统筹兼顾生产、生活、生态用水，在水行政管理部门或流域管理机构的引导、服务、管理、监督下，在满足城乡居民生活用水、充分考虑生态用水的条件下（若由农业向其他行业转让，必须保障农业用水的基本要求），进行水权转让，转让意味着权利和义务的转让，转让中产生的水权转让费由受让方承担，费用水平在水行政主管部门或流域管理机构引导下由各方平等协商确定。

在各项文件的指导下，各地根据实际情况先后进行水权交易的尝试。水权交易在各地开始零星试点，配合农业水价综合改革工作的进一步推进，促进了我国农业水价配置的革新。

在 2014 年 1 月，浙江省提出了治污水、防洪水、排涝水、保供水、抓节水"五水共治"的方针政策，在传统污水治理的基础上，首次将治水的范畴扩大。2014 年 4 月，习近平在有关保障水安全的重要讲话中明确提出："节水优先，空间均衡，系统治理，两手发力"的新治水思路。2014 年 5 月，李克强在国务院常务会议部署加快推进节水供水重大水利工程建设，再次在国务院层面强调节水的重大战略意义。

2014 年 7 月，水利部在系统内部印发了《水利部关于开展水权试点工作的通知》，提出在宁夏、江西、湖北、内蒙古、河南、甘肃和广东 7 个省区开展水权试点，试点内容包括水资源使用权确权登记、水权交易流转和开展水权制度建设三项内容，试点时间为 2—3 年。试点在 8 月底之前将水权试点实施方案报至水利部，试点方案由水利部和试点地区省级政府在 10 月底之前批复完毕。这标志着我国水权交易工作的全面展开。

2016 年 4 月，为了完善水权制度、培育水权交易市场，鼓励发展多种形式的水权交易，促进水资源的节约、优化配置，水利部印发了关于《水权交易管理暂行办法》的通知。在通知里指出，水权交易一般通过水权交易平台进行，也可以在转让方与受让方之间直接进行，而区域水权交易或者交易量较大的取水权交易，应当通过水权交易平台。中国水权交易所——国家第一个国家级水权交易平台，2016 年 6 月 28 日在北京成立，标志着促进水权交易规范高效开展的支撑平台的正式落成。此举有助于在全国建立统一水权交易标准、交易制度、交易及风险控制系统，通过市场相关机制以及技术推动跨流域、跨区域、跨行业和不同用水户之间的水权交易，有助于建立符合国情水情的国家级水权交易平台，充分发挥市场在优化水资源配置中的重要作用，促进水资源优化处理配置、高效使用和有效保护。①

2016 年 11 月 8 日，水利部、国土资源部联合印发了《水流产权确权试点方案》，开展水流产权确权试点工作。《方案》选择宁夏回族自治区、甘肃省疏勒河流域、丹江口水库等六个区域和流域开展水流产权确权试点，明确通过两年左右时间，探索水流产权确权的路径和方法，界定权利人的责权范围和内容，着力解决所有权边界模糊，使用权归属不清，水资源和水生态空间保护难、监管难等问题，为在全国开展水流产权确权积累经验。开展水流产权确权，是健全自然资源资产产权制度的必然要求，对转变发展方式、倒逼产业结构调整、节约集约利用资源、保护水生态空间具有重要促进作用，对完善现代水治理体系具有重要意义。

目前我国水权交易形式主要有以下五种：

1. 区域水权的初始分配

初始水权的分配需要中央政府去完成。这种交易虽然是区域政府之间、区域政府与上级政府之间讨价还价的过程，但一般以上级政府为主导。这种交易是广义上的交易，上级政府扮演水权管理者的角色。例如浙江省水利厅对钱塘江流域的一个支流梓溪流域水权的初始分配；再如南水北调工程发挥了市场机制在水权分配中的作用，即实行水权与投资挂钩的机制，让沿线城市根据需水量分摊部分投资。但是，南水北调工程的目的还是战略性解决资源性缺水这一重大问题，并不属于完全意义上的市场化分配。

2. 水银行

水银行好比虚拟水库，与金融机构吸收存款然后发放贷款的功能

---

① 中国产业信息网，2014，http：//www. chyxx. com/industry/201408/276003. html. 2014 - 08 - 26。

相近，是与调水有关的一种水的购买和分配机制。关于水银行，目前还没有一个严格的定义，在国外一些发达国家，它是在水资源调配或水权运作中使用的一种配置手段。也就是把水当成货币，把多余的水存储起来。既然是银行，一定有人存，也会有人取，更会有人贷，贷的利息高于存的利息。储户获取利息，银行获取存贷之间的利息差，水银行也如此操作。比如北京大兴区建立了以各村镇用水协会为单元的水银行，它在水权交易过程中扮演中间角色。

3. 地方之间水权交易

不同地区的水资源之间存在水源的天然差异、初始水权分配量、水资源消耗量和水资源开发利用程度等区别，经由水资源富余地区出售给缺乏地区。2000年11月东阳—义乌的水权交易和2001年5—6月海河水利委员会在漳河上游进行的跨省有偿应急调水就属于这一类型，但两者也有区别，前者是长期水权交易，后者是短期。

4. 部门（产业）之间水权交易

该交易是由于不同部门的水资源产出效率存在差异所导致。当前较为流行的交易类型是水权置换，工业部门投资于农业部门的节水改造，并将节约下来的水继续在工业生产过程中得到利用。该类型在内蒙古、宁夏较为普遍。内蒙古在总结过去10年水权转换试点经验的基础上，从2013年底起率先实施跨盟市水权转让试点。2013年底，内蒙古专门组建了自治区水权收储转让中心，并且依托这一交易平台，开始在黄河干流流经盟市之间试点水权转让。水权收储转让中心主要负责收储和转让盟市、行业和企业尚未利用的水权，以及节水产生的水权、投资农业节水灌溉置换出的水权、新开发水源水权、再生水水权和国家、流域管理机构赋予的其他水权。宁夏水权转换试点始于2003年，主要是将农业灌溉用水转换为工业用水。2009年，宁夏又新出台《宁夏节约用水条例》，明确规定新上工业项目没有取水指标的，必须进行水权转换，从农业节水中等量置换出用水指标。内蒙古和宁夏就是比较典型的水权在不同部门（产业）间进行交易的示范。

5. 用水个体户之间的水权交易

这种交易主要发生在灌溉用水领域，比如 2001 年甘肃张掖市洪水河灌溉区的水票交易。张掖是一个典型的缺水地区，2002 年初，国家水利部正式将甘肃省张掖市确定为全国第一个节水型社会试点地区。拥有近 10 万人口和 30 多万亩耕地的梨园河灌区，是试点的主要地区。在试点中，张掖市把用水制度改革作为重点突破口，以带动节水型社会建设全面展开。在改革之初，水务部门通过全面调查，摸清本区域水资源现状、国民经济现状、各行业、各部门用水现状、水利工程现状、土地利用现状等。以此为改革基础，对农户用水实行总量控制，定额管理。即先根据各类作物多年来每亩用水量的平均值和今后十年内二、三产业、生态、生活用水的发展目标，生产单位的用水指标，确定灌区的总用水量。最后再根据灌区内农户承包地的数量，确定农户的水权及水量，并颁发"水权证"。

水权交易势必成为未来我国水资源配置的主要做法和思路，水权交易也将同其他供水形式并存于我国的农业水资源配置进程中。

四　农业水价综合改革阶段（2008 年至今）

我国是农业用水大户，但是节水灌溉还不够普遍重视，可开发利用的新水源很少，再加上对农业灌溉水资源的低效利用，长期以来灌溉额度偏高，水价偏低，无法满足水利工程管理以及维护成本的问题依旧存在，严重违背可持续发展的相关理念，不利于改进农业生产技术，促进农业现代化。与此同时，由于我国农业的特殊性，若单纯提高农业用水价格，而没有辅以相关配套措施，绝大部分农民并没有能力承受这一变化。由此看来节水农业发展需要深层改革，需要不断学习与节水灌溉工程相关的管理经验，改进灌溉技术，进一步优化水资源配置，对水价实施综合改革，力图使水资源实现合理的分配和利用。其中水价改革以先试点、后推广的模式进行，自 2007 年起，相关工作就已经开始。

2008 年中央财政安排了专项资金，在全国部分省份启动了关于农业水价综合改革的试点政策，并且在降低农民农业用水成本、减少灌溉用水、改进灌溉技术等方面进步明显。2008 年的试点灌区增加到约 150 万亩，改革在实施过程中大致分为三块：（1）农民自身投入人力、物力、财力对灌区及渠系进行节水技术的改造、试验与运用，通过采用低压节能喷灌、滴灌等技术减少农业生产中的灌溉用水，相关费用由中央政府和地方政府进行补贴；（2）成立灌区农民用水协会，由于前期灌区及渠系的节水工程由农民投资改造，故而农民用水协会拥有末级渠系工程的产权，并且由其负责末级渠系的日常维护以及用水管理，减少政府间接管理的成本，保证了政策的有效性及实施效率；（3）制定用水价格规定，根据灌溉用水量和气候干旱程度对灌区的用水价格进行适时合理的调整，从而既能够满足国家水利工程管理单位向末级渠系供水的各方面成本以及末级渠系水利工程自身管理、维护、维修的成本，又可使整个工程能够流畅运行。中央财政对于农田水利的建设、灌区渠系的技术改造、水价改革试点地区建设的相关补助规模逐年增加，2008 年 4 月，财政部确定其中单独用于农业水价综合改革的中央财政补助资金总规模为 3.375 亿元。

2008 年 11 月，财政部会同国家发展和改革委、水利部联合印发了《水资源费征收使用管理办法》，文件中对于水资源费的征收、使用和管理作了具体规定。但是由于水资源费征收过程的情况十分复杂，如不同地区的农业产业特色不一样，对水资源的需求程度以及哪些季节是取水高峰期、哪些季节是低峰期各有差别，不同地区农业由于灌溉技术水平不同以及农业管理能力导致的取水能力不一样，不同地区农业的取水计量设施、设施种类以及设施的部署完成度不一样，等等，相关的理论研究并不成熟，政策落地率以及落地后的良性反馈比率有待提高。由此看来有关水资源费用的征收标准还有待进一步完善，有关的定价策略和相关的科学理论研究仍需继续和深入。

自 2013 年起，水利部协调财政部加大了对制定合理水价规定的支持力度，开始在全国 27 个省 50 多个县深入开展农业水价综合改革示范，在水价制定上按照分级、分类的原则合理确定水价。分级就是指审查该地区农业的取水用水能力以及灌区渠系的节水技术水平，分类就是指按照不同地区农作物需水程度不同、需水时节不同进行分类，做到既有利于促进农业节水，又能合理保障种粮等重要农产品用水的需求，不能一味节水，只顾眼前，耽误粮食或重要经济作物的生产收获，同时总体上还不增加农民负担，从财政上进行合理的补贴，保证试点地区水价合理制定，节水技术顺利运用，水利工程管理顺畅，试点地区农业用水习惯良性循环。根据对当地农业生产的分级分类科学合理地核算农业供水的相关成本及之后的水价制定，建立严格的核查、监督机制，确保对农业灌溉节水工程的技术投入、后期维护管理所产生的成本所制定、颁布、实施的财政补助政策顺利、高效落实并良性发展，确保具体的水价政策如定额内用水实行优惠水价、超定额用水累进加价等的顺利实施。此外，还可以通过举办有关节水的经济及环境效益的公益讲座，通过指派技术员，开办节水技术研习班，学习其他省市乃至其他国家的农业节水技术和管理经验，结合当地具体农业生产情况引进和推行如滴灌、喷灌、微灌等高效节水灌溉技术，推进小型水利工程产权改革，激励农民对节水技术的投资积极性，明确灌区末级渠系等小型农田水利设施产权归农民用水合作组织及新型生产经营主体所有，进行农民用水合作组织规范化建设，推动农民用水自治，逐渐形成取水有度、用水有方的良性循环。

根据对近年文件内容的解读，可以看出农业水价综合改革在全国范围内持续推广。主要表现在改变水资源费征收标准，实行水权交易，对灌溉用水进行定额管理，探索新型高效用水管理方式，分级分类制定水价，实行精准补贴，建立农业水价综合改革监督检查和绩效评价机制，确保政策落实到位等方面。

在 2014 年国务院颁布的《关于全面深化农村改革，加快推进农业现代化的若干意见》中提到："深入推进农业水价综合改革。加大各级政府水利建设投入，落实和完善土地出让收益计提农田水利资金政策，提高水资源费征收标准、加大征收力度。"在 2015 年中共中央、国务院印发的《关于加大改革创新力度，加快农业现代化建设的若干意见》中指出："推进农业水价综合改革，积极推广水价改革和水权交易的成功经验，建立对于农业中灌溉用水总量的控制和实行定额管理的对应制度，加强对于农业用水的计量统计，合理适当因地制宜地调整农业水价，建立农业用水的精准补贴机制。"2016年中央二号文件《国务院办公厅关于推进农业水价综合改革的意见》指出，坚持综合施策、两手发力、供需统筹、因地制宜的基本原则，实现"用10年左右时间，建立健全合理反映供水成本、有利于节水和农田水利体制机制创新、与投融资体制相适应的农业水价形成机制"的改革总体目标，从完善供水计量设施、建立农业水权制度、提高农业供水效率和效益、加强农业用水需求管理、探索创新终端用水管理方式等方面夯实农业水价改革基础；分级制定农业水价，探索实行分类水价，逐步推进分档水价，以建立健全农业水价形成机制；建立农业用水精准补贴机制，建立节水奖励机制，多渠道筹集精准补贴和节水奖励资金，以建立精准补贴和节水奖励机制。

2016年6月，发改委、财政部、水利部、农业部联合印发《关于贯彻落实国务院办公厅关于推进农业水价综合改革的意见的通知》，进一步明确了农业水价综合改革的目标。《通知》指出，各地要充分认识农业水价综合改革的重要性、紧迫性和艰巨性。按照省级人民政府负总责的要求，细化部门分工和责任，扎实做好各项工作，落实农业水价综合改革任务。明确各地要建立健全工作机制，加强对改革工作的领导，协调解决改革中出现的重大问题。加强督促检查，建立农业水价综合改革监督检查和绩效评价机制，推动各项任务落到实处。要求各地围绕改革总体目标，在省级人民政府的统一领导下，组织精干力量，抓紧编制本地区农业水价综合改革实施方案和年度实施计划。按照用10年左右时间完成改革任务的总体要求，倒排时间，合理安排改革进度，有计划、分步骤推进，确保如期实现改革目标，并要重点明确3—5年率先实现改革目标的地区范围。强调各地要坚持多措并举，狠抓任务落实。要把夯实农业水价改革基础摆在重要位置，结合实际，有针对性地补足补强，为各项机制发挥作用创造条件。根据农业水价改革目标合理制定价格调整计划，把握调价的时机、力度和节奏，确保调整后的农业水价可以被接受、实施。对于水资源紧缺和地下水超采地区，其农业水价要率先调整到运行维护成本水平，条件具备地区可提高至完全成本水平。同时，加大资金筹集积极性，建立可持续的农业用水精准补贴和节水奖励机制。加强督促检查，建立农业水价综合改革监督检查和绩效评价机制，推动各项任务落到实处。强化培训宣传，围绕推进改革开展专门的业务培训，确保各项政策落实不走样、见实效；加大对改革内容的宣传解读，争取各方面的理解和支持。

农业水价综合改革将在各项政府文件的指引下进一步深化推广，水价综合改革也将对我国的农业生产产生持续而深远的影响。

综合来看，我国农业水资源配置进程经历了从无偿到有偿（从无偿供水阶段到福利供水阶段）、无序到有序（从无取水许可制度到有取水许可制度）、无价到有价（从不征收农业用水水费到征收农业用水水费）、无水权交易到有水权交易（从农业用水使用权不清晰到明晰农业用水使用权）、低价到水价综合改革（从征收少量农业用水水费到分类分级征收农业水费）的演变过程。可以说，我国农业用水在历史演进的过程中随着发展的实际情况不断做出调整，使之更符合我国国情，进一步促进农业的发展。由于我国幅员辽阔、自然资源分布不均等特点，各地用水实际情况也不尽相同，因此当前在我国的不同地区，无偿供水、福利供水、水权交易以及农业水价改革等不同用水形式同时存在，这样的形式也将持续存在并影响我国水资源配置的思路。

第二节　我国农业水资源配置思考与总结

一　我国农业水资源配置发展历程特点总结

梳理我国水资源配置的四个阶段，我们可以看到，我国水资源配置制度是随着社会经济发展而演进，各阶段的转变都起始于水资源供求关系变化，体现着水资源相关的产权逐渐明晰，水资源的配置效率逐渐提高。

在无偿供水阶段，水资源相对比较丰裕，基本上是供大于求，这一阶段我国对水资源所有权的初始安排明确归国家所有，国家对水资源进行开发、规划和管理，水资源无偿使用，因而水资源配置效率较低。

在福利供水阶段，因经济快速发展，水资源需求量增大，水资源供求关系发生了变化，与无偿供水阶段相比，水资源供应开始紧张，这促使国家出台相关政策，逐步推行供水收费制度，但实际上，这一阶段水价的制定未考虑供水成本，水价过低，不符合严格意义上的商品定价原则，加之有些地区的群众经济状况较差，水费收缴很困难，种种实施困难都导致了这一阶段的水价并未真正体现出水资源的应有价值。这一阶段同时也孕育着水权制度，到1978年，水权制度的雏形已经显现。

在农业水价综合改革阶段，由于水资源的供需矛盾更加突出，但农业生产中对节水灌溉不够重视，可开发利用的新水源很少，水价又偏低，无法弥补成本，导致水资源利用效率低，违背可持续发展理念，因此需要通过改革进一步优化水资源配置。这一阶段主要特点在于改变水资源费征收标准，实行水权交易，探索新型高效用水管理方式，分级分类分档制定水价，使水价能够更多地反映真实供需状况，市场在定价方面的作用增强。

在水权交易阶段，水权交易已经得到初步发展，但日益严重的水资源地域、行业等之间的供需不对等，要求进一步完善市场机制，使得水资源的使用权更加自由地流转，从而充分利用市场经济实现跨区域、跨行业和不同用水户之间水资源使用权的优化配置。这一阶段重点是通过一系列政策，在一定范围内建立水权交易平台，并逐渐推广，使水权交易标准、交易制度、交易及风险控制系统统一化，减少水权交易中的阻碍因素，通过市场相关机制以及技术推动跨流域、跨区域、跨行业和不同用水户之间的水权交易，充分发挥市场在优化水资源配置中的重要作用，促进水资源优化配置。

二　我国农业水资源配置演进思路

总结我国农业水资源配置发展历程，可以发现其演进体现了以下思路：

（1）水资源配置制度演进受经济发展阶段影响

与我国从计划经济向市场经济逐步转变的经济体制发展同步，我国水资源配置制度的演进也带有体制色彩，主要是先强制性变迁、后诱致性变迁和强制性变迁相结合（吴金艳，2008）。1978 年以前，水价基本上处于无价或低价的状态，这与国家强调的社会主义优越性、注重人民的社会福利、水资源相对充裕等方面有关，水价从无价到低价的转变主要是国家政策的强制性引导。1985 年以后，市场化进程加快，经济迅速发展，水资源供需矛盾加剧，人们的市场经济意识也增强，加之水资源管理过程中出现了各种问题，特别是水权、水市场的萌芽，促进了政府出台水资源配置及相关政策。

（2）水资源配置制度演进以政府角色转变为特征

中华人民共和国成立以来，我国水资源配置总体上由单一的政府配置向由政府和市场相结合的配置方式演进，政府对水资源的配置作用逐渐弱化；水资源的管理模式由以开发利用为核心的供给管理模式演进为以配置为核心的需求管理模式；在变迁过程中，缺水地区水资源的定额管理不断深化，水资源的利用和配置效率不断提高。而农业水资源配置作为水资源配置的一个重要方面，也经历了这样的演进过程。

（3）水资源配置中所体现的内容日益丰富

水资源配置制度演进过程中，所体现的内容日益丰富。在水资源费方面，由零费用逐渐转变为开始征收并不断逐步提高，水资源的经济价值得到了体现；在水资源使用顺序权方面，从将工农业发展用水放在首位演进为将生态用水放在与工农业生产用水同等重要的地位，和谐发展观在水资源利用中也得到了体现。

（4）水权制度逐渐发展

水权制度创新是水权制度变迁的特殊形式，是水资源配置制度中的重要方面。其核心思想是在水资源管理中，充分考虑水资源条件和社会经济需求的变化，综合采取法律、行政、经济、科技、民主协商等手段，使水权制度朝着符合公众利益和决策者意愿的方向发展。可交易水权制度创新的形式有强制性、诱致性和混合性等几种。强制性水权制度创新的前提是分水方案的无条件执行，以此为基础界定水资源产权，并在政府主导下构建水权交易市场，政府多样化投入以确保完成为下游输水的任务。诱致型水权市场的形成则更多的是由于需求方明显感觉水资源短缺而造成了损失。在部门间水权转换中，工业部门在市场机遇所引致的利益的诱导之下，获取政府的支持与投入，进而探讨可能的水权转换方案，工业部门和政府联合与农业部门磋商、谈判，最终形成可执行方案，促使投资和工程到位，实现水权转换。混合型水权交易市场以地区间水权交易市场最为典型，既有市场因素也有政府推动，在交易条件和价格上此类型介于诱致性水权市场和强制性水市场之间。

三　水资源配置制度演进中的驱动因素分析

基于以上水资源配置制度演进历程及思路，我们可以进一步深入剖析其中的驱动因素，明确各因素的作用机理，进而为判断未来水资源配置制度可能的发展方向提供依据。

水资源配置制度变迁受到一系列因素驱动，包括内在因素及外在环境因素。范仓海、唐德善（2009）认为，水资源相对产品和要素价格、技术进步、组织偏好因素是水资源制度形成和发展的内在动因；马晓强、韩锦绵（2009）则主要从水资源配置制度变迁的可能性进行研究，认为有五种可能的驱动因素：一是水资源紧缺程度决定了水资源配置制度变迁的可能性；二是用水竞争是否激烈，水事矛盾、纠纷是否严重决定了水权明晰的迫切程度，进而决定水资源配置制度变迁的可能性；三是整个社会市场发育程度决定了制度变迁的可能性及水资源利用效率；四是社会文明程度以及节约用水与环境保护意识强弱决定了制度变迁的可能性；五是法律制度完善的进程决定制度变迁的可能性。

结合以上制度变迁的可能性及新制度经济学中的制度变迁的相关理论，我国水资源制度演进的内在驱动因素主要可以总结为以下几个方面：

1. 水资源相对价格变动因素

从人类历史上看，水问题的产生和水资源制度演进的主要原因在于水资源稀缺加剧以及随之而来的水资源相对价格的提高。中华人民共和国成立之初，受科学技术和生产力水平的限制，我国水资源利用处于较低水平，水资源较为充裕，水事纠纷较少，人水关系相对和谐。随着经济发展和人口增加，人们对水资源的开采、利用和消耗水平上升，水资源用途多样化，水资源需求量增大，水利益冲突日益增多，需要对原有水资源的产权进行界定。但此时的水资源价格低，建立排他性的产权制度安排交易费用较大，因而所采用的共有产权制度安排较为模糊。随着工业化、城市化进程的加快，水资源利用能力的大幅度提高和手段的不断变化，也加剧了对一定地区、一定条件下有限水资源的压力，部分地区甚至破坏了正常的水资源循环，不仅在自然系统中给水资源和环境带来严重影响，同时也在社会系统中产生尖锐而复杂的用水矛盾，社会经济发展的同时带来了水资源供给的相对不足，水资源的稀缺程度的加剧。这种稀缺程度一旦达到各经济主体为了获得更多利益而出现冲突时，且由于水资源的需求弹性和替代效应较低，产权的出现和重新界定不可避免，因为原有模糊水权制度安排的交易费用的代价越来越大，一方面内部管理成本在提高，现有制度的运行成本越来越高；另一方面排他性成本在降低，进一步界定产权的收益在提高，其结果必然是现有制度均衡被打破和原有制度供给被改变，以实现新的制度均衡。水资源稀缺程度的改变会引起要素和产品相对价格的变动，进一步改变经济主体的成本和收益状况，也激励人们清晰界定产权，优化产权结构，保护产权执行。

2. 技术进步因素

技术进步是影响制度变迁的重要因素之一，它主要是降低交易费用，进而使水资源相对产品和要素价格提高。具体来看，它主要通过以下三种路径来促进水资源配置制度变迁的实现：

（1）在一定范围内使产出发生规模报酬递增，建立更加复杂的组织形式变得有利可图。一方面技术进步使开发和利用水资源技术成本降低，确保了相对有限的水资源充分开发和利用，避免水资源浪费，如节水技术、洪水利用技术、防污技术等使水资源治理和利用的边际收益递增；另一方面，技术的进步与变化也促使原有的水资源管理组织体系的变迁进行调整与创新。在技术相对落后时期，由于信息相对短缺、分散、断裂，水资源管理组织呈现多头管理、分段管理、区域管理的形式；而在技术相对发达的今天，因信息高速传递，水资源管理组织趋向于相对统一的管理形式，各区域、各部门相互协调。

（2）降低了水资源制度变迁中的信息成本。交易成本的关键是信息成本，由于环境的复杂性和理性的有限性，制度变迁是在不确定性条件下进行的，因而制度变迁中的信息是不完全且稀缺的，存在正的信息成本。信息成本的提高或降低都会对制度变迁产生重要影响，随着水资源及其制度安排相关信息成本的日益降低，水资源制度变迁的可能性增大。随着现代信息技术的快速发展，水资源的相关信息量日益增多，降低了人们对水资源制度变迁潜在利润的预测信息成本，促进了水资源制度的变迁。

（3）降低了水资源制度变迁的操作成本。信息技术的改进大大降低了建立个人、团体乃至部门参与水资源制度安排的操作成本。通过水资源综合信息系统，不同的个体或单元都可随时随地获得相关水信息，改变了水资源信息管理的传统模式，提高了水资源管理的效率。如由于信息技术的进步，水用户取水制度得以实施，水管理部门可以对水的流量进行测量和控制，用户也可以查询自己所消费的水量及应支付的费用。

3. 组织偏好因素

组织偏好是指基于顺序排列的多个备选方案中，组织对其中的某一交易成本较低而预期收益较高的方案优先选择的心理倾向。这是实现水资源制度变迁的心理、意识基础（范仓海、唐德善，2009）。在水资源制度变迁中，水资源相对价格发生的变化会逐渐改变人们的行为模式，通过人们对这一行为模式所付的价格相对降低，理想、风尚、信念、意识和意识形态等成了制度变化的重要来源。在人类社会早期，水资源相对丰足时，"水是取之不尽、用之不竭的"这一水意识广泛存在，水管理处于低水平、自由式的管理模式。工业化过程中，水资源政策曾一度以"水安全性""经济性"为主的供给管理，来解决人们日益增加的水资源需求。而随着当前水资源存在的两大问题（水少、水脏）已经影响到水资源的可持续利用和社会经济的可持续发展，人们重新审视原有水资源开发模式，树立水资源可持续发展的观念、系统的观念，建立清晰明确的水权管理制度及以供定需的政策管理导向。

总之，水资源制度变迁的内在根源在于水资源相对价格的变化，而这一变化又内在地受信息成本和技术变化影响。同时，水资源相对产品和要素价格的变化又进一步促使组织偏好的变化，从而使人们的水观念和行为模式得以合理化。水资源制度变迁过程的核心问题是权利重新界定和相应的私人利益调整，因而这一过程也是一个包含着具有不同利益和不同相对力量的水资源利益主体之间相互作用的过程。

四　我国水资源配置制度的现状及不足之处

在我国水资源配置制度变迁过程中，水资源的产权配置是核心，因此在这一过程中，首先应科学总结水权制度的设计与实践，以推动水权制度的不断完善；其次从水资源配置的主导方来看，总体上是由单一的政府主导的配置演进为政府和市场相结合的配置方式，因此这一过程中政府的角色定位会影响到水资源配置制度的推进及效果；最后，相关法律法规是水资源配置制度演进的前提和重要保障。

纵向来看，我国水资源配置经过了四个阶段的发展历程，但目前从全国范围内总体来看，由于我国水资源分布不均及各地用水实际情况不同，当前水资源配置制度呈现多元化形式，无偿供水、福利供水、水权交易、农业水价综合改革等不同配水形式同时存在，这样的存在方式也说明我国水资源配置制度的实施仍存在提升空间。首先是水价制度有待完善，整体水价仍处于偏低的水平，且不同地区水价并不平衡，未达到促进水资源合理配置的作用；其次水权交易还只是在部分省份试点，大规模的水权交易尚未开展；再次水权交易所成立不久，作为全国性的水权交易平台，它对于水权交易的作用，取决于其运行效果；最后水资源配置制度中政府和市场关系仍有待进一步理顺，以发挥各自作用；此外水资源配置中应更加注重水资源保护及生态可持续性。

第三节　我国农业水资源配置发展方向

基于上文分析，展望未来农业水资源配置制度发展，应在以下几个方面有所突破：

一　进一步完善水价形成机制，促进水价合理

随着一系列推进水价改革的法律、法规和政策措施的出台，我国的水价改革趋向不断深化。总体上，当前我国水价改革已经实现从传统计划体制下无偿或福利型向有偿或商品型的历史性转变，处于全面的农业水价综合改革阶段。目前中国广义的水价体系由水资源费、引水工程价格、城市供水价格和污水处理费组成。水价机制是政府用来调控和协调水资源使用和社会发展的指导性规则，要综合考虑水价对生产、生活等社会福利方面的影响，不但考虑水价的直接成本效益因素，而且还考虑这以外的因素，要使水价能够促进或至少保证社会发展。

在水价制度的落实中，首先应注意因地制宜，逐步推进，对于不

同地区、不同用水季节应灵活对待，对部分水资源紧缺地区，其农业水价可先调整到运行维护成本水平，部分具备条件的地区水价可逐步提高至完全成本水平。其次，建立相应的用水补贴和节水奖励机制。最后，应加强督促检查，建立监督机制和绩效评价机制，实时对改革进程做正确评价及反馈，并在此基础上及时总结经验教训。此外，不可忽视强化培训宣传，加大对改革内容的宣传解读，确保政策真正落到实处。

二　加强水权交易制度推进，促进水权流转

应使水权可以在市场上自由流通，从而最大限度地克服共有产权的缺陷，将其外部性最大的内部化。虽然完成初始分配的水权不是完整意义上的所有权，但是从权利设置的技术层面看，为了充分实现水资源价值最大化的目的，水权也应该具备排他性和可转让性。

1. 增强可交易水权的排他性

（1）《水法》规定了供水的优先顺序：生活用水，农业、工业、航运用水，耗水量大的工、农业用水。虽然这种用水顺序考虑到了民生及效率的要求，但是这是一种自觉的政策安排，没有建立真正的产权制度，不能由市场自发地调解。在初始水权的配置中应该实行保障性与竞争性用水分开设计的水权制度。

（2）我国水权管理部门认为，优先权顺序应该由政府适时适地调整，坚持用水效益优先原则，政府按照效益原则重新分配水权的效率、公平也需要科学论证，否则会产生政府的设租、寻租行为。权利的不确定性也是一种风险，是对利益主体的激励限制，将导致主体对水资源的使用成本增加，影响了利益主体的投资，从而限制了水资源的利用效率。因而，初始权利界定以后，应由法律规定保护其稳定性，消除初始权利不稳定所造成的外部性，避免公权力对水权的不适当干预。

2. 减少对水权转让的限制

《水法》没有规定取水许可证可以交易，可见我国的许可证制度实际上并不是一种真正的产权。禁止水的未来使用权买卖，主要影响

是鼓励非商业性使用和不为满足需求而只为权利主张的使用。因我国实行"不用则丧失水权的原则",所以水权人总尽其最大的取水能力来大范围取水,没有采取节水技术的激励,因为对他们来说,节约水资源不能给他们带来现实利益,他们取得已经超出他们需求的水量,仅仅是为了避免失去水权。

为了把水权推向市场,必须摒弃"不用则丧失水权的原则",允许使用者将节约下来的水出售以获取其价值,这将保证水的稀缺价值受到重视,把水从免费物品转化为有价值的商品,鼓励水的节约并使其流向有更高使用价值的用途。具体做法上,政府应较少进行干预,转让人可采取拍卖、招标或其他其认为合适的方式进行。但是必须遵守一定的规则,如转让人必须事先向有关部门提出申请,并缴纳规定的费用;必须符合国家对整个流域的规划要求;水权交易必须以对河流的生态可持续性和对其他用户的影响最小为原则,生态和环境用水必须绝对地得到保证;水权交易必须有信息透明的水交易市场,为买卖双方或潜在的买卖双方提供可能的水权交易价格和买卖机会;水权交易由买卖双方在谈判基础上签订合同,水权交易既可以在个体之间进行,也可以在企业之间或企业与个体之间进行,还可以在不同行业之间和不同地区之间进行。

3. 建立合理的水权价格形成机制

水权价格在水资源合理配置中起到非常重要的作用,因此有一个社会和市场的承受能力问题,讨论水权价格的时候既要考虑需求,也要考虑社会承受能力。在水权初始配置过程中,水权实行政府定价,在水权的二级市场中,水权的流转价格主要依靠市场定价。政府在必要时可以利用指导价或限价进行宏观调控。要在坚持一些原则的前提下,建立合理水权价格形成机制,例如以提高水利用效率为核心,遵循受益者付费与合理负担原则,不同行业、不同水源实行价格歧视,定额用水、超定额用水累进加价,应进行价格调查、用水户参与等。

在水资源管理层面上,水资源的管理还存在部门分割、城乡分离,管水源的不管供水、管供水的不管排水、管排水的不管治污、管治污的不管回用。从水源到供水各环节的人为割断，难以形成水权价格的完整核算体系。水资源管理体制改革在全国已逐步展开，实现水资源的统一管理，是建立合理水权价格形成机制的体制保障。

4. 水权流转制度

水权制度建设中的重要内容之一是加强水权流转管理。水权流转包括水资源使用权的流转和商品水使用权的流转。水权流转不是目的，是利用市场机制对水资源优化配置的经济手段，由于与市场行为有关，它的实施必须有配套的政策予以保障。水权流转制度建设包括水权转让资格审定、水权转让的程序及审批、水市场的监管、实施水权转让的公告制度和水权流转的利益补偿机制等。影响范围和程度较小的商品水使用权的流转更多地由市场主体安排，政府进行市场秩序的监管。

水权转让方面包括以下内容：

（1）水权转让准则。规定水权转让的条件、审批程序、权益和责任转移以及对水权转让与其他市场行为，包括不同类别水权的范围、转让条件和程序、内容、方式、期限、水权计量方法、水权交易、水市场、审批部门等方面的规定。

（2）规范水权转让合同文本，建立水权转让协商制度。应统一水权转让合同文本格式和内容。水权转让是水资源使用权或商品水使用权的持有者之间的一种市场行为，需要建立政府主导下的民主协商机制。政府是所有权的代表，不持有水资源使用权和商品水使用权。政府可以作为用水户的代表组织水权转让，但政府的身份是水权转让的监管者。

（3）建立水权转让第三方利益补偿制度。明确规定水权转让对周边地区、其他用水户及环境等造成的影响如何评估、造成的损失如何进行补偿。实行水权转让公告制度。水权转让主体对自己拥有的多余水权进行公告，有利于水权转让的公开、公平、竞争，公告制度要规定公告时间、水量水质、期限、何处公告、转让条件等内容。

（4）制定水权转让申请审批管理办法。制定水权转让准则，对水权转让的条件、审批程序、权益和责任转移以及对水权转让与其他市场行为关系的规定，水权转让必须符合一定的条件，应符合流域规划和区域规划，要经过一定的程序，按流域规划进行论证，并论证水权转让对周边地区、其他用水户及环境等方面的影响，对水权转让价格要进行必要的评估，经审批部门批准，按照一定的方式，在监督机构的监督管理下进行。

三   水资源配置中重视体现水资源保护，体现可持续性发展原则

为了能使水资源得到永续利用，保证代际间水资源分配的公平性，就要求近期与远期、当代与后代之间在水资源利用上协调发展，这意味着当代人对水资源的开发和利用不能是掠夺性、破坏性的，当代人不应使后代人使用水资源的权利遭到破坏。体现在水资源配置中，就是应在配置过程中重视水资源保护，尊重水资源的循环更新等规律，保护水资源的再生能力，保证水资源的利用不超过区域水资源承载力，污染物的排放不超过区域水环境容量。

第一，对不同类型的水资源，在配置中应区别对待。因水资源自身的特殊性，不同禀赋条件的水资源循环更新周期不同，在配置中应有所区别。例如地表水的水文循环频繁，循环周期较短，需要及时使用，并且使用地表水也不会影响后代人使用，而深层地下水循环周期较长，其资源总量接近于常数，如果过度开发则会影响后代人的使用。因此在配置中就应该激励地表水的有效利用而抑制地下水的使用。

第二，水资源的配置，必须与地区社会经济发展状况和自然条件相适应，因地制宜，应按地区、有条件地分阶段配置，以利于环境、经济、社会的协调发展。

第三，水资源有时空分布不均的特征，因而对人类的影响也具有两面性，对其开发利用应保证其承载力。同时也包括对水患的防治，将水患防治与水资源配置相结合，不仅能达到防灾减灾的目的，同时也有利于水资源时空配置。

第四，应探索建立水生态补偿机制。根据各地环境要素、特点和面临的主要生态环境问题，建立水生态补偿框架，明确水生态补偿的

补偿主体、补偿渠道、补偿资金来源、补偿项目与标准、保障措施等。加快推进水生态补偿试点工作，探索饮用水源地涵养、邻近流域水资源保护、流域间均衡发展、生态移民、江河源头区等生态补偿机制。

此外，在建立利益补偿机制的基础上形成节水、保护水资源的激励。利益补偿的核心是保障农民利益，但同时给农户以节水激励，利益补偿的实现要通过多种渠道，包括财政转移支付、水权市场收入和国家对水利设施的投资和补贴。

四　正确处理政府与市场的关系，确保水资源合理配置

我国水资源配置正逐渐转向政府和市场相结合的配置方式，处理好政府和市场的关系是确保两者各自发挥优势，促进水资源合理配置的关键。在水价形成、水权流转方面，更多地由市场发挥作用，而政府则应着眼于创造良好的市场环境、提供配套设施以及协调、法律、资金、技术支持等方面。因此，明确政府职能定位尤为重要。一方面政府在水权的确立和立法方面具有比较优势，因而政府干预有其成功的一面，其作用是市场无法替代的，但另一方面，政府干预也可能失灵。政府政策作用的对象是具有自身经济利益的用水主体，政策的效果取决于用水主体对政策的反应。当政府干预扭曲激励机制时，用水主体出于自身利益最大化的考虑，会产生非效率用水的行为，导致政府干预失灵，因而在水权制度变迁路径选择上需要重视科学与民主的双重驱动。因此，如何定位政府角色，尤为关键。我们认为，未来政府应更多在以下方面发挥作用：

1. 充分发挥政府作为公共事务管理者的职能，对农业水资源配置制度创新提供有效的支持、引导和协调。政府在对创新性制度安排的供给中拥有其他任何组织无法比较的优势，使得充分发挥政府对农业水资源管理制度创新的支持、引导和协调等宏观调控功能成为可能。但必须明确，在现阶段，政府在农业水资源配置制度中的角色不应成为主导者，而更多的是监管者及服务者，应更多致力于为水资源配置营造良好的市场环境，提供必要的平台或服务，避免过度干预，避免

滥用职权造成的重心偏离与低效率等一系列问题。

2. 建立完善的宏观管理与微观管理的协调机制，在坚持中央和流域机构对水资源进行宏观管理的前提下，适当扩大地方或经营者的权限。从而在一定程度上使水资源配置更能因地制宜，具有更大的灵活性，更能够激发地方活力，完善水资源配置制度。

3. 发挥政府在水权交易市场中的调节作用。政府在水权交易中扮演重要角色，一方面要对水权交易市场行使监管职责，对其职能机构进行定期检查，调查、评估其履行职责情况，并对其存在的越权及违法行为进行管制和处分；另一方面，必须贯彻生态文明理念，实现经济发展方式的根本转变，按照人与自然和谐发展要求，从建立健全水权交易组织或机构、完善水权交易规则、制定法规及相关政策等方面，为农村水权交易提供保障。

4. 在水权制度方面，政府应充分发挥职能。政府作为水权制度管理的权威主体机构，在水权的界定、保护、监督和实现水权交易方面能够起到市场无法替代的作用，政府应当在以下方面发挥职能，保证可交易水权制度的正常运转。

（1）分配初始水权，确定可交易水权的范围。

我国的水资源所有权属于国家，因此初始水权的分配必须通过政府机构进行，包括制定流域和区域水资源供用水规划；制定地区各行业生产用水定额和各行政区生活用水定额发放取水许可证，授予其水资源使用权，并严格审查用水户取水、排水对水环境的影响。

（2）制定水权交易规则和交易程序。

建立水权市场，就要制定切合水权市场特点的交易规则和交易程序。水权交易的规则和交易的过程都必须是透明的。为规范水权转让的市场行为，应借鉴国外水权交易的经验，制定我国水权交易的规则，这是实施现实水权交易的前提条件，也是减少制度成本的必然选择。

（3）建立健全水权市场的中介组织，明确权责。

水权的流转需要中介机构参与。根据我国水权管理的特点，建立流域—区域水权交易的中介组织，明确中介组织的权责，是进行实际水权交易和真正市场化运作的组织保障。其次，在水权交易中，对争议的仲裁、各个交易环节实施监督和对第三者的影响，以及外部性的消除方面，都要纳入政府行政职能，应建立水权市场管理、仲裁和监督机构。市场管理、仲裁和监督是防止市场失灵、发挥政府在市场经济中作用的主要手段。

（4）为水资源配置相关技术发展提供资金等保障。

农业水资源配置制度演进需要强有力的技术体系作为支撑，尤其是水权界定、水量调配、水量检测等工具手段、技术装备均需要随之跟进，而这些技术设施的开发耗资较多，需要政府投入资金或鼓励新技术的研发工作。

第 四 章

生态文明建设与农业水资源优化配置

第一节 生态文明建设思想发展历程

21世纪是生态文明的时代，是可持续发展的时代。人类社会自工业革命伊始，科学技术取得了突飞猛进的进步，人类的生活水平也实现了巨大的提高。无论是物质财富还是生产力都是以往任何时代所无法比拟的。根据麦迪森的数据，人类社会在过去的一千年内，"世界人口增长了22倍，人均收入提高了13倍，世界GDP提高了近300倍。"[①] 特别是"从1820年到1992年，世界人口增长5培，人均产值增长8倍，世界GDP增长40倍，世界贸易增长540倍。"[②] 难怪马克思感慨："资产阶级在它不到一百年的阶级统治中所创造的生产力，比过去一切时代创造的生产力还要多，还要大。"[③] 但是在人类征服自然、改造自然的同时，生态环境也在不断恶化，生态危机已经成为人类面临的最大危机。西方发达国家已经开始了对工业文明的反思，提出了可持续发展、绿色经济、低碳经济、循环经济等新的发展思路。中国共产党早在中华人民共和国成立初期就对此开始了艰辛的探索。从早期推行植树造林、保持水土，到把保护环境列为我国的基本国策，再到科学发展观和生态文明的提出，再到"绿色化"思想和生态文明

---

① 安格斯·麦迪森：《世界经济千年史》，北京大学出版社2003年版。
② 安格斯·麦迪森：《世界经济二百年回顾》，改革出版社1996年版。
③ 马克思、恩格斯：《马克思恩格斯文集》第2卷，人民出版社2009年版。

建设的深化，开辟了一条具有中国特色的发展转型之路，引起了国际社会的广泛关注，反响强烈。著名学者菲利普·克莱顿认为生态文明建设将使中国直接进入后现代国家，从而避免西方国家走过的弯路。更有学者认为生态文明建设将使中国在未来引领世界可持续发展的潮流。

一　可持续发展 4.0 阶段的根本标志

20 世纪中期，西方国家开始出现严重的环境问题，如 1943 年和 1955 年美国洛杉矶光化学烟雾事件，1952 年英国伦敦烟雾事件，1956 年日本水俣病事件等。面对着频繁爆发的环境问题，人类开始了对发展观念和行为方式的反思。可持续发展的思想逐渐形成并一步步成为全人类的共识与行动。根据可持续发展的阶段性特征，本研究将其划分为四个阶段，并将生态文明视为可持续发展 4.0 阶段的根本标志。

1. 可持续发展 1.0——萌芽阶段（1962—1972 年）

1962 年美国海洋生物学专家蕾切尔·卡逊发表了著作《寂静的春天》。在这本环保科普作品中，卡逊博士首次将环境问题诉诸公众，通过对环境富集、迁移、转化的叙述，详细阐明了人类生存同大气、海洋、河流、土壤以及动植物之间的关系，揭示了污染对生态环境的影响。作者写道"春天是鲜花盛开、百鸟齐鸣的季节，春天里不应是寂静无声，尤其是在春天的田野。可是并不是人人都会注意到，从某一个时候起，突然地，在春天里就不再听到燕子的呢喃、黄莺的啁啾，田野里变得寂静无声了"。这样的语言强烈地震撼着人们的心灵，唤醒了人类环保意识和对于环境的关怀，它标志着人类可持续发展思想的萌芽。

1968 年罗马俱乐部成立，并在 1972 年发布第一份研究报告《增长的极限》。该报告是用模型方法看待全球环境资源问题的第一次重要尝试，报告指出，人类的增长是有极限的，其极限来自地球本身的极限，由于世界粮食生产、工业发展、人口爆炸、资源消耗和环境污染五大基本因素都呈现指数增长的态势，全球增长的态势必将因为粮食短缺、环境破坏等因素而在达到某个阈值后突然崩溃。而要想推迟世界的崩溃，只有实行经济"零增长"。这种相对比较悲观的预测，引起了极大的争论。但这本书让人们认识到对于这些重大的环境问题在思想上必须高度重视，在实际行动上必须高度负责、切实解决，否则，人类社会就难以避免在严重困境中越陷越深，为摆脱困境而必须付出的代价将越来越大。

从蕾切尔·卡逊《寂静的春天》到罗马俱乐部《增长的极限》，唤起了人类自身的觉醒和对生态环境的关注，为可持续发展思想和理念的提出提供了土壤。可持续发展思想的萌芽标志着可持续发展 1.0 时代的到来，这一时代的显著特点就是开始了对传统经济发展思想的反思和批判。

2. 可持续发展 2.0 时代——形成阶段（1972—1992 年）

1972 年，联合国人类发展会议在瑞典斯德哥尔摩召开。本次大会召集了来自 113 个国家和地区的代表共同商议环境对人类发展的影响，这是人类历史上第一次把环境问题纳入到国际议事日程。大会通过了《人类环境宣言》，旗帜鲜明地指出：保护和改善人类环境是关系到各国人民的幸福和经济发展的重要问题，是各国人民的迫切希望和各国政府的职责，也是人类的紧迫目标。

1983 年联合国成立世界环境与发展委员会，该委员会在 1987 年向联合国提交了名为《我们共同的未来》的研究报告，该报告明确指出，我们需要一条新的发展道路即"可持续发展"的道路。这标志着可持续发展思想的提出，这是人类发展史上一次重大的飞跃。

1992 年，联合国环境与发展大会在巴西里约热内卢召开，会议通过了《里约环境与发展宣言》和《21 世纪议程》两份重要文件。标志着可持续发展已经得到世界范围最广泛和最高级别的政治承诺，可持续发展的思想已经成为全人类共同高举的一面旗帜。

从 1972 年的斯德哥尔摩到 1992 年的里约热内卢，可持续发展的理念和内涵被不断地挖掘，并逐渐成为全球的共识。这标志着可持续发展 2.0 时代的到来，这一时代的特点是可持续发展理论的形成和全国范围内可持续发展共识的形成，可持续发展逐渐从理论走向实践。

3. 可持续发展 3.0 时代——科学发展阶段（1992—2002 年）

1992 年 12 月，联合国成立可持续发展委员会，目的是监督并对各国执行里约会议各项协议的落实情况作出报告。

1997 年，《京都议定书》制定，该公约规定"到 2010 年，相对于 1990 年的温室气体排放量全世界总体排放要减少 5.2%，包括 6 种气体，二氧化碳、甲烷、氮氧化物、氟利昂（氟氯碳化物）等。"

2000 年，在联合国千年首脑会议上，约一百五十名世界领导人签署协议，发表了《千年宣言》，确定了一系列有时限的指标，包括把全世界收入少于一天一美元的人数减半，以及把无法取得安全饮水的人数比率减半。

2002 年南非约翰内斯堡召开了可持续发展世界首脑会议，会议通过了《约翰内斯堡可持续发展承诺》和《执行计划》两份文件。

这一阶段，可持续发展理论日益深入实践，成为人类社会生活的重要准则。也成为各国制定经济发展政策和规划的重要准则。这标志着可持续发展 3.0 时代的到来，可持续发展已经从理论逐渐走向全球范围内的社会实践，成为各国共同探索的新的发展道路。我国提出的科学发展观，是对这一阶段可持续发展最精练的表达。科学发展就是以人为本、全面、协调、可持续的发展。科学发展观是对可持续发展理论和实践的深化，也使全球可持续发展的目光逐渐转移到中国。

4. 可持续发展 4.0 阶段——绿色发展阶段（2002 年至今）

2003 年，英国能源白皮书《我们能源的未来：创建低碳经济》首次提出了低碳经济的概念，并宣布到 2050 年把英国建成低碳经济的国家；2007 年 7 月，美国参议院提出《低碳经济法案》；2008 年 7 月日本公布日本低碳社会行动计划草案。

2007 年联合国环境规划署工作报告《绿色工作：在低碳、可持续的世界中实现体面工作》首次提出绿色经济的概念。2009 年 4 月联合国环境规划署发表《全球绿色新政政策纲要》，倡议世界经济向绿色经济转型。2009 年 G20 伦敦峰会，各国领导人达成了"包容、绿色以及可持续性的经济复苏"的共识。2011 年联合国环境规划署发布《绿色经济报告》再次提出绿色经济的定义，深化了对绿色经济的认识。

2012 年巴西联合国可持续发展大会，主题是"绿色经济在可持续发展和消除贫困方面的作用和可持续发展的体制框架"。

绿色、低碳、循环成为新一代可持续发展理论的标志。绿色经济、低碳经济、循环经济丰富了可持续发展的内涵，也提供了全新的可持续发展的模式和路径。可持续发展理论变得更加清晰，可持续发展也从理论蓝图逐渐走向各国的实践，成为各国纷纷抢占的制高点。

2007 年，我国开始提出建设生态文明的要求。十八大以来，以习近平总书记为核心的党中央将生态文明建设放在前所未有的高度，形成了"五位一体"的总体布局和"四个全面"的战略布局。十九大在中国特色社会主义进入新时代的历史方位下，又将生态文明建设提升到一个新的高度，全面开启了社会主义生态文明建设新时代的新征程。十九大报告明确指出"建设生态文明是中华民族永续发展的千年大计"，到 20 世纪中叶，"把我国建成富强民主文明和谐美丽的社会主义现代化强国"。建设生态文明，推动绿色发展已经成为新时代可持续发展的显著标志。生态文明也被逐渐被认为是一种全新的文明形态，代表着人类发展的未来。这标志着可持续发展 4.0 时代的到来。这一时代的显著特征是全世界逐步开始绿色转型，生态文明是这一阶段最显著的标志和理论成果，中国也成为全世界可持续发展瞩目的焦点。

二 中国共产党生态文明思想的演进

自著名的《布伦特兰报告》提出可持续发展的第一个明确定义后，可持续发展逐渐成为各个国家的共识。搜索可持续发展的定义可得到 61 种之多，无论是发达国家还是发展中国家都开始了不同形式的探索，我国在继承"天人合一"的传统文化的基础上，结合马克思主义经典理论及社会主义实践经验，走出了一条具有中国特色的生态文明之路。生态文明的理念贯穿于中华人民共和国成立以来我国探索社会主义现代化建设的整个历程，从"植树造林"的生态文明思想萌芽，到新时代习近平生态文明思想的系统形成，中国共产党生态文明思想的演进大致经历了四个阶段。

1. 生态文明思想的萌芽——植树造林时代

早在中华人民共和国成立初期，以毛泽东为核心的第一代领导集体在进行社会主义改造和建设时，就有了生态思想的萌芽。由于长期的战争，中华人民共和国成立时，我国所面临的环境问题也十分严峻，水土流失严重，受到洪涝、干旱等自然灾害长期困扰。毛泽东同志在思考发展生产恢复民生的同时，也十分注重生态环境的保护。他认为"天上的空气，地上的森林，地下的宝藏，都是建设社会主义所需要的重要因素"。① 他的生态思想主要体现在三个方面：生态环境治理、资源合理配置、综合平衡发展。

生态环境治理思想主要有：第一，植树造林、绿化环境。中华人民共和国成立伊始，毛泽东就号召"植树造林，绿化祖国"，在全国范围内搞绿化，他指出要"基本上消灭荒地荒山，在一切宅旁，路旁，水旁以及荒地上、荒山上，即在一切可能的地方，均要按规格种起树来，实行绿化。"这场声势浩大的植树运动，很大程度上改善了我国的生态环境。第二，治理水患、保持水土。毛泽东提出了"一定要根治黄河""一定要把淮河修好""要把黄河的事情办好"等关于水利建设和水域治理的主张和口号。通过水利设施的建设，在一定程度上改善了水患问题。部分地方的水利设施仍然是那个时代留下的遗产，足见兴修水利的力度和成果。同时毛泽东在治理水患的同时，关注水土的保持，指出要适度地开荒，决不可以因为开荒造成下游地区的水灾。第三，注重环境卫生。毛泽东在《把爱国卫生运动重新发动起来》的文章中号召全国开展爱国卫生运动，通过除"四害"等措施，彻底扭转了我国的环境卫生局面，使一些传染性疾病大幅减少。

资源优化配置的思想主要是：第一，提出有计划地控制人口增长。

---

① 中共中央文献研究室、国家林业局编：《毛泽东论林业》，中央文献出版社2003年版，第42页。

提倡计划生育，1974 年毛泽东还提出"人口非控制不行"，表明了他在中国计划生育问题上的坚决态度和刻不容缓的急切心情。第二，提倡勤俭节约，勤俭建国。他指出什么事情都应当执行勤俭的原则，并提出节约是社会主义经济的基本原则之一的重要观点。第三，合理利用自然资源。他认为自然资源是社会主义建设的重要前提，人类要合理地利用自然资源，要尽最大的努力加强对能源的保护和节约利用，反对对生产资料和生活资料的浪费和破坏。

毛泽东在论述综合平衡发展思想时指出："在整个经济中，平衡是个根本问题，有了综合平衡，才能有群众路线；有三种平衡：农业内部农林牧副渔的平衡，工业内部各个部门、各个环节的平衡，工业和农业的平衡。整个国民经济的比例关系是在这些基础上的综合平衡。"

毛泽东的生态思想表明中国共产党在建设中华人民共和国时已经关注生态环境治理，已经开始从大生态的角度考虑农业、工业的平衡发展，有了可持续发展的理念萌芽，并留下了很多生态保护的遗产。这表明中国共产党的生态文明建设已经开始萌芽。

2. 生态文明思想的初探——环境保护时代

以邓小平为核心的第二代领导集体开始了对生态文明的初探，取得了很大的成绩，主要体现在以下几个方面：第一，全面提升环境保护工作的地位，将环境保护工作列为我国的基本国策。并指出环境保护是经济建设和四个现代化的重要组成部分，这为后来"五位一体"思想和战略布局的提出打下了基础。第二，强调环境保护的法制保障工作，加强环境保护的法制建设。1978 年邓小平提到要制定森林法、草原法、环境保护法，做到有法可依。全国人大于 1979 年通过了《中华人民共和国环境保护法》（试行），这是中华人民共和国历史上第一部关于环境保护的基本法，此后陆续颁布许多环境保护单行法规。我国环境保护法律体系得到了初步建立。第三，注重节约资源，实现"持续，有后劲"的发展。邓小平指出"管理好我国的环境，合理地开发和利用自然资源，是现代化建设的一项基本任务""要采取有力的步骤，使我们的发展持续有后劲"。第四，十分重视环保教育。邓小平认为，"环境保护是一项新的事业，需要大量具有专业知识的人才"，主张"把培养环境保护人才纳入国家教育规划"。希望通过各种宣传、教育和培训来提高民众对环境保护的认知。

从提高环境保护工作的地位和有关环境保护的法律的建立，以及对环境保护教育和人才的培养，表明中国共产党生态文明思想已经开始形成。

3. 生态文明思想的提出——科学发展时代

以江泽民为总书记的第三代领导集体在全球化的背景下进一步深化了生态文明的理论与实践。第一，明确提出可持续发展战略，并上升到国家战略的高度。江泽民提出"要为子孙后代着想，绝不能吃祖宗饭，断子孙路"的主张，要避免走西方国家先污染、后治理的老路子。在十五大报告中江泽民进一步指出"在我国的现代化建设中，必须把实现可持续发展作为一项重大战略方针"。十六大报告将可持续发展上升到"文明发展道路"的高度，这也为"生态文明"概念的提出奠定了思想和理论基础。第二，完善环境保护法律体系。全国人大相继制定和颁布了《环境保护法》《水污染防治法》《大气污染防治法》《海洋环境保护法》《森林法》等一系列法律，并强调有法必依，为生态文明建设提供了完备的法律支持。第三，重视科教在生态文明建设中的关键作用。江泽民指出科学技术的进步对解决资源、环境、生态、人口等重大问题有着重要的意义，应加强科学技术的投入及应用。

以胡锦涛为总书记的第四代领导集体开启了社会主义生态文明的时代。第一，坚持科学发展观，即以人为本，全面、协调、可持续的发展观。党的十六届三中全会明确要求全面贯彻和落实科学发展观，这是对可持续发展理论的一次深化。第二，党的十七大明确提出"建设生态文明"，并第一次把建设生态文明作为实现全面建设小康社会奋斗目标的新要求。第三，提出建设两型社会，这是党中央首次将资源节约和环境友好确定为国民经济与社会发展长期规划的一部分。第四，十八大报告提出"五位一体"的战略布局，即把生态文明建设提升到与经济建设、政治建设、文化建设、社会建设并列的战略高度。生态文明建设在中国特色社会主义全局中地位更加突出，这标志着生态文明的时代已经开启。

4. 生态文明思想的深化——生态文明新时代

习近平总书记对生态文明建设作出的一系列重要讲话、重要论述和批示指示，提出的一系列新理念新思想新战略，深刻阐述了我国生态文明的理念、举措、要求，指明了我国未来生态文明发展的道路、方向、目标，形成了习近平生态文明思想。习近平生态文明思想包括社会主义生态文明观即社会主义生态自然观、生态民生观、生态发展观、生态生产力观、生态历史观、生态法治观、生态系统观、生态全球观、生态行动观九个主要组成部分。（1）"人与自然是生命共同体，人类必须尊重自然、顺应自然、保护自然"的生态自然观。人类只有尊重自然、顺应自然、保护自然，才能避免和遏制对自然资源进行毫无节制的攫取和掠夺的行为，减少经济发展对生态环境造成的负面影响，使生态环境系统能够在支撑经济发展的同时不断实现自我调节、自我恢复，维护自然生态系统的平衡，使社会经济在良性的循环下实现可持续发展，为子孙后代留下天蓝、地绿、水清的美好家园。（2）"环境就是民生，青山就是美丽，蓝天也是幸福"的生态民生观。"良好生态环境是最公平的公共产品，是最普惠的民生福祉。"良好的生活环境和优质的生态产品已经成为美好幸福生活的重要标志，是实现人自由而全面发展的不可缺少的基本条件。（3）"绿水青山就是金山银山"的生态发展观。"两山论"的生态发展观，是对工业文明紧盯"金山银山"不顾"绿水青山"，及至丢弃"绿水青山"的片面发展观的科学扬弃。"绿水青山"和"金山银山"之间的辩证关系，就是建设生态文明和发展经济之间的辩证关系。认识到"绿水青山"可以源源不断地带来"金山银山"，"绿水青山"本身就是"金山银山"，我们种的常青树就是"摇钱树"，生态优势变成经济优势，形成了浑然一体、和谐统一的关系，这一阶段是一种更高的境界。（4）"保护生态环境就是保护生产力，改善生态环境就是发展生产力"

的生态生产力观。生态生产力观阐发了生态文明建设的根本动力，深刻地揭示了自然环境作为生产力内在属性的重要地位，辩证地阐发了经济发展与环境保护之间的有机关系。生态问题不能用停止发展的办法解决，保护环境不等于反对发展，其核心是要正确处理保护和发展的关系，在发展中保护环境，用良好生态环境保证可持续发展。（5）"生态兴，则文明兴；生态衰，则文明衰"的生态历史观。世界历史发展的进程表明，生态环境是影响文明兴衰更替的重要因素。历史不断地向后人昭示着一个真理：没有良好的生态环境，就没有人类的发展；没有良好的生态环境，人类文明终将衰落。（6）"山水林田湖草是一个生命共同体"的生态系统观。"山水林田湖是一个生命共同体，人的命脉在田，田的命脉在水，水的命脉在山，山的命脉在土，土的命脉在树。"十九大又将生命共同体扩展为"山水林田湖草"。生态系统观要求，必须按照生态系统的整体性、系统性及内在规律，综合考虑自然生态各要素、山上山下、地上地下、陆地海洋以及流域上下游，统筹兼顾、整体施策、多措并举，全方位、全地域、全过程开展生态文明建设。（7）"只有实行最严格的制度、最严明的法治，才能为生态文明建设提供可靠保障"的生态法治观。建立健全生态文明制度体系，将生态文明建设纳入法治化、制度化轨道，是生态文明建设的根本所在。只有有法可依，有规可循，生态文明建设才不会是一纸空谈；只有有效发挥制度和法制的引导、规制功能，才能保障人类的生产方式和生活方式向着生态文明的内在要求自觉地转变。（8）"携手共建生态良好的地球美好家园"的生态全球观。保护生态环境、应对气候变化、维护能源资源安全是全球面临的共同挑战，中国的生态文明建设应该具有高度的国际主义和世界主义情怀。推动国际合作，呼吁全球治理，是我们应对危机的必要措施。（9）"人人都是生态文明践行者、推动者"的生态行动观。生态文明建设是事关我们每一个社会人的大事，需要人人动员，全民参与。生态文明建设同每个人息息相关，每个人都应该做践行者、推动者，形成全社会共同参与的良好风尚。

习近平生态文明思想的提出表明中国共产党生态文明建设进入了

一个新的时代，生态文明建设已经进入深化阶段。

中国共产党生态文明思想经历了生态文明思想的萌芽、初探、提出和深化四个阶段，即植树造林、环境保护、科学发展、生态文明新时代四个时代。习近平生态文明思想的提出标志着中国生态文明新时代的到来，为生态文明建设指出了实践的光明大道。

第二节　生态文明的科学内涵与意义

一　生态文明的科学内涵

关于生态文明的定义，不同的学者从各自的角度出发，形成了不同的定义。

归纳起来，最主要的定义可以分为两种类型。一种被称为"二合论"，即认为生态文明是指人类在改造客观世界的同时，又主动保护客观世界，积极改善和不断优化人与自然的关系，建立良好的生态环境所取得的物质精神成果的总和。另一种被称为"三合论"，即认为生态文明是指人们在改造客观世界的同时，不断注意克服这一过程中的负面效应，积极地改善和不断优化人与自然、人与人之间的关系，建设有序的生态运行机制和良好的生态环境所取得的物质、精神和制度方面成果的总和。"三合论"与"二合论"相比具有两点进步，一方面肯定了人与自然的和谐关系，同时也强调了人与人之间的和谐关系。其实人与自然关系在社会上的反映就是人与人之间的关系，这两者是辩证统一的，只有人与自然、人与人之间都实现了和谐，才是真正的生态文明。另一方面除了物质和精神成果外，还加入了制度成果。这是因为随着实践的发展，生态文明不仅仅是一种理念，也是一种制度，生态文明制度建设成为我国生态文明建设的一个核心环节。从"二合论"到"三合论"体现了对生态文明认识的不断深入。其实这两类定义都是以文明的定义为蓝本，通过扩展和延伸而形成的。1987年《中国大百科全书·哲学》对文明的定义是"人类改造世界的物质和精神成果的总和"。2009年再版的《中国大百科全书》中将文明的定义修订为"人类在认识和改造世界的活动中所创造的物质的、制度的和精神的成果的总和"。正是在这两个关于文明的权威定义的基础上延伸出了上述两类生态文明的定义。

从上述生态文明的定义，可以看出对生态文明主要在两个方面有共识。

第一，生态文明不仅是人与自然的关系，还包括人与人的关系。牛文元（2013）认为，生态文明的哲学核心紧密地围绕着两条基础主线：其一，关注人与自然的平衡，寻求人与自然和谐发展及其关系的合理存在性。同时必须把人的发展与资源和能源的供给、把缓冲环境容量的应力、把削减生态承载的胁迫等联系在一起，体现人与自然协同进化的实质；其二，关注人与人之间的协调。通过舆论引导、伦理规范、道德感召等人类意识的觉醒，更要通过法制约束、社会共识、文化导向等人类活动的有效组织，逐步达到人与人之间关系（包括人际关系、代际关系与区际关系）的调适与公正。生态文明的核心是人类在改造客观世界的实践中，不断深化对其行为和后果的负面效应的认识，不断调整优化人与自然、人与人的关系。它反映的是人类处理自身活动与自然界关系和人与人之间关系的进步程度。

第二，生态文明有狭义与广义之分。廖曰文、章燕妮（2011）认为，生态文明理念有狭义与广义之别。从狭义上讲，生态文明作为社会文明体系的一个重要内容，是相对于物质文明、精神文明、政治文明和社会文明而言的，它是指人类为改善人与自然的关系，实现人与自然之间的和谐所取得的全部成果的总和。从广义上讲，生态文明是指"人类在改造自然以造福自身的过程中，遵循人、自然、社会和谐发展这一客观规律所取得的富有创造性的物质、精神和制度成果的总和；它是一种以人与自然、人与人、人与社会的和谐共生、良性循环、全面发展、持续繁荣为基本宗旨的文化伦理形态"。因此，作为一种崭新的文明形态，其内涵至少要从自然观、价值观、生产方式、生活方式这四个方面来把握。

综合目前学术界的研究，生态文明的内涵可以概括为以下几方面：

1. 生态文明的自然观：承认人与自然的和谐

生态文明的自然观要求人们在改造自然的过程中，必须尊重客观的自然规律，按客观规律办事。在生态文明建设过程中，应首先正确认识自然界的变化规律，正确认识人与自然的关系，在充分考虑自然界对社会发展的制约性基础上，按照客观规律去调节人与自然的关系，以实现人与自然的和谐和社会的永续发展。任何违反自然规律的经济活动，都不是生态文明的自然观。

2. 生态文明的价值观：承认自然内在价值

生态文明的价值观，不仅承认自然的工具价值，也承认自然本身的价值，即内在价值。这种内在价值独立于人类而存在。生态价值观以生态世界观为指导，坚持整体的、有机联系的、和谐共生的原则。从这些原则出发，生态文明强调人与自然的内在联系，肯定生态要素对人类生活日益突出的作用，坚持人对自然的伦理义务与责任，反对唯物质主义和人类中心主义，倡导物质追求与精神追求的统一，从而实现人与自然的协同进化。在人与自然关系中，要树立人与自然和谐相处的价值理念，既要改变以往"人类中心"的思维模式，对自然不断掠夺和索取，又不能按照"生态中心主义"的思维，一味追求生态良好而忽视人类发展的诉求。人与自然不是完全割裂的两个部分，而是相互依存的关系。

3. 生态文明的生产观：绿色、循环生产

人类社会的生产方式直接影响着人与自然之间的关系，传统的生产发展模式主要是"生产—消费—废弃"，未能有效地利用资源，对资源造成了极大的浪费。而绿色的环保产业主要是指循环经济和绿色产业，即在生产模式上"生产—消费—再利用—再生产"，使资源达到最大限度的利用。将资源节约落实到每一个环节之中，通过技术的提高和改良将资源最大限度地开发利用，减少对环境造成的危害。在这样的产业模式之下资源得到有效利用，自然资源和环境得到保护。只有改变工业文明的高污染、高浪费的生产方式，打造绿色生产、循环生产的产业体系，才能实现生态文明，才能有效地解决资源危机等问题，实现人类的长远发展，达到生态文明。

4. 生态文明需要制度的不断完善

生态文明既需要牢固的经济基础作为保证，又需要与之相应的上层建筑的改变，这就要求在政治制度等各方面保证生态文明理念得到落实。在政策指导上，牢固树立科学发展的理念，解决好与人民生活密切相关的环境问题；在政绩观上，实现经济、社会、文化指标与资源环境指标相统一；在法律体系上健全环境保护法，确立生态保护和有偿使用资源的法律制度。逐步确立生态制度，让生态建设成为政治生活的重要内容，对于生态文明建设起着十分重要的作用。当人们将生态观念深入到意识形态层面，生态建设才能落实到社会实践活动之中。

5. 生态文明需要生活方式的彻底改变

提倡节约、环保、文明的消费模式，形成健康、绿色的生活方式。生产实践活动的最终目标是满足人们的生活需要。生产活动决定着人们的消费，但人们的消费观念对于生产活动有着能动的影响作用。工业文明中所形成的浪费型、奢侈型消费模式，过度追求物质享受，忽视环境压力，不利于人的身心健康，也对资源造成极大的浪费，加重环境负担。树立节约、环保、文明的消费模式，既注重人类必需的物质生活消费，又关注人类精神生活的提升；既有益于人们的身心健康，又有益于自然资源与环境，为人类创造一个有序的、稳定的、适宜的生活环境。在科学合理的消费模式下有利于人们形成健康、绿色的生活方式，将生态文明落实到每一个人的具体行动上，将生态文明贯穿于人们生活的细节中，这些也使社会生产活动朝着满足人们的绿色消费需求的方向转变。

6. 生态文明是一种综合文明形态

生态文明需要与物质文明、精神文明、政治文明以及社会文明这"四大文明"联系起来进行考虑，深入了解它们之间的内在联系及文明演进的基本规律。覃正爱（2015）认为，生态文明虽然作为一种独立的文明形态位列"四个文明"之后，但从本质上看，它更应该是一种综合文明形态，其最大特点就是综合性与融入性——既是"四个文明"建设的载体，同时又存在于"四个文明"形态之中，是"四个文明"的有机统一体。生态文明很难脱离"四个文明"而独立存在，或者说，"四个文明"中涵盖着生态文明的要求。首先，物质文明中包含着生态文明中的物质层面。物质文明建设所开展的经济活动都应符合人与自然和谐的要求，以实现经济活动的"绿色化"、无害化以及生态环境保护的产业化。其次，政治文明中包含着生态文明的制度层面。作为政治文明的主体——党和政府要重视生态问题，把解决生态问题、建设生态文明作为全面建成小康社会的重要内容，特别是生态制度建设中的法制建设，是政治文明的重要组成部分。再次，精神文明中包含着生态文明的文化层面。精神文明建设内在地要求一切文化活动都必须建设和维护良好的生态环境。最后，社会文明中包含着生态文明的社会层面。社会文明要求社会事业建设中正确处理好社会事业与生态的关系，推动人们生活方式的革新，自觉地走绿色生活之路。

综上，生态文明是人类对人、自然、社会之间关系的新的认识阶段，是一种新的自然观、价值观、生产方式、消费理念，是一种以人与自然、人与人、人与社会和谐共生为宗旨的文化形态，也包括在其指导下所创造的物质、精神和制度成果的总和，它与"四个文明"是密不可分的有机整体。

二　生态文明建设的伟大意义

党的十七大，在面对日益严峻的生态环境问题和日益增长的发展成本时，在科学发展观的指导下，中国共产党创新性地提出了生态文明建设，具有划时代的意义。党的十八大以来，生态文明被提高到了前所未有的高度，被认为是关系人民福祉、关乎民族未来的长远之计。要求必须树立生态文明理念，把生态文明建设放在突出位置，融入经济建设、政治建设、文化建设、社会建设各方面和全过程，努力建设美丽中国，实现中华民族永续发展。这是历史上第一个国家的执政党将生态文明作为执政纲领写进党章。我国的生态文明建设引起了全世界的关注，著名生态学者小约翰·柯布认为"生态文明的希望在中国"。生态文明是我国在思索经济发展与生态环境之间关系做出的重大战略决策，是对人与自然关系的反思，也是对人类文明发展道路的反思，具有十分重要的意义。

1. 生态文明深化了对人与自然关系的理解

工业文明是建立在机械世界观和二元论哲学的基础之上，是牛顿—笛卡尔哲学的体现。这种哲学观将人与自然看成是独立的个体。认为自然界存在的价值就是为人类服务，只具有工具价值。人类生产力的发展就是不断改造自然和征服自然的过程。这种机械的世界观造成了对自然无止境的剥夺，以满足人类不断发展的需要。工业文明带来了人类生产力爆发式的增长，但是也带来了生态环境问题的爆发，人类遭遇了严重的生存危机。日益全球化的生态环境问题，使全世界开始反思人类未来的发展道路究竟该怎么走，人与自然究竟是什么关系。生态文明就是指人与自然、人与人、人与社会的和谐共生，良性循环，持续发展、循环发展、低碳发展、共同繁荣的美好的文明形态。同时，党的十八大报告将"树立尊重自然、顺应自然、保护自然"的生态文明理念，建设生态文明放在了突出地位，这意味着人类的发展必须尊重自然，而不是掠夺自然。人类的发展必须将人与自然的关系摆在首要的位置。生态文明要求人与自然和谐，人与自然是亲密无间的伙伴关系，是命运共同体。命运共同体的理念是对人与自然关系的最形象的概述。人类发展离不开自然，自然的发展也已经离不开人类。

我国生态文明的价值观念是来源于马克思主义人与自然的价值观念，是对马克思、恩格斯人与自然思想的深化和发展。马克思、恩格斯人与自然关系思想的核心理念即人与自然是和谐一致的。在他们看来，其一，人是自然界的一部分，人依靠自然界而生活。"我们连同我们的肉、血和头脑都是属于自然界，存在于自然界"，自然界对于人类而言的优先地位客观上印证了自然界是人类生存的基本前提，人类不可能脱离自然界而存在。环境危机的本质就是人类的生存危机，人类只有与自然界和谐相处，才能实现人类自身的永续发展。其二，人类不尊重自然的客观规律，最终必然威胁人类的生存和发展。恩格斯曾经举例说，美索不达米亚、希腊、小亚细亚以及其他各地的居民、阿尔卑斯山的意大利人，过度开垦、乱砍滥伐，结果不仅使他们失去了森林，失去了水分的积聚中心和贮存库，同时也毁掉了生存的根基。只有尊重自然，按照自然的客观规律办事，才能利用和改造好自然。

生态文明建设始终高扬人的主体性精神，坚持对自然规律的尊重，走在发展中保护、在保护中发展的道路。因此，生态文明建设是马克思、恩格斯人与自然关系思想的当代体现和践行。

2. 生态文明是社会主义本质的重要体现

我国从确立了社会主义的基本制度之后，就不断地探索社会主义的发展模式，并逐渐开创了一条中国特色社会主义的道路。经过数十年的发展，我国对社会主义的认识不断加深。从最初的物质文明，到现在的物质文明、精神文明和制度文明三位一体。从最初的解放生产力、发展生产力，到现在的解放生产力、发展生产力和保护生产力的三位一体。从最初的经济建设，到现在的经济、政治、文化、社会、生态五位一体。生态文明是物质文明、精神文明和制度文明的有机统一；是解放生产力、发展生产力和保护生产力的有机统一；是经济建设、政治建设、文化建设、社会建设和生态文明建设的有机统一。

生态文明是社会主义的应有之义，是社会主义本质的体现。社会主义不仅是生产力的高度发展，也是人居环境和人类幸福的不断提高。马克思曾经预言未来社会是人与自然和谐的，是人道的、自然的社会。生态文明就是要实现生产力的发展与自然环境的协调，是人与自然和解的发展方式。生态文明是社会主义与资本主义的本质区别，是社会主义优越性的体现。搞好生态文明建设就是发展中国特色社会主义。

3. 生态文明是解决经济发展与生态环境保护矛盾的根本途径

粗放式的经济增长带来了生态环境的巨大破坏，生态环境已经成为制约经济进一步发展的"瓶颈"。只有实现生态文明，才能够既保住"绿水青山"，也实现"金山银山"。生态文明要求实现人与自然的和谐，要求将生态可持续性放在发展的首位，只有实现了生态承载力范围以内的发展，才是真正的可持续发展，才能够最终解决经济发展与生态环境之间的矛盾。

生态文明升华了对环境保护的认识，一方面将传统的末端治理，转变为预防、过程和事后综合治理。另一方面，将生态文明融入经济建设、政治建设、文化建设和社会建设的全过程。要求生活方式、生产方式和思维方式的根本转变，只有构建起生态文明的生活方式、生产方式和思维方式，才能够真正地解决环境保护问题，也才能真正地将环境保护工作做好。

4. 生态文明是实现中华民族伟大复兴的根本大计

实现中华民族伟大复兴，不只是物质财富的极大提高，更是民生福祉的极大提高。而"良好生态环境是最公平的公共产品，是最普惠的民生福祉"。生态文明建设是人民群众的共同期望和追求，是使人民群众过上幸福生活的现实路径之一。

生态环境安全是人民群众的基本诉求，人民群众不仅希望富而乐，更希望富而安；不仅希望物质富足，更希望山青、水绿。因此，建设生态文明是民之所向。中华民族的伟大复兴绝不只是经济发展的复兴，而是综合国力的提升、文化的提升，不仅是经济发展，而且是生态良好和社会公平。未来的中国不仅是经济强国，更是绿色中国、美丽中国。生态文明体现了最高的文明追求，代表着人类发展的希望和未来。要想真正实现中华民族伟大复兴的中国梦，就必须率先建设生态文明，这样才能够在未来掌握话语权和制高点。

第三节　生态文明视域下的农业水资源配置

生态文明已经成为时代发展的标志，并成为贯穿我国经济发展和各项事业的一条主线。生态文明是对工业文明的反思，是对未来文明形态的一次重要探索。生态文明改变了以往相对独立的自然资源管理、环境污染治理以及生态系统保护的格局，将生态文明渗透和融入经济建设、文化建设、政治建设和社会建设的方方面面。农业水资源优化配置自然也离不开生态文明理念的融入。将生态文明的理念融入农业水资源配置不仅具有重要的意义，同时也对传统的农业水资源优化配置提出了新的要求。

一　生态文明融入农业水资源配置的重要意义

我国目前农业水资源配置水平不高，主要体现在几个方面：第一，对农业水资源本身来说，存在着水资源浪费现象严重、水污染加剧、水生态系统退化等问题。第二，对农业产业来说，农业用水是第一大户，占了总用水的五分之三以上，局部地区更高，但与此同时，农业用水产生的产业附加值低，和工业用水带来的产值具有较大的差距。第三，对于农业用水主体来说，缺乏节水思维和理念，缺乏人与自然和谐的观念，大水漫灌、大量使用农药化肥等现象严重。农业水资源配置效率不高，除了技术等客观原因外，更重要的是思想观念等主观原因。传统的农业水资源配置贯穿着传统工业文明"高投入、高消耗、高排放、低产出"的粗放式思维，这和目前水资源日益紧缺的态势是背道而驰的，因此亟须将生态文明的理念融入农业水资源配置当中。

1. 生态文明改变了人对自然的态度，有助于实现"人水合一"

工业文明是建立在现代二元论的哲学基础之上的，这种哲学观过分强调主客二分，以机械论为主要特征，过分强调了人与自然的对立。从存在论上看，二元论哲学强调人与自然的对立和分离。认为人与自然有着本质的不同，人独立于自然界，而不是自然界的一部分；而自然界也独立于人，它的运行规律不依人类的意志而改变。这种观念否认了人与自然之间的相互联系、相互作用、相互影响。二元论哲学从认识论上，是还原主义的。认为自然界独立于人，只能将其还原成各种部件而进行认知，对自然界整体的认知是不可能的。二元论哲学在价值论上是片面的，只强调人的价值，不承认自然界的价值。自然界对于人类来说，只有工具价值，只是一种外在的价值。自然界本身不具有内在价值。这种牛顿—笛卡尔哲学观，带来了科学的巨大进步，但是也成为人类掠夺自然、主宰和统治自然的哲学基础。

生态文明主张生态哲学观，这是一种系统的、有机的哲学观。这种哲学观从本体论上看，主张整个生态系统是活的、有生命、有精神的。当一个生命有机体有益于它自身，同时也有益于环境时，它才能够持续发展。人类自身只是自然界的一部分，而不是自然界的拥有者。从认识论上看，主张主客体之间并没有绝对的不可逾越的界限。主体认识自然的过程，是参与客体自然，对自然发生影响的过程。同样，自然对主体的认知也加以影响。人化自然和自然化人，是一个统一的过程。从价值论上看，主张世界上不只是人有价值，生命和自然界也有价值。自然界的价值，是外在价值和内在价值的统一。自然界不只对于人类生存具有不可替代的工具价值，自然界本身还有其内在价值。

生态文明的哲学基础主张天人合一，人与自然和谐，只有人与自然和谐共处，人类才有可能实现永续发展。水资源作为人类生存最不可或缺的自然资源，其对人类和自然的意义不言而喻。《管子·水地》说"水者，何也，万物之本原也"。水是万物的根本，人类需要水，动植物需要水，生态系统也需要水。人类不能因为自身的利益而过度开发水资源，只有"人水合一"，人类发展与水资源相和谐，才能够维持整个生态圈的稳定，同时也才能够维持人类文明的延续。因此在生态文明的理念下，对水资源的开发和利用，必须始终坚持人水和谐，人水合一的理念。

2. 生态文明深化了对经济、社会、环境的认识，有助于真正实现可持续发展

人类对可持续的理解，随着理论和实践的深入有一个演变的过程。可持续发展涉及经济、社会、环境三者之间的关系。从国际上有关可持续发展的理论研究可以看出，围绕经济、社会、环境的相互关系的理论模型可以分为三种，即并列性关系、交错性关系、限制性关系。所谓可持续发展的并列性模型，是强调可持续发展是由经济、社会、环境三个系统发展组成，任何一个单一系统的发展都不是可持续发展。

麦克唐纳等（2005）在《从摇篮到摇篮》一书中指出，任一单纯顶点的绝对增长都不是可持续发展的思想，单纯的经济增长是极端的资本主义，单纯的社会发展是极端的社会主义，单纯的生态保护是极端的生态主义。可持续发展并列模型的优点，是强调了经济、社会、环境三个发展系统的共存，区别了单独考虑一个方面的理论和政策的狭隘性，发展观的进步是从经济一维的思考或者经济、社会二维的思考进入到了经济、社会、环境三维的思考。但是并列模型没有对三个发展系统相互间的关系有深入的阐述和揭示，因此很容易导致可持续发展就是简单的加和。

可持续发展的交错性模型是强调在经济、社会、环境三个系统之间存在着相互重叠的交界面，交界面上的关系才是可持续发展应该特别关注的。具体地说，可持续发展要研究的是两两交叉关系，经济与环境的交叉是生态效率问题，要研究经济增长的物质规模和自然资本投入的经济效率；社会与环境的交叉是生态足迹问题，要研究社会发展的充分性问题和生态享用的公平问题；经济与社会的交叉，要研究经济增长的公平分配。交错型关系的讨论，比并列型关系体现了更多的三者关系的互动，两者内涵都体现了经济是生态的子系统发展观。这对于从源头上发展资源节约和环境友好的经济社会模式具有很大的政策意义。然而，纵然在交错型关系的讨论中，已经有了三个支柱的两两关系的互动影响分析，但还缺乏一个关键的要素，即对三个系统的限制性观察。

可持续发展的限制性或包含性模式是强调经济、社会、环境三者的关系不是独立的，也不是交错的，而是具有包含性的，具体表现为环境系统包含着社会系统，社会系统包含着经济系统。戴利（1996）在《超越增长》一书中，特别提到生态规模制约着社会公平和经济效率、社会公平又制约着经济效率，因此经济效率受到生态规模和社会伦理的双重制约。具体地说，包含性的三重圆圈表示着人类社会发展的三种资本，环境表示自然资本，包括资源、吸收、服务、空间四个方面的内容；社会表示社会资本，包括人力资本和关系资本两个方面的内容；经济表示人造资本，包含了产品、设施、金融等内容。与并列性模型和交错性模型相比，可持续发展的包含性模型，强调了发展要使社会总资本最大化的同时，关键自然资本的存量不能破坏性地减少，因为关键自然资本是不可以被人造资本所替代的，对生活质量是不可缺少的，这就是所谓强可持续性的观点。而并列性模型和交错性模型强调的可持续性发展观点，通常可以得到经济增长论者的接受，他们只强调社会总资本的最大化，而不管关键自然资本是否退化，因为关键自然资本是可以被人造资本所替代的，这就是所谓弱可持续性的观点。包含性模型或生态限制模型或三重圆圈模型要求制下物质量和价值量兼容的发展指标，强调政策上应该是生态规模政策优先，期望在确定可以消耗的自然资本流量规模的情况下考虑公平与效率问题。

奥地利的 Mauerhofer（2008）综合以上三种模型的研究，提出了基于包含性的三维空间可持续发展模型，进一步深化了对经济、社会与环境之间关系的思考。这一理论模型的底部是具有限制性的描述，即环境圈限制着社会圈（生物物理限制）、社会圈限制着经济圈（社会伦理限制），反映了人类发展所依赖的三个资本；上部是具有三角形的描述，即可持续发展包括经济、社会、环境三个方面，这个图形的优点是可以看到两两之间的关系；联系上下的是具有三个支柱特征的描述，反映了三个容量，通过这些支柱使底部的限制性可以决定上部的规模、公平、效率等考虑。

3. 生态文明对规模和公平的强调，弥补了传统市场经济发展的不足

工业文明兴起的过程伴随着市场经济的逐渐发达，发达的市场经济也成就了工业文明的繁荣。市场经济带来了生产力的极大提高和物质财富的极大繁荣。市场让成千上万的独立而分散的个体之间产生了一种自发的秩序，这就是市场的神奇之处。正如亚当·斯密所说的"看不见的手"的隐喻就是对市场这种神奇力量的精妙概述。必须看到市场经济存在公共物品及外部性等固有问题，同时忽视了对公平和规模问题的考虑。

　　实践的发展已经表明，效率并不代表公平，目前世界范围内两极分化呈现扩大的趋势，最富裕的和最贫困的生活存在着天壤之别。同时效率也不等于相对生态系统而言最优的经济规模。市场的繁荣带来了自然资源的枯竭、环境污染的加剧以及生态系统的不断退化、生物多样性的锐减，这些负面效应不仅影响了人类的福祉，也开始威胁到整个人类的生存。市场经济能够有效地解决资源的配置问题，但是对于社会公平和生态规模问题却无能为力。

　　生态文明意味着人与自然的和谐，意味着人与自然的可持续发展。而可持续发展的含义不仅包括经济的可持续增长，还包括当代人之间以及当代人和后代人之间的公平，同时也将生态承载力考虑到发展的范畴之内。这就意味着人类不能无止境地发展，而必须将发展限制在自然生态系统可承载范围之内。这就是说，生态文明意味着效率、公平、规模是最基本的三大衡量标准，也是建设生态文明所必须考虑的三大基本问题。

　　市场经济能够解决效率问题，但是不能解决公平和规模的问题，因此不能只靠市场来解决所有的问题。从这点看，生态文明意味着制度的多样化，多元的制度安排相结合，才能实现生态文明。这就需要在市场配置资源的同时，发挥政府和社会不可替代的作用，形成市场—政府—社会多中心的治理模式和制度体系。

二　生态文明对农业水资源优化配置的新要求

　　生态文明的理念应用到农业水资源配置问题上，就要求对水资源的配置除了引进市场因素，让市场起到配置农业水资源的决定性作用外，还需要更好地发挥政府的作用和吸收社会的力量，形成农业水资源多中心治理模式。这就要求更多地关注农业用水主体之间的利益纠纷和博弈过程，关注不同用水户之间的用水效率和用水公平，同时将农业用水的规模严格控制在自然生态系统可承载的范围之内。生态文明理念在农业水资源配置领域的应用意味着最严格水资源管理制度、水权交易市场制度、用水者协会、水权自治、PPP模式等将会成为未来农业水资源配置领域发展的重点方向。这些都是生态文明对农业水资源配置所提出的新要求。

工业文明主导下的农业水资源配置没能有效地解决农业水资源配置问题，也带来了农业用水户之间用水的矛盾激增、农业水资源污染和水生态环境退化等问题。在目前的情况下，工业文明视域下的农业水资源配置已经遇到严重的发展"瓶颈"，必须彻底转换农业水资源配置的思维和理念，将生态文明纳入到农业水资源配置的过程中来。生态文明彻底改变了传统工业化视角下农业水资源配置的思维，对我国的农业水资源优化配置提出了新的要求。生态文明要求改变农业水资源配置的思维，实现从人水对立到人水和谐的转变；生态文明要求改变农业水资源配置的目标，实现从增长绩效到福利绩效的转变；生态文明要求改变农业水资源配置的手段，实现从水量的一维调节方式到水量—水质—水生态三维调节方式的转变。

1. 改变农业水资源配置的思维：从人水对立到人水和谐

工业文明主导下的农业水资源配置的基本思维就是人水对立，即将人和水资源分裂开来。农业水资源对于人类来说，只有工具价值，只有满足人类发展的需要时，农业水资源才具有真正的价值。而与人类发展无关时，水资源就没有价值。这种思维模式不承认水资源本身的内在价值，不承认水资源存在独立于人的价值。这就导致了对农业水资源的过度开发和不合理利用，而完全忽视了农业水资源的自然承载力和水生态系统本身的可持续性，导致了农业水资源的大量浪费、地下水的过度开采，以及不断严重的水污染等现象的出现。

工业文明主导下的农业水资源配置实现了对农业增产的保障，但是也造成了严重的环境问题，是不可持续的。如果继续这种粗放式的农业水资源配置模式，将带来严重的灾难，不仅农业增产无法保障，生态系统可能出现不可逆转的退化。目前我国华北地区地下水严重超采所造成的生态危机就是例证。西北地区虽然并不是国家的粮食主产区，却是我国重要的生态屏障，关系到整个国家的生态安全。一旦出现严重的生态环境问题，将对整个中华民族的生存家园带来巨大的危胁。因此必须改变工业文明主导下的水资源配置思维，而农业是西北地区目前用水的第一大户，用水量最多，问题也最为严重，因此调整农业水资源配置的思维就是重中之重。

生态文明要求实现人水和谐，这种思维肯定了水资源本身的内在价值，肯定了生态系统的重要性。这就要求农业水资源的开发和利用必须保持在水资源的生态承载力范围之内，才有可能实现人与自然的可持续发展。人水和谐要求农业水资源配置从粗放模式转向精细化管理，实行最严格的水资源管理制度，严守生态红线，绝不能超越生态承载力，过度开发农业水资源。这就要求提高农业水资源配置的效率，以更少的水资源获得更大的农业收益，从而更好地维持不同水资源用途之间的平衡，保障人与自然的平衡。

2. 改变农业水资源配置的目标：从增长绩效到福利绩效

工业文明主导下的农业水资源配置的基本目标就是要实现人类的根本利益，即以提高农业的产量为唯一目标。为了实现农业产量的最大化，人类无限制地开发和利用水资源，大量使用农药和化肥，造成水资源的污染和生态系统的破坏。我国农业接连取得的大丰收，特别是在干旱年景还能够保障供给，工业文明主导下的农业水资源配置原则发挥了重要作用，但是必须承认这种粗放式的农业水资源配置模式带来了严重的水污染和水环境问题。也就是说，传统的农业水资源配置保障了农业产量的提高，实现了增长绩效，但是并没有带来更多福利绩效的增长。

福利绩效没有提高或者出现下降主要表现在以下几个方面：第一，农产品质量安全问题，农业产量增长了，但是食品安全问题前所未有地爆发。第二，水污染和水生态环境的退化，使人类对生态环境安全、生态家园的需求无法得到满足。必须坚持农业发展不仅仅是农业产量的增长，更重要的是农产品质量的提高和生态系统的安全。这对于生态极为脆弱的西北地区的农业发展来说，显得尤为重要。

可见，生态文明不仅关注农业水资源的配置效率，更关注农业水资源质量和生态系统的安全。只有保障农业水资源的质量和生态系统的安全，农业生产的综合价值才能提高，才能够满足不断发展和多元化的人类需求。农业水资源配置的目标不再是单纯促进农业产量的最大化，更是农业福利的最大化。即农产品产量的提高，质量的改善和生态系统的安全和可持续性得到保障。

3. 改变农业水资源配置的手段：从水量调节到水量—水质—水生态

工业文明主导下的农业水资源配置手段，主要是调节水资源的量，只要保障农业水资源量的充足供给，就能够保障农业产量的增加。而当农业水资源使用量出现不足的时候，首先采用的方式就是加大对水资源的开发，如过度使用和开发地下水以及各种对水资源的调动工程，这些举措保障了农业水资源量的供给。水量调节保障了农业用水的基本需求，但是也对生态环境特别是水生态系统问题造成了很多负面影响。

由于长期以来只注重水量调节，而忽视了水质管理和水生态监督。导致地下水水位下降，农业水质污染严重，农业水资源生态系统退化等问题。政府部门在制定宏观决策时，有时也忽视了这些问题。这种现象必须尽快得到纠正。

生态文明要求实现水量—水质—水生态三位一体的调节方式，将水质和水生态纳入农业水资源调节的考虑范围，实现水量安全、水质安全、水生态安全。农业水资源配置手段的丰富，必将改变农业水资源使用者的行为，使用水主体的行为能够符合生态文明的基本要求。生态文明水量—水质—水生态的农业水资源配置手段，提高了机会主义行为的成本，从而有效遏制水污染和水生态系统的退化。

三　生态文明视域下农业水资源优化配置的实现路径

生态文明对农业水资源配置的新要求，可以细化为三个方面：

对于水资源的要求：总量控制、分配公平、提高效率以保持水质和水生态的安全。将水资源的使用控制在安全的"生态围栏"之内。

对于农业产业的要求：实现双脱钩，农业生产与水资源脱钩，尽可能减少农产品的"生态背包""生态足迹"。人民福祉与农业产量相脱钩，调整农业结构，在满足对农产品更高的要求的前提下，提升农业水资源的产业附加值。对于用水者主体的要求：改变传统思维观念，充分尊重后代以及生态系统的可持续性，以命运共同体的观念对待农业水资源配置。

1. 对于水资源的要求：总量控制、分配公平、提高效率以保持水质和水生态的安全。将水资源的使用控制在安全的"生态围栏"之内。

生态文明首先要求水资源的使用量必须控制在生态承载力范围之内，从而保障生态系统的可持续性。因此首先必须对农业水资源的开发总量进行严格的控制，将农业水资源的使用量控制在安全的"生态围栏"之内。在"生态围栏"范围之内使用农业水资源就可以保障生态系统的自然恢复能力，保障基本的生态安全。其次，生态文明要求水资源的使用公平，在实现了总量控制之后，就涉及对农业水资源的初始分配。合理确定农业水资源的初始使用权，反映出社会的公平程度。在农业水资源的使用主体中，出现了大量的新型经营主体，这些新型经营主体的规模和能力都在传统小农之上，从而在获取农业水资源上具有优势，传统的小农处于相对弱势的地位。而要保障社会公平，就需要在不同农业用水主体之间进行协调。同时，后代人和自然作为"隐形的主体"，在农业水资源的使用过程中，处于更加弱势的地位，在工业文明的视域下，这种"隐形的主体"的用水权往往被忽视，被剥夺，造成了水资源使用的不可持续性。生态文明要求对社会公平予以更高的关注，这些弱势主体的用水权应该优先予以保障。生态文明要求水资源使用效率的提高。最严格水资源管理制度的执行和"生态围栏"等要求，使农业水资源的总量必须控制在一定的范围之内。而为了保障农业生产的安全就必须提高农业水资源的使用效率，从而使更少的水资源使用能够获得更高的回报。农业水资源效率的提高有赖于科学技术的进步、管理制度的改善和市场机制的完善。这就需要一方面不断提升节水技术，让高效节水设备更多地在农业水资源灌溉中使用。另一方面要提升水资源管理的水平，特别是发挥用水者协会的关键作用，完善水资源地方自治。同时引入水权交易市场，让市场成为配置农业水资源的决定性因素。

生态文明不仅关注水量的保障，也关注水质的改善和水生态系统的保持。这就需要将水质和水生态安全纳入农业水资源配置的决策范围中，实现水量—水质—水生态三位一体的农业水资源配置模式。即严格要求农业用水户在农业用水的使用过程中不得降低农业水资源的质量和破坏农业水生态系统。要在水资源相关法律体系中对此进行明确。对于破坏水质和水生态安全的行为要依法予以追究责任。

2. 对于农业产业的要求：实现水资源效率和效益的提升，通过农业生产结构和人民消费结构的转变，控制水资源的用水规模。

生态文明对水资源的使用有着崭新的要求，农业产业是农业水资源配置的着力点，不同的农业发展模式，需要不同类型的农业水资源灌溉模式。工业文明的农业发展模式更多注重农业产量的提高，因此其农业水资源配置的模式必然也是粗放的。生态文明要求对水资源实行精细化管理，要求尽可能地少使用水资源。这就需要提高水资源的使用效率和效益，控制水资源使用规模。

提高水资源使用效率、效益和控制规模具有三层含义，效率提高是农业生产尽可能地少使用水资源，严格控制农业水资源的使用规模。工业文明思想指导下的农业生产，其农产品包含了很重的"生态背包"和很多的"生态足迹"，已经远远超出自然的承载力范围。生态文明要求农业生产尽可能减少农产品的"生态背包""生态足迹"。效益是指以更少的水资源创造出更高的价值，目前随着民众消费水平的提高和消费结构的改变，农业生产亟须转变生产结构，以满足更高层次的需求。而农业用水在保障基本粮食安全的基础上，应该更多地向高经济附加值作物转移，实现水资源效益的提高。控制规模就是要将水资源严格控制在生态可承载范围之内。如通过耐旱作物种植，节水技术推广，制度设计，结构转变等多种方式，实现农业节水。

3. 对于用水者主体来说，要改变传统思维观念，充分尊重后代人、自然这类主体的根本利益，以命运共同体的观念看待农业水资源配置。

生态文明要求用水者主体具有人水和谐的思维，主动以生态文明的思维要求自己，从而改变农业用水的行为，使之符合生态文明的需求。首先，农业水资源的使用者要有主动节水的意识，从而控制农业水资源的总量，使水资源的使用可以控制在生态承载力范围之内。其次，要以命运共同体的意识看待水资源使用。人与人之间是命运共同体，人与自然之间是命运共同体，任何一方的利益受损都会导致共同体利益的受损。再次，要对自然和后代人负责，要为自然和后代人留下足够的生存和发展空间，将自然和后代人视为与当代人拥有同等的地位，作为平等的农业水资源使用主体，平等地使用农业水资源。

生态文明要求用水者主体受到足够的重视，这就需要农业水资源管理过程中更加注重农业用水者主体的参与，实现参与式管理，提升农业水资源管理的软路径。目前，在现实农业水资源配置过程中，已经有大量的用水者协会产生并组织起来，但是作用范围仍然十分有限，很多地方的用水者主体依然流于形式，并不能很好地发挥实质性的作用。生态文明要求农业用水者协会发挥更大的作用，作为社会力量的代表，同政府和市场一起形成多中心的治理模式，实现政府、市场、社会力量的大融合，从而极大地提高农业水资源管理的效率。

第 五 章

西北地区农业水资源配置
效率研究

农业水资源是人类赖以生存和发展的必要条件和物质基础。我国是一个农业大国，但人均农业水资源拥有量远低于世界水平，因此，如何有效地利用农业水资源，提高农业水资源配置效率是目前我国经济社会发展中面临的重要问题。作为一种日益稀缺且具有多种用途的经济资源，水资源在生产领域的有效配置是指在特定的社会经济环境下，按照不同生产活动的客观需要实现水资源在不同部门、不同行业、不同地区、不同生产者、不同产品之间的合理分配，使水资源的效用得到最大限度的发挥，获得最大化的产出或收益。农业水资源配置效率反映了一个地区农业水资源利用的水平，其效率越高，说明农业水资源的配置和技术应用越合理，农业水资源价值得到很好的实现，农业水资源利用水平也就越高。

长期以来，西北地区用水总量中，农业用水占了很大比例，随着工业化、城市化水平的不断提高，工业和城市生活用水不断增长，农业用水比例逐年下降，但2016年数据显示西北地区农业用水量仍然超过总用水量的80%（《中国统计年鉴》，2017）。目前农业用水的灌溉方式还比较落后，节水灌溉技术推广较慢，灌溉用水的有效利用率及单方水的粮食生产能力还较低，各项农田水利设施建设还不到位，已有调蓄水利工程老化严重，农业水资源管理还很薄弱等，这些都造成了西北农业水资源未能得到很好的开发与利用。而西北地区农业水资源利用效率低，农业水资源短缺和配置不合理并存，在水资源稀缺性和竞争性不断增强的背景下，合理配置与有效保护水资源成为水资源利用和农村经济社会可持续发展的关键。提高农业水资源配置效率，对于促进西北地区经济社会发展具有重要的现实意义。

本研究以农业水资源利用的生态、经济和社会效益平衡为目的，以优化农业水资源的配置及提高生产效率为原则，应用 SE – DEA 模型分别从时间维度和空间维度上测算了西北地区农业水资源配置效率。通过分析区域农业水资源配置效率差异及其原因，为西北地区实现农业水资源高效利用提供更加科学的参考依据。

第一节　西北地区农业水资源概况

西北地区大部分属于干旱半干旱区域，水资源极为短缺，且用水结构不尽合理。农业用水所占比例超过 80%，相对于工业用水，农业用水效率较低。因此，西北地区农业水资源有效配置是未来水资源增量的源泉，也是西北地区实现可持续发展的关键。

一　西北地区水资源总量分析

我国西北地区地域辽阔，自然资源丰富，发展潜力巨大。严格来讲，西北地区包括陕西、甘肃、宁夏、青海、新疆和内蒙古西部。为避免区域数据分割产生误差，本研究界定的西北地区包括陕西、甘肃、宁夏、青海、新疆以及内蒙古全部。西北地区深居内陆腹地，远离海洋，加之高山峻岭的阻隔，气候十分干旱，多年平均降水量为 235 毫米，内陆河区降水量一般都在 200 毫米以下，水面蒸发量却高达 1000—2800 毫米（王浩，2003），降水少而蒸发量大，使西北地区的水资源紧缺程度远高于国内其他地区。

表 5 - 1 西北地区 2005—2014 年水资源简表

年份	水资源			
	水资源总量 （亿立方米）	地表水资源量 （亿立方米）	地下水资源量 （亿立方米）	人均水资源量 （立方米/人）
2005	3063.81	2842.4	1461.1	2599.1
2006	2404.1	2180.1	1318.4	2026.7
2007	2437.4	2219.8	1311.6	2041.0
2008	2386.5	2158.2	1297.2	1986.1
2009	2661.5	2452.4	1355.2	2203.0
2010	2974.7	2716.6	1481.9	2448.7
2011	2893.3	2669.6	1399.8	2370.5
2012	2974.9	2715.4	1506.8	2423.4
2013	3195.5	2951.8	1399.8	2589.5
2014	2618.7	2384.7	1287.6	2109.5

资料来源：《中国统计年鉴》（2006—2015）。

由表 5 - 1 可以看出，2014 年西北地区水资源总量为 2618.7 亿立方米，仅占全国水资源总量的 9.6%，水资源总量比 2005 年减少了14.5%，西北地区水资源总量十年来呈缓慢下降趋势。2014 年全区地表水量为 2384.7 亿立方米，比 2005 年减少了近 16.1%，呈现急剧下降的趋势；而地下水资源量，从 2005 年的 1461.1 亿立方米，下降到2014 年的 1287.6 亿立方米，下降了近 11 个百分点。2014 年西北地区人均水资源量为 2109.5 亿立方米，比 2005 年减少了 18.8%，十年来呈现缓慢下降趋势。

二 西北地区农业用水情况分析

1. 西北地区整体用水情况分析

按照水资源的用途分类，水资源主要分为农业用水、工业用水、生活用水和生态用水四大类。从图 5 - 1 可以看出，西北地区近十年的用水总量呈缓慢增加的趋势，从 2005 年的 993.7 亿立方米增加到 2014年的 1070.9 亿立方米，增加了 77.2 亿立方米。从行业消费结构来看，农业是西北地区用水量最多的产业，且呈现逐年增加态势，从 2005 年的 848.8 亿立方米，增加到 2014 年的 926.4 亿立方米。用水量居于第二的是工业用水量，2014 年工业用水量比 2005 年增加了 7.4 亿立方米。随着经济社会的快速发展、西部大开发战略的实施以及城镇化进程的加快，西北地区的工业用水量将会持续增加。用水量居第三位的是生活用水量，近十年呈现不规则的变化趋势，2005—2011 年逐年缓慢增加，而在 2011—2014 年开始逐渐下降。而生态用水虽然是用水总量中最少的行业，但是随着近些年各个省区对生态环境的重视以及对生态屏障的保护，西北地区生态用水量逐年增加，从 2005 年的 26.61 亿立方米，增加到 2014 年的 35.63 亿立方米，这也是生态文明建设在西北有效推进的重要体现。

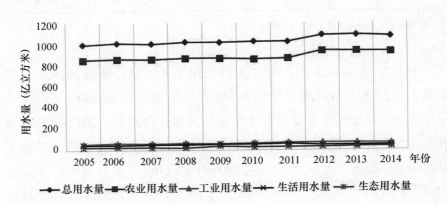

图 5 - 1   西北地区 2005—2014 年用水量变化

资料来源：《中国统计年鉴》（2006—2015 年）。

2. 西北各省区用水情况分析

前面一节分析了西北地区总的用水情况以及其他行业的用水量变化趋势，就各个省区而言，不同的自然与地理条件下，也呈现出不同的特点。

（1）新疆维吾尔自治区

新疆维吾尔自治区是全国面积最大的省份，也是我国具有特殊战略地位的农业大省，2014 年新疆维吾尔自治区 GDP 达 9273.46 亿元，其中第一产业增加值为 1538.6 亿元，占全区 GDP 的 16.59%。农业在新疆国民经济发展中具有重要地位。2014 年新疆水资源总量为 726.9 亿立方米，占西北地区水资源总量的 27.8%，地表水资源量为 686.6 亿立方米，地下水资源量为 443.9 亿立方米，因地广人稀，人均水资源占有量为 3186.9 亿立方米，是西北地区平均水平的 1.5 倍。新疆农业是典型的绿洲灌溉农业，耗水量十分巨大。由图 5 - 2a 可知，新疆 2014 年用水总量为 508.5 亿立方米，占西北地区用水总量的 47.5%，是西北地区用水总量最大的省份。2005—2014 年新疆用水总量呈现增加趋势，从 2005 年的 508.5 亿立方米增加到 2014 年的 581.8 亿立方米，用水总量增加了 14.4%。而在四大行业用水中，2014 年农业用水达到 464.4 亿立方米，占总用水量的 79.8%，是新疆的用水大户。在 2005—2014 年十年间，农业用水量增加了 18.6%，并且随着人口的增长，绿洲灌溉面积的增加以及新疆大量经济农作物的种植，农业用水量仍然保持增长的态势。从图 5 - 2a 还可以看出，新疆近十年的工业用水量和生活用水量也在逐年增加，工业用水量增加了 38.1%，生活用水量增加了 17.6%。从图中 5 - 2a 也很明显地看出新疆的生态用水却在呈现急剧下降趋势，从 2005 年的 25.5 亿立方米，下降到 2014 年的 5.26 亿立方米，减少了 79.4%，是用水量变化幅度最大的行业。原因可能是新疆农业以及工业用水的增加，挤占了生态用水，使水资源供给严重不足，特别是经济发达的天山北坡一带，经济发展已经超过了当地水资源的承载能力，而塔里木河流域的绿洲灌溉农业在某种程度上是以牺牲生态环境为代价的。

（2）内蒙古自治区

内蒙古是西北地区经济相对发达的省份，是第一个经济总量进入万亿级的西部省份，也是 2015 年 8 个人均 GDP 突破 1 万美元的唯一西部省份。但同时，内蒙古又是一个农牧大区，水资源在农牧业乃至整个内蒙古地区发挥着重要的作用。从水资源占有量来看，2014 年内蒙古的水资源总量为 537.8 亿立方米，占西北地区水资源总量的 20.5%，

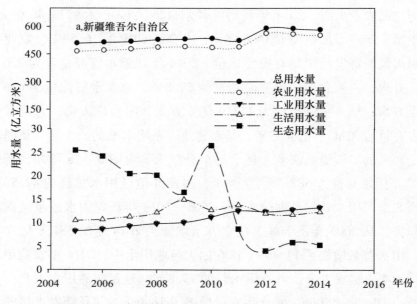

图 5 - 2a　新疆维吾尔自治区 2005—2014 年行业用水量变化

资料来源:《中国统计年鉴》(2006—2015 年)。

居西北地区第二位。2014 年地表水资源量为 397.6 亿立方米,地下水资源量为 236.3 亿立方米,人均水资源量为 2149.9 立方米,与西北地区人均水资源量 (2109.4 立方米) 基本持平,是全国平均水平(1998.6 立方米) 的 1.1 倍。内蒙古的草原占全国草场总面积的 1/4,同时处于嫩江、辽河、滦河、永定河、黄河的源头或上游,是我国西部重要的生态屏障。然而,内蒙古 1/4 以上的土地有严重的水土流失现象,并且还有加大的趋势,水资源利用不合理以及损失浪费问题是当前内蒙古水资源管理面临的主要问题。

　　从图 5 - 2b 可以看出,内蒙古 2014 年用水总量为 182.0 亿立方米,占西北地区用水总量的 17.1%,居总量第二。从近十年的变化趋势来看,内蒙古用水总量呈逐年增加的态势,从 2005 年的 174.8 亿立方米,增加到 2014 年的 182.0 亿立方米,增长了 4.1%。在四大用水行业中,农业用水量 2014 年达到 137.5 亿立方米,占用水总量的75.6%,农业用水占了最大的份额。随着经济社会的快速发展,农业

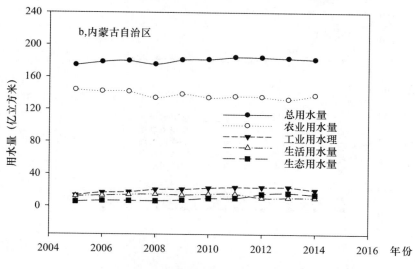

图 5-2b　内蒙古自治区 2005—2014 年行业用水量变化

资料来源：《中国统计年鉴》（2006—2015 年）。

用水量减少了近 4.4%。而工业用水量在十年间大幅增加，2005 年工业用水量为 13.2 亿立方米，而 2014 年工业用水量是 2005 年的 1.5 倍。内蒙古近十年在工业化进程中取得了很大成就，能源化工长足发展，工农业水权置换也走在全国前列。内蒙古的生活用水量却呈现逐年下降的趋势，十年间降低了 14.3%。而生态用水快速增长，从 2005 年的 5.6 亿立方米，增加到 2014 年的 14.3 亿立方米，增加了 1.6 倍，增长的速度远远高于其他各个用水行业。现阶段内蒙古工业化进程促进了工农业水权置换，也对农业用水效率提出了更高的要求。

（3）甘肃省

甘肃省是连接我国内陆与西部边疆的战略要地，是我国西北地区最重要的交通物流枢纽和文化交流要道。然而甘肃省深居西北内陆，降水稀少，全省年降雨量 36.6—734.9 毫米，属于水资源极为短缺地区。2014 年甘肃省水资源总量为 198.4 亿立方米，仅占西北地区水资源总量的 7.6%。其中地表水资源量为 190.5 亿立方米，地下水资源量为 112.6 亿立方米，人均水资源占有量为 767.0 立方米，仅为西北

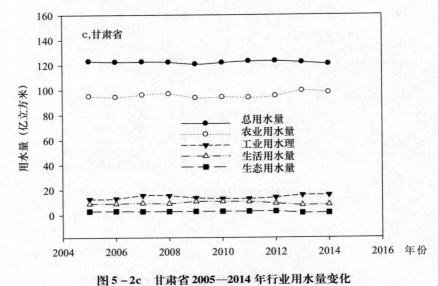

图 5 - 2c　甘肃省 2005—2014 年行业用水量变化

资料来源:《中国统计年鉴》(2006—2015 年)。

地区人均水资源占有量的 36%,属于水资源总量与人均占有量均严重缺乏的省份。

　　从图 5 - 2c 中可以看出,2014 年甘肃省用水总量为 123.0 亿立方米,为西北地区用水总量的 11.5%,用水总量居第三。十年来甘肃省用水总量呈现逐年下降的趋势,从 2005 年的 123.0 亿立方米下降到 2014 年的 120.6 亿立方米,下降了 2%。在四大用水行业中,农业用水量在总量下降的情况下,呈逐年增加趋势,十年间增加 3%。相应地,工业用水量呈逐年递增的趋势,从 2005 年的 12.8 亿立方米,增加到 2014 年的 15.8 亿立方米,增加了近 23.4%。而与此同时,甘肃省的生活用水量近十年间下降了 0.9 亿立方米,下降了近 10%。而生态用水量从 2005 年的 3.1 亿立方米直线下降到 2014 年的 1.8 亿立方米,下降了将近 42%。目前,甘肃省由于干旱缺水,生态环境已显得极为脆弱,然而因为生产和生活的需要,对水资源的开采力度却并未减少,大大超过了该地区水资源的承载能力,若不及时进行调整,会对该省未来可持续发展造成极其严重的影响。

（4）陕西省

陕西省是西北地区经济发达、社会发展水平较高的省份之一，也是新亚欧大陆桥经济带最发达的地区之一，在西北地区的发展中具有重要的战略地位。2014 年陕西省水资源总量为 351.6 亿立方米，占西北地区水资源总量（2618.7 亿立方米）的 13.4%。地表水资源量为 325.9 亿立方米，地下水资源为 124.1 亿立方米，人均水资源量为 932.8 立方米，约为西北地区平均水平的 44%，属于水资源较为缺乏的省份。由于人口稠密，经济发展较快，长期以来，水资源短缺制约着全省的经济发展。

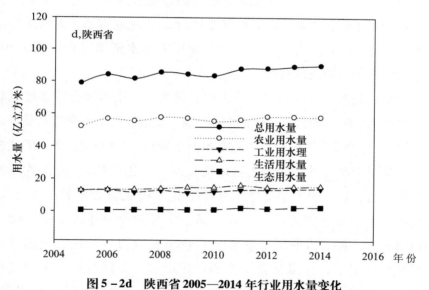

图 5 - 2d　陕西省 2005—2014 年行业用水量变化

资料来源：《中国统计年鉴》（2006—2015 年）。

从图 5 - 2d 可以看出，2014 年陕西省用水总量为 89.8 亿立方米，占西北地区用水总量的（1070.9 亿立方米）的 8.4%，在西北地区用水总量排第四。近十年来陕西用水总量逐年缓慢增长，从 2005 年的 78.8 亿立方米，增加到 2014 年的 89.8 亿立方米，增加了近 14%。其中农业用水量十年间增加了 10.8%，工业用水量增加了 9.3%。生活用水量增加了 2.4 亿立方米，增长了 18.9%，大大高于工农业用水量增加幅度。值得关注的是，生态用水量近十年间是迅速增长，从 2005年的仅 0.7 亿立方米，增加到 2014 年的 2.5 亿立方米，十年间增加了 2.6 倍左右，是所有用水量增加最快的。充分体现了陕西省近年来重视生态环境建设，把生态文明建设摆在了优先的位置上。

（5）宁夏回族自治区

宁夏回族自治区位于我国西北内陆，黄河流域上中游。干旱少雨，蒸发强烈，全区多年平均降雨量 289 毫米，而全区年水面蒸发量 1250毫米。宁夏 2014 年的水资源总量为 10.1 亿立方米，仅为西北地区水资源总量的 0.3%，属于西北地区水资源总量最少的省份。地表水资源量仅为 8.2 亿立方米，地下水资源量为 21.3 亿立方米，人均水资源占有量仅为 153.0 立方米，不到西北地区人均水资源占有量的 1/10，属于水资源最为缺乏的省份。

宁夏也是西北地区用水量较少的省份之一，用水量占西北地区总用水量的 7.3%。从图 5 - 2e 中可以看出，该地区近十年来用水总量逐年下降，从 2005 年的 78.1 亿立方米，下降到 2014 年的 70.3 亿立方米，下降了 10%。由以上数据可以观察到，宁夏的用水量远远大于其水资源总量，这是因为宁夏每年有可耗用的 40 亿立方米黄河过境水，大大缓解了宁夏水资源开发利用矛盾。宁夏的农业用水量在 2005—2014 年逐年下降，农业用水量减少了 11.0 亿立方米。在农业用水量负增长的前提下，保障粮食安全和产量增加，无疑给粮食生产提出了严峻的挑战。然而随着工业化进程的加快，宁夏工业用水量持续增长，从 2005 年的 3.5 亿立方米增加到 2014 年的 5.0 亿立方米，增加了 43%，增长速度持续加快。而宁夏的生活用水量在相应年间基本保持不变，没有受到其他行业用水量的影响。生态用水量大幅度增加，2005 年生态用水量仅为 0.6 亿立方米，2014 年达到了 2.3 亿立方米，十年间增加了 2.8 倍，可见随着生态文明战略的不断实施，宁夏逐渐注重生态环境的保护和建设。随着宁夏人口的增长以及工业、生态用水增加，特别是沿黄经济带和国家能源金三角等战略的实施，宁夏水资源的供需矛盾未来还将日益凸显。

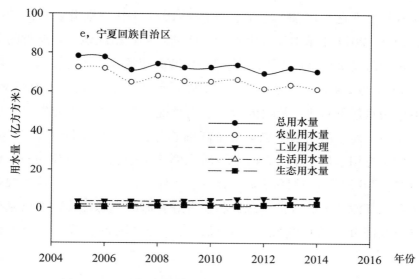

图 5 - 2e　宁夏回族自治区 2005—2014 年行业用水量变化

资料来源：《中国统计年鉴》（2006—2015 年）。

（6）青海省

青海省位于我国西北的青藏高原，是长江、黄河、澜沧江的发源地，被誉为"江河源头""中华水塔"。境内有我国最大的内陆咸水湖——青海湖，青海省因此而得名。从生态地理区的角度看，青海大部分区域既是生态功能上不可替代的地带，又是生态环境恶化形势较为严重的地区。青海是多民族的聚居区，水资源对处于大农区和大牧区的青海来说尤为重要。2014 年青海省的水资源总量为 793.9 亿立方米，是西北地区水资源总量的 30.3%，是西北地区水资源总量最多的省份。地表水资源量为 776.0 亿立方米，地下水资源量为 349.4 亿立方米，而人均水资源量高达 13675.5 立方米，是西北地区人均水资源占有量的 5.2 倍，是全国平均水平的 6.8 倍。

虽然青海省的水资源总量是西北地区最多的省份，然而用水量却是西北地区用水总量最少的省份。从图 5 - 2f 可以看出青海省 2005—

2014 年的用水总量呈现逐渐下降的趋势，下降了近 14.1%。与其他省区相似，农业用水量也是青海省用水最多的行业。2005—2014 年，农业用水量呈现逐年增加的态势，但是到 2014 年却逐渐开始下降，因此，2005—2014 年基本保持用水量不变的趋势。相反地，青海省的工业用水量却是呈现迅速下降的态势，从 2005 年的 6.3 亿立方米，下降到 2014 年的 2.4 亿立方米，十年间下降了 62%，是西北所有省区四个行业中用水量下降速度最快的行业，同时说明青海省的工业发展依然较为落后。而生活用水量也呈现下降的趋势，十年间下降了近 20%。青海省生态用水量十年间大幅度增加，2005 年生态用水量仅为 0.2 亿立方米，2014 年增加到 0.4 亿立方米，十年间增加了 1 倍。这主要表现为对三江源地区的保护。保护和建设好青海的生态环境，不仅是保持青海经济社会可持续发展的基础，对于全中国也有着至关重要的意义。

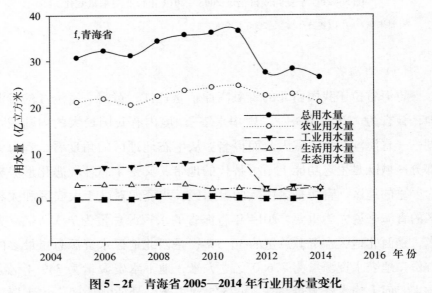

图 5 - 2f   青海省 2005—2014 年行业用水量变化

注：《中国统计年鉴》中青海省 2009—2011 年的行业用水量数据与《青海省水资源公报》数据有出入；而通过我们对以上数据的分析得知，《青海省水资源公报》数据更符合用水实际情况，故我们选取《青海省水资源公报》数据。

资料来源：《青海省水资源公报》（2006—2015）。

三 西北地区农业用水变化情况分析

1. 西北各省区用水总量及农业用水总量情况分析

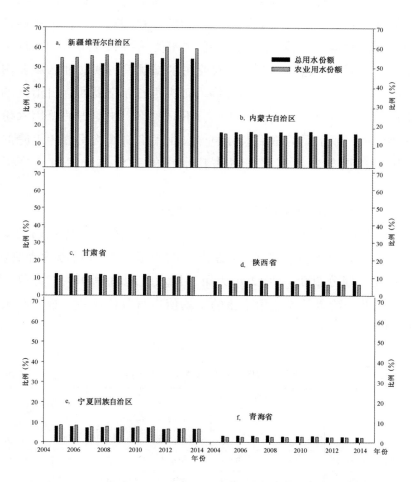

图 5 - 3   西北各省区 2005—2014 年总用水份额及农业用水份额

注：①总用水份额指单个省区年际用水总量占西北地区用水总量的比例。

②农业用水份额指单个省区农业用水量占西北地区农业用水总量的比例。

资料来源：《中国统计年鉴》（2006—2015 年）。

图 5 - 3 显示了 2005—2014 年十年间西北各省区用水总量占西北

地区用水总量的比例以及农业用水量占西北地区农业用水总量的份额。由于自然禀赋及经济结构不同，省级数据差异也较大。由图5-3可以看出，十年间，用水总量以及农业用水份额居西北之首的是新疆维吾尔自治区，均达到50%以上，并且逐年增加。用水总量居西北地区第二位的是内蒙古自治区，十年来在14.8%—18.0%，所占份额远低于新疆。不同的是，内蒙古自治区的总用水比例与农业用水份额近十年来呈现逐年下降的趋势。甘肃省农业用水份额仅占西北地区农业用水总量的11.3%，呈逐年下降的态势。而陕西省和宁夏回族自治区的总用水份额和农业用水份额基本相同，不同的是，陕西省的总用水份额在逐年增加，而宁夏的总用水份额与农业用水份额均呈逐年下降的趋势。用水总量与农业用水份额占比最小的省份是青海省，分别为2.3%和2.5%。

2. 西北各省区农业用水变化类型划分

为了分析不同省区农业用水量、农业用水比例在本省区内的变化情况，本研究根据国家2012年提出"实施最严格水资源管理制度"为分界线，划分2005—2012年为第一阶段，2013—2014年为第二阶段，将这两个阶段的农业用水量的平均值进行分析比较，统计结果如表5-2所示。

表5-2 　　　　　西北各省区农业用水量及其占比变化 　单位：亿立方米，%

省区	第一阶段 2005—2012年		第二阶段 2013—2014年		变化量	
	农业用水	占比	农业用水	占比	农业用水	占比
新疆维吾尔自治区	490.2	92.3	554.3	94.8	64.1	2.5
内蒙古自治区	138.3	76.7	135.2	73.9	-3.1	-2.8
甘肃省	94.9	77.6	98.5	81.2	3.6	3.6
陕西省	56.2	66.7	57.9	64.8	1.7	-1.9
宁夏回族自治区	66.8	90.8	62.4	87.5	-4.4	-3.3
青海省	22.1	71.8	22.9	80.2	0.8	8.4

资料来源：《中国统计年鉴》（2006—2015年）。

由图 5 - 2a、图 5 - 2b、图 5 - 2c、图 5 - 2d、图 5 - 2f 可以看出，自 2013 年"实施最严格水资源管理制度"以来，2013 年新疆、内蒙古、甘肃省、陕西省和青海省的农业用水量均比 2012 年有所减少，体现出"最严格水资源管理制度"在推动有效利用水资源方面取得了一定的成效。

而从划分的两个阶段来看，由表 5 - 2 可以看出，新疆、甘肃、陕西和青海四个省区的第二个阶段的农业用水量的平均值比第一阶段均值有所增加，其中新疆的农业用水量增加最大，为 64.1 亿立方米。这可能是因为，最严格水资源管理制度有一定的政策滞后效应。宁夏和内蒙古两个省区的农业用水量都是减少的，分别减少了 4.4 亿立方米和 3.1 亿立方米。

而从农业用水占比来看，内蒙古、宁夏、陕西三个省区的农业用水占比均呈下降趋势，其中宁夏下降最多，达到 3.3%。而新疆、甘肃、青海这三个省区的农业用水占比都是增加的，其中青海省的农业用水占比增加最多，达到 8.4%。

根据以上分析的农业用水量及农业用水比例变化两者之间的关系，可将西北地区分为如下三种类型，如表 5 - 3 所示：类型一，农业用水量和农业用水比例都减少；类型二，农业用水量和用水比例都增加；类型三，农业用水量增加，但是农业用水比例却在减少。

表 5 - 3　　　　　　　　　西北各省区农业用水情况分类

	农业用水类别	省份
类型一	农业用水量和用水比例都减少	内蒙古自治区、宁夏回族自治区
类型二	农业用水量和用水比例都增加	新疆维吾尔自治区、甘肃省、青海省
类型三	农业用水量增加、农业用水比例减少	陕西省

属于类型一的是农业用水量和农业用水比例都减少，其中以内蒙古自治区和宁夏回族自治区为代表。

属于类型二的是农业用水量和农业用水比例都增加，即以新疆维吾尔自治区、甘肃省、青海省为例。

属于类型三的是农业用水量增加而农业用水比例却在减少，其中以陕西省为典型代表。

四　西北地区农业用水可持续发展分析

国际上将区域水资源量的 40% 作为水资源可持续利用的警戒线的上限（下限 20%，中限 30%，上限 40%），参考这个标准，我们用压力指数来分析区域农业用水对水资源可持续利用的影响程度（于法稳，2003）。将区域水资源禀赋的 40% 作为农业可持续利用的水量，如果农业用水超过了农业可持续利用的水量，则其水资源利用可能是不可持续的。根据于法稳 2003 年提出的压力指数的计算方法，本研究列出压力指数的计算公式如下：

压力指数的计算公式：

$$I = \frac{Q_a}{Q_s \times 40\%} \qquad\qquad (5-1)$$

其中，I 代表压力指数，Q_a 代表农业用水量，Q_s 代表水资源禀赋。如果 $I > 1$，表示水资源利用不可持续，反之，水资源利用可持续。

然而，由于在丰水年、枯水年中，农业灌溉用水量存在很大的差距，为了消除丰水年、枯水年对农业用水压力指数的影响，我们对农业灌溉用水量进行了调整。

具体方法是：

第一步，用区域水资源禀赋乘以 40%，作为区域可持续利用水资源量；

第二步，用各个省区当年的水资源禀赋除以 2005—2014 年平均水资源禀赋，得到当年调整系数；

第三步，用当年的农业用水量乘以所对应的调整系数，得到调整后的农业用水量；

第四步，用调整后的农业用水量除以农业可持续发展利用水资源量，得到农业水资源压力指数。如果压力指数小于 1，则表明该区域水资源利用是可持续的；但是如果压力指数大于 1，则是不可持续的。

表 5 - 4　　　　　　　西北各省区农业用水可持续分析　　　　单位：亿立方米

年份	新疆维吾尔自治区					内蒙古自治区				
	可持续利用水资源量	调整系数	调整后农业用水量	压力指数	变化趋势	可持续利用水资源量	调整系数	调整后农业用水量	压力指数	变化趋势
2005	385.1	1.2	500.6	1.3		182.5	1.0	137.6	0.8	
2006	381.2	0.8	501.5	1.3		164.5	0.9	122.6	0.7	
2007	345.5	1.0	461.1	1.3		118.3	0.6	88.0	0.7	
2008	326.2	0.8	443.9	1.4	(1.4)	164.8	0.9	115.9	0.7	(0.7)
2009	301.7	0.9	413.3	1.4	>1	151.3	0.8	110.0	0.7	<1
2010	445.2	0.9	604.0	1.4	不可持续利用	155.4	0.9	109.6	0.7	可持续利用
2011	354.3	1.1	484.3	1.4		167.6	0.9	119.4	0.7	
2012	360.3	1.2	566.4	1.6		204.1	1.1	144.8	0.7	
2013	382.4	1.2	596.9	1.6		383.9	2.0	266.6	0.7	
2014	290.8	0.9	448.4	1.5		215.1	1.1	155.1	0.7	

年份	甘肃省					陕西省				
	可持续利用水资源量	调整系数	调整后农业用水量	压力指数	变化趋势	可持续利用水资源量	调整系数	调整后农业用水量	压力指数	变化趋势
2005	107.8	1.1	112.8	1.0		196.2	1.2	62.9	0.3	
2006	73.8	1.1	76.7	1.0		110.2	0.7	38.4	0.3	
2007	91.5	1.0	96.7	1.1		150.8	0.9	51.4	0.3	
2008	75.0	0.9	80.0	1.1	(1.1)	121.6	0.7	43.1	0.4	(0.4)
2009	83.6	0.8	86.3	1.0	>1	166.6	1.0	58.5	0.4	<1
2010	86.1	1.2	89.3	1.0	不可持续利用	203.0	1.2	69.1	0.3	可持续利用
2011	96.9	1.0	100.1	1.0		241.8	1.5	83.7	0.3	
2012	106.8	1.0	111.8	1.0		156.2	1.0	55.8	0.4	
2013	107.6	1.1	117.5	1.0		141.5	0.9	50.5	0.4	
2014	79.4	0.8	85.4	1.1		140.7	0.9	50.0	0.4	

续表

年份	宁夏回族自治区					青海省				
	可持续利用水资源量	调整系数	调整后农业用水量	压力指数	变化趋势	可持续利用水资源量	调整系数	调整后农业用水量	压力指数	变化趋势
2005	3.4	0.9	63.2	18.5		350.4	1.2	24.7	0.1	
2006	4.2	1.1	78.1	18.4		227.6	0.8	16.6	0.1	
2007	4.2	1.1	69.0	16.6		264.6	0.9	18.1	0.1	
2008	3.7	0.9	64.1	17.4	(17)	263.2	0.9	19.7	0.1	(0.1)
2009	3.4	0.9	56.4	16.7	>1	358.0	1.2	25.9	0.1	<1
2010	3.7	1.0	62.1	16.7	不可持续利用	296.4	1.0	23.0	0.1	可持续利用
2011	3.5	1.0	59.4	17.0		293.2	1.0	23.0	0.1	
2012	4.3	1.1	68.1	15.7		358.1	1.2	26.9	0.1	
2013	4.6	1.2	74.2	16.3		258.2	0.9	19.7	0.1	
2014	4.0	1.0	63.3	15.7		317.5	1.1	22.3	0.1	

资料来源：《中国统计年鉴》（2006—2015）。

计算结果如表5-4所示，为了便于比较，我们以2005—2014年十年间的平均压力指数为各个省区最终的压力指数，进行对比分析。从农业用水量与可持续利用水量比较来看，压力指数小于1的省份有三个，即陕西省（压力指数0.4）、内蒙古自治区（压力指数0.7）、青海省（0.1），这三个省的农业用水量在可持续利用的水资源量范围内，因此，其农业水资源利用是可持续的。大于1的省份也有三个，即新疆维吾尔自治区（压力指数1.4）、甘肃省（1.1）、宁夏回族自治区（压力指数17），这表明这三个省份的农业用水量已经超过了可持续利用的水资源量，其农业水资源利用是不可持续的。其中宁夏压力指数高达17，主要是因40亿立方黄河过境水未纳入本地，水源禀赋故计算结果偏高，三省区均背离可持续发展，亟须调整用水结构和方式。

为了分析不同省区农业用水可持续发展的变化趋势，按照上述方法，将2005—2014年每一年的压力指数作一个动态趋势分析，进而从中判断哪些省区农业水资源利用在趋向好的方向发展，哪些省区农业水资源在趋向坏的方向发展。具体分析趋势变化结果如图5-4所示。

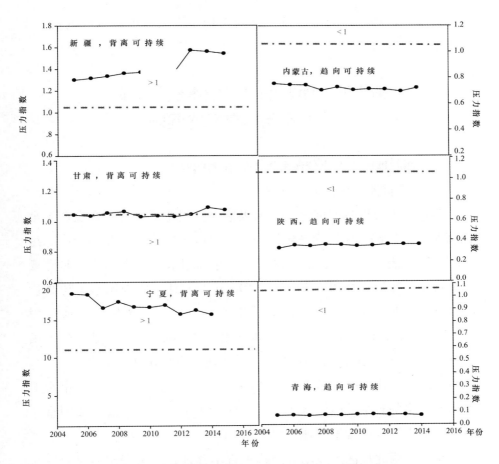

图5-4　西北各省区农业水资源可持续利用趋势分析

由图5-4可以得知，新疆、甘肃两个省份的压力指数是大于1的，并且近十年来一直处于不断增大的趋势，因此，这两个省区是背离可持续发展的，应该重视农业用水结构的调整和效率的提高。而宁夏回族自治区虽然在2005—2014年是压力指数是逐渐减小的，但是其指数远远大于1，按照评价标准，也是背离可持续发展的。而对于内蒙古自治区、陕西省、青海省这三个省份，十年间的可持续压力指数均小于1，并且都呈现比较平稳的态势甚至压力指数逐渐减小，表明这三个省份的农业水资源利用是趋向可持续发展的。对于背离可持续发展的省份，必须尽快调整产业结构，提高农业用水效率，使其趋向可持续发展；对于趋向可持续发展的省份，应进一步注意合理发展，减小水资源压力。

第二节　西北地区农业水资源配置 及利用中存在的问题

一　西北地区农业水资源配置中存在的问题

1. 产业间水资源配置不合理

通过以上分析我们可知农业用水呈现不同特征。陕西省农业用水比例最低，为64.8%，而新疆维吾尔自治区的农业用水比例最高，达94.8%（见表5-2）。西北地区农业用水量过大，其根本原因是灌溉面积过度扩张（白宏洁，2010）。2014年西北地区农业用水占比高达86.5%，工业用水为6.3%，生活用水为4.7%，而生态用水仅为3.3%，农业用水所占比例高于全国其他地区，而工业、生活、生态用水远远低于其他地区。除此之外，西北地区以内陆为主，干旱少雨，水量匮乏，加之内陆河道会产生漂移，开发利用潜力有限。城市和工业供水为主的多水源的供水水网体系建设也不够完善，多方面因素导致产业间水资源配置不合理。

综上，西北地区产业用水结构配置不合理，突出表现为农业用水比例过高，工业和以生活用水衡量的第三产业用水比率较低，生态环境需水相对不够，调整西北地区产业用水结构，合理配置水资源是西北地区亟待解决的重要现实问题。

2. 水土资源不匹配

西北地区地域辽阔，国土面积占全国总面积的32.1%，但水资源总量仅占全国水资源总量的9.6%。广袤的土地资源与极度贫乏的水资源形成了鲜明的对比。在过去的发展过程中，由于片面强调经济发展，出现人与自然争水严重的局面，生态环境遭到严重破坏。使得水资源消耗向干流中游集中，造成下游河湖干涸萎缩、地下水位下降，大片林草枯死，天然绿洲萎缩，土地沙漠化进展加快，水土流失面积不断增加。据统计，全国水土流失面积的近一半集中在西北地区。西北地区水资源的综合开发和有效利用因此受到严重影响，干旱、土地退化、洪涝灾害、贫困等一系列生态环境和社会问题加剧。

在人烟稀少的水源地以及河道深切、人高水低的地区，水资源很丰富，但开发条件十分艰难；而在人口集中、经济发达的平原地区，水资源却严重不足。如湟水是青海省重要的经济发展带，人口、耕地、国内生产总值都占全省总量的60%以上，而水资源量仅占全省总量的3.3%，流域内人均水资源量只有800立方米，亩均耕地水资源占有量为469立方米，仅为全省平均水平的1/13和1/12。又如新疆，面积占全国的16.7%，而水资源只占全国的2.9%。这种人、地、水之间的配置结构上的不协调，导致了一些地方水资源无法利用而大量浪费，另一些地方的水资源却出现极度短缺的状况，由此导致了水资源的总体利用效率低下（耿庆玲，2014）。

西北地区发展草食畜牧业条件优越，但是畜牧业仅占28.5%左右，这种产业结构与本地区的资源结构严重错位。另外，牧区和农区相互分隔，不能形成区域优势互补的农牧空间布局。西北地区的黄河流域和内陆河流域，包括了4500余条河流及湖泊，绝大多数存在着不同程度的污染。排污量大是西北地区黄河流域水污染的主要原因，氨氮是西北地区水土环境的主要污染因子之一，由此造成的农业面源的影响也不容忽视。因此，西北地区实现水资源的合理、高效利用，是水土资源优化配置的一个关键环节。西北地区应特别重视农业结构调整，使农业结构与西北地区各地水土资源状况吻合，这不仅可以有效缓解水土资源供需矛盾，反过来又可以促进农业生产结构的多元化。

3. 水资源供给与作物种植结构不协调

西北地区农业产业结构的演进依然处于以种植业为主导的初级阶段，是典型的灌溉农业，以种植小麦、玉米、水稻、棉花、甜菜、瓜果等为主。种植业在农业中的比重长期维持在80%左右，其内部结构总体表现为粮食种植面积逐步下降，经济作物种植面积逐步上升。而西北地区主要是井灌区种植，需要充足的水资源进行灌溉。随着农业种植面积的扩大，西北井灌区成为缺水最为严重的地区。以新疆为例，新疆是一个农业大省，并且又是水资源极其短缺的地区，然而新疆2015年的棉花种植面积3799.0千公顷，占全国棉花种植总面积的50.1%。棉花又是高耗水性作物，这进一步加剧了水资源紧缺态势。西北大多数省区都在推行一村一品等经济作物发展战略，种植如葡萄、甜瓜、猕猴桃、石榴等经济果类。涉农部门在制定这些区域农业作物发展特色时，如果未能充分考虑这些经济作物的需水量及可供水量，未能协调好农业和水利部门之间的关系，在某些区域就可能导致用水超出供给能力，水资源供应不能满足作物需求的状况。

由于西北地区水资源短缺的局面难以改变，为了缓解水资源利用与农业作物种植结构之间的冲突，只能尽力改变水资源利用不合理的一些影响因素，并通过调整农业作物种植生产结构，压缩高耗水性作物的种植面积，大力发展低耗水性、市场竞争性强和经济效益相对较高的作物，从而降低农业用水对生态环境造成的压力，使水资源能够满足生态用水的需要，最终实现水资源可持续利用的目标。

二　西北地区农业水资源利用中存在的问题

1. 水资源时间分布不均，难以满足农业生产需要

在农业生产过程中，其用水的主要来源有两个方面，一是天然降水，二是农业工程供水。而农业工程供水又在很大程度上取决于天然降水。一般来说，天然降水比较稀少的地区，其地面径流和地下蕴藏的水量也往往较少，可为农业提供的工程供水的机会也较少。从总量水平来看，西北地区的年降雨量并不少，但因其时间分布不均，可转化为实实在在的用水量并不多。如在整个西北地区，可用水资源总量仅为降雨量的28.4%，黄土高原地区只有10%，说明出现了大量水资源的浪费和无效损耗。在许多地方，夏季6月、7月、8月的降雨量占了年降雨量的一半以上，而在农作物关键需水期的3—5月降雨仅为20%，使得春旱灾害极为频繁。作为农业生产主要措施的农业工程供

水，由于各种原因，在西北地区也未能有效地发挥作用。由表 5 - 5 可以看出，2014 年西北地区的有效灌溉面积只占播种面积的 48.0% 左右，灌溉的范围仅限于灌区所涵盖的区域，大部分耕地完全无灌溉条件与设施，仅甘肃省就有 400 余万亩土地难以保证灌溉，很多地方的农业至今仍然是靠天吃饭。在西北有很多远离水源的山区，地域广阔、山高路险，国家付出了很大的努力，通过引水工程和集雨工程，才基本解决了贫困山区的人畜饮水问题。但对农业灌溉用水来说，问题仍然未能解决。整个西北地区，自然条件好的地区无须灌溉，而干旱区必须有灌溉才有农业，因此，在一些干旱地区，大面积的耕地、草地缺乏灌溉，农作物产量低而不稳，每遇大旱发生，则出现成片的废弃耕地，严重制约了农业的发展（邹宇锋，2014）。

表 5 - 5　　　　　　　2014 年西北各省区有效灌溉面积及占比

名称	西北地区						
	新疆	宁夏	青海	甘肃	陕西	内蒙古	平均数
有效灌溉面积（千公顷）	4831.9	498.9	182.5	1297.1	1226.5	7356.0	11048.7
有效灌溉面积播种面积比（%）	88	40	33	30.9	28.8	40.9	48.0

资料来源：《中国统计年鉴》（2015）。

2. 农业用水方式不合理，加剧了水资源短缺的程度

在西北地区的水资源利用中，农业用水占到 80% 以上，是用水第一大户。但在农业用水中，由于用水行为不科学而产生对水资源的极大浪费。西北地区多数自流灌区的灌溉水利用系数仅在 0.5 左右，而发达国家灌溉水利用系数一般在 0.8 左右，差距甚大。根据调查，目前西北地区灌溉用水仍然是以传统的大水漫灌为主，亩均灌溉用水量 700 立方米，最高的达到 1000—1200 立方米/亩。在新疆的和田，灌溉定额高达 1100—1200 立方米/亩。宁夏是本区内资源性缺水最严重地方，人均水资源拥有量只有 200 立方米，但由于有黄河干流来水可

以引用，在引黄灌区，大水漫灌的现象至今没有改善。这种无节制的大水漫灌，不仅引起耗水增加，还使地下水位抬高，排水不畅，产生盐渍化问题，导致土地质量下降，农作物产量低而不稳。为了确保土地质量和农业生产的正常开展，又不得不引用大量黄河水用于冲盐洗碱，形成了水资源利用中的恶性循环，加剧了水资源紧缺的矛盾（蒋舟文，2008）。

在西北的内陆干旱区，由于河流上中游用水过多，造成下游河湖干涸，荒漠扩大。许多内陆河流的上中游大量引水灌溉，使下游水量减少甚至完全断流。新疆的罗布泊、台特玛湖，河西走廊石羊河下游的青土湖，黑河下游的东、西沿海以及疏勒河下游的哈拉诺尔等湖泊都先后干涸。青海省的青海湖和柴达木盆地的达布逊等湖，水面也都有不同程度的缩小。由于内陆河流的下游都处于极端干旱的沙漠中心，两岸天然绿洲和向荒漠过渡的植被都需依赖河流径流所补给的地下水，河湖干涸断绝了地下水的补给，造成天然绿洲和向荒漠过渡的植被衰败以致死亡。而在沙漠边缘地区，由于超采地下水，植被枯萎，造成土地沙化。在一些大中型灌区，由于灌溉不当，地下水位上升，造成土壤次生盐渍化。许多灌区缺少完整的灌排渠系和科学的灌溉制度，大水漫灌，使灌区地下水位过高，造成灌区内土壤的次生盐碱化（钱正英，2003）。

3. 部分城市郊区存在污水灌溉，农田污染问题严重

在西北地区的一些城市郊区地带，由于水资源的极端稀缺，解决农业水资源的短缺问题主要依靠对城市排放出来的未经处理的大量工业和生活污水进行利用来解决，使用部分污水灌溉。由于没有进行灌溉前水源处理，灌溉污水水质普遍达不到灌溉水质要求，使农产品的品质得不到保证。如在西北某地区生产的大米中，由于使用了污水灌溉而使大米中的砷镉含量严重超标，直接威胁人的生命安全（赵玉田，2016）。

三　西北地区水资源管理低效的原因
1. 农业水资源应用主体功能错位
目前农业水资源管理面临严峻挑战，有限的供给能力与不断增

长的用水需求，短缺与浪费并存的矛盾现实，向我们昭示一系列问题。究其原因，主要是农业水资源应用主体功能错位造成的。首先，我国水资源管理偏好行政管理及计划调节，政府作用被置于绝对主导地位。从用水指标的确定到大规模的调水行为，无一不是政府行为的体现。政府对全国水资源利用情况进行整体的计划，然后根据行政体系逐步向下分配行政指标。即使是近年来逐渐兴起的水权制度，其初始水权分配仍然是这种思维模式。其次，注重供给管理，忽视需求和参与式管理。对来自需求方的农户的作用未能给予足够的重视，而农户"上"受到国家水政策、农业政策的导向，"中"受到供水部门的管理和服务，归根结底，农户是用水方，是国家政策的瞄准群体，是供水单位的终端用户，是应用水资源为生产要素的粮食的生产者，是灌溉活动的最终实现者，应该给予应有的地位。最后，长期以来政府和灌溉供水单位存在政企不分的状况，亟须理顺关系（方兰，2016）。

可见，农业水资源应用主体功能错位，导致不同的利益相关者不能反映各自的利益诉求，这是目前水资源低效管理的主要原因之一。

2. 农业水管理体制滞后，基础设施不完善

农业水管理体制是农业水资源利用过程中的重要制度因素，对农业水资源的利用行为具有重要的导向作用。目前我国的国有大中型灌区实行"事业单位，企业化管理"的体制，在这种体制的约束下，灌区的收入主要依靠水费，在固定的价格下，水费的收入取决于供水量的多少，导致供水单位没有节水的内在激励，相反，在利益的驱动下，甚至会鼓励多用水。由于没有被赋予相应的水权，灌区节约出来的水，多被上级部门无偿调给其他部门，无利可图，从而严重影响了节水的积极性。虽然明确提出了实施水资源管理"三条红线"，即水资源开发利用控制红线、用水效率控制红线和水功能区限制纳污红线，并将水资源管理提到了一个空前的高度，但目前灌区还缺少量化的、具有可操作性的约束性管理指标，还没有形成水资源管理的硬性约束。在制度建设、政策机制建设、社会参与机

制建设、水管队伍建设、水价形成机制和运行管理模式等方面都较为薄弱（齐学斌，2015）。西北地区大型灌区绝大多数都是 20 世纪 50—70 年代修建起来的，受当时客观条件的限制，普遍存在设计标准低，施工质量差的问题。由于已运行了近半个世纪，加上缺乏投入，致使工程老化失修严重。根据调查，干、支渠建筑物基本能正常运行的有 60%，严重老化损坏的达 40%，其中有 20% 的建筑物已经报废和失修。有许多灌区投入运行几十年，至今工程还没有配套齐全，与当初的设计指标相比，灌区干、支斗渠的 1/5，建筑物的 1/3 没有修建；由于控水、配水建筑物严重不足及老化失修，渠道垮塌严重，使灌溉期间经常出现渠道决口、下游无法灌水的局面。在渠道衬砌方面，区内干、支、斗渠防渗衬砌率分别为：陕西省 39.4%—69.5%；宁夏 33.6%—70.0%；甘肃不足 48.5%；青海东部农业区 15%；新疆 42.0%—59.0%。由于渠道的防渗率低，灌溉技术落后，节水灌溉技术没能很好地推广，使灌溉水利用系数大多在 0.5 以下，有的甚至只有 0.3。这种状况的存在，使良好的水资源节约利用格局的形成困难重重（郝建新，2011）。

3. 农业水价过低，农户节水意识淡薄

据调查，西北地区的农业水价普遍偏低，大型灌区的价格更低。在甘肃省，全省农业水价平均每立方米 0.07 元；新疆全区农业灌溉水价平均为每立方米 0.029 元；青海省农业用水水费按亩计收，18—24 元/亩（2002 年才开始部分地区试行，之前按实物收费，每亩 6—15 千克小麦），宁夏 0.012 元/立方米（2000 年 4 月前为 0.006 元/立方米）；内蒙古水价为 0.054 元/立方米。如此低廉的水价，无法促成人们节约用水的意识，难以调动用户节水的积极性，造成水资源的极大浪费。同时造成水资源的畸形经营，导致供水单位亏损，工程管理维护经费难以得到保证，设施更新和工程改造困难加大，使水利事业发展和水资源可持续利用局面的形成成为难题（王建平，2012）。

长期以来，水一直被认为取之不尽，用之不竭，人们的水商品意识相当淡薄，在西北地区表现得更为突出。基于"水过自家门，不用白不用"的思想,在灌溉用水上,西北地区普遍采用"大水漫灌"和"昼灌夜不灌"的落后灌溉方式,极大地浪费了有限的水资源。在我国水利也一直被视为公益事业,即使在我国市场经济体制已经建立和人们的商品意识已经很强的今天,这一思想仍然根深蒂固。不少地方仍未按成本核定水价,有的地方甚至仍把水费视为行政事业性收费,把水费按预算外资金纳入财政管理,并大量地挪作他用。在农业生产总成本中,种子、农药、机械、肥料价格完全由市场调节,价格的变化人们基本上能坦然接受,而水作为农业生产的基本生产要素,在农业总成本中,尽管占的比例很低,不到10%,但提高价格却往往成为社会各界关注和责难的焦点问题(汤明玉,2014)。

综上,事实证明,水资源短缺已成为制约西北地区农业可持续发展的"瓶颈"。打破这一"瓶颈",必须解决上述农业水资源配置与利用中存在的问题,作为一项复杂的系统工程,要实现西北地区农业水资源的可持续利用,必须彻底转变用水观念、改变用水方式,推动水资源管理制度改革,践行生态文明理念在政府和市场共同作用的基础上大力提高西北地区农业水资源配置效率,以实现西北地区农业水资源可持续利用。

第三节 基于 SE – DEA 模型的西北农业水资源配置效率分析

一 评价农业水资源配置效率的标准

1. 福利经济学的资源配置标准

福利经济理论依据不同的社会福利标准对现实不同的经济状况进行判断,确定社会福利最大化的条件。其目的是评价一个经济体系的运行及结果的优劣,并研究如何改善社会的经济福利。因此,福利经济理论要求建立一套衡量社会福利的标准,以配置效率作为贯穿设计的核心问题。最早开始对资源配置效率标准进行系统研究的是以庇古为代表的传统福利经济学。庇古在《福利经济学》提出了资源最优配置的标准，他运用边际分析的方法对市场作用进行了分析，认为资源最优配置的标准就是边际私人净产品与边际社会净产品相等，市场的作用就是通过自由竞争和社会经济最优的自由转移来实现资源最优配置。

2. 帕累托效率标准

帕累托效率标准是意大利经济学家菲尔弗雷多·帕累托提出来的，得到了很多经济学家的推崇。所谓的帕累托效率是指，如果社会资源的配置已经达到这样一种状态，即任何重新调整都不可能在不使其他任何人境况变坏的情况下，而使任何一个人的境况变得更好，那么这种最优的状况就是最佳的，也就是有效率的。如果达不到这种状态，则说明这时的资源配置仍不是最有效率的，还存在着继续改进的余地，即处于帕累托改进状态。帕累托以序数效用论为基础，考察了集体效用的最大化问题，提出了生产资源配置的最佳效率原则。所谓农业水资源的帕累托最优就是资源配置达到了最高的效率状态，即在这种状态下，农业水资源配置的改变不会在任何一方效用水平至少不下降的情况下使其他人的效用水平有所提高。处于这种状态的资源配置就实现了帕累托最优，或帕累托效率，也使社会经济福利达到最大。因此，明确西北地区水资源配置效率也是实现其最优配置的前提。

3. 农业水资源配置具有多重性和一致性的标准

目前，经济理论界对农业水资源的有效性问题有不同的理解，其中首要的问题是宏观上农业水资源配置的有效性在保证所配置的资源效用最大化的同时是否还要求产出的最大化，微观上政府（或农户）农业水资源配置的有效性在保证成本最小化的同时是否还要求利润的最大化，上述两者目标之间有时是不一致的。因为宏观资源配置效用的最大化只要求资源在地域、部门或群体间的合理分配，而不要求利用资源生产的产出最大化；微观上资源合理组合的成本最小化只要求根据要素价格以最小成本配置资源，而不要求利用资源生产过程中实现规模经济和技术水平的重复发挥，不要求按产出品价格合理配置生产以实现产出收益最大化。

二　西北地区农业水资源配置效率测算

1. 西北农业水资源配置效率模型选择

生产函数法、数据包络分析法、随机前沿法等是目前学术界用来测算效率的几种常用方法，这些方法分别属于参数法和非参数法两大分支，其适用范围有明显的区别。参数法有严格的经济学理论模型支撑，计算前沿生产函数模型中各个投入变量的系数，再依据估计结果计算出实际产出和最优产出之间的距离，例如随机前沿法（Stochastic Frontier Analysis，SFA）属于参数法，大型样本容量的微观调研模型使用参数法更为切合。非参数法没有严格的理论模型作为基础，利用线性规划方法来寻求最优解。而数据包络分析法（Data Envelopment Analysis，DEA）属于典型的非参数法，先确定成本前沿，再寻找前沿曲线上最优能源投入，宏观数据模型常常使用非参数方法。

由于本书采用的数据样本是宏观统计数据，如果利用随机前沿法等参数法，生产率的投入要素指标繁多，指标的归类有难度，不易找到合适的经济学理论函数，计量估计过程常常产生多重共线性问题。而非参数法是将实际生产值和生产最优前沿曲线值求比值来计算效率水平，生产前沿曲线在理论上存在，该曲线可通过构造非参数的线段凸面计算出来（Lovell，1996）。本研究侧重于考察作为农业投入要素的水资源配置效率，即农业产出设定条件下最小可能水资源投入与实际农业水资源投入水平的比值，因此，本书的研究数据更适合采用非参数法。

虽然学术界对农业水资源配置效率的研究很多，主要是对农业水资源配置效率的计算方法和应用进行探讨。综观前文农业水资源配置效率的研究发现，到目前为止，对于水资源紧缺的西北地区而言，还没有看到运用 SE – DEA 模型进行农业水资源利用效率分析的研究。特别是缺乏将农业水资源利用的经济效益、生态效益和社会效益结合起来进行的实证研究。因此,本研究采用农业机械总动力、农作物总播种面积、农业用水比例、有效灌溉面积以及每立方米水的农业总产值等投入产出指标,且兼顾农业水资源配置中的生态效率,运用 SE – DEA 模型对西北各个省区的农业水资源配置效率进行评价,并在此基础上将各个省区的效率进行排序,最终促进西北地区农业水资源配置效率及社会福祉的提高。

2. SE – DEA 模型的设定

传统 DEA 模型如最基本的 C^2R 模型对决策单元规模有效性和技术有效性同时进行评价,BC^2 模型用于专门评价决策单元技术有效性,但 C^2R 和 BC^2 模型只能区别出有效率与无效率的决策单元,无法进行比较和排序。SE – DEA 模型与 C^2R 模型的不同之处在于评价某个决策单元时将其排除在决策单元集合之外,这样使 C^2R 模型中相对有效的决策单元仍然保持相对有效,同时不会改变在 C^2R 模型中相对无效决策单元在超效率模型中的有效性,可以弥补传统 DEA 模型的不足,计算出的效率值不再限制在 0—1 的范围内,而是允许效率值超过 1,可以对决策单元进行比较和排序。

模型如下:

假设有 n 个决策单元,其输入数据为 x_j,输出数据为 y_j,$j = 1, 2, 3 \cdots, n$。对于第 $j_0 (1 \leqslant j_0 \leqslant n)$ 个决策单元,对第 j_0 个决策单元的超效率评价的 SE – DEA 模型为:

$$\min \theta - \varepsilon \left(\sum_{i=1}^{m} s_i^{-} + \sum_{r=1}^{} s_r^{+} \right)$$

$$\sum_{j=1}^{n} x_{ij} \lambda_j + s_i^{-} = \theta x_{ij_0}, i = 1, 2, 3 \cdots, m$$

$$s.\,t. \sum_{j=1}^{n} y_{rj} \lambda_j - s_r^{+} = y_{rj_0}, r = 1, 2, 3 \cdots, s \qquad (5-2)$$

$$\lambda_j, s_i^{-}, s_r^{+} \geqslant 0, j = 1, 2 \cdots, j_0 - 1, j_0 + 1 \cdots, n$$

θ 为第 j_0 个决策单元的超效率值;ε 为非阿基米德无穷小量;n 为决策单元(DMU)的个数,每个决策单元均包括 m 个输入变量和 s 个输出变量。s_i^{-} 和 s_r^{+} 分别为输入和输出松弛变量。X_{ij} 表示第 j 个决策单

元在第 i 个输入指标上的值，y_{rj} 表示第 j 个决策单元在第 r 个输出指标上的值。λ_j 为输出输入指标的权重系数。θ、λ_j、s_i^-、s_r^+ 为未知参量，可由模型求解：

当 $\theta \geqslant 1$ 且 $s_r^+ = s_i^- = 0$ 时，称第 j_0 个决策单元 DMU 是 DEA 有效的，且为规模和技术有效，θ 值越大，有效性越强；

当 $\theta \geqslant 1$ 且 $s_r^+ \neq 0$ 或 $s_i^- \neq 0$ 时，称第 j_0 个决策单元 DUM 是 DEA 弱有效的；

当 $\theta < 0$ 或者 $s_r^+ \neq 0$，$s_i^- \neq 0$ 时，称第 j_0 个决策单元 DMU 是 DEA 无效的，为规模无效或技术无效。

3. 输入与输出指标的选取

SE – DEA 模型可以直接利用输入和输出数据建立非参数的模型进行效率评价，它在选择输入和输出指标上也有一些客观的要求，并且决策单元的个数至少大于输入输出指标的个数之和。

指标选取的原则：①科学性原则：一定要在科学的基础上选取，指标要能够反映农业水资源效率的内涵，能够较好地度量和评价农业水资源环境的利用情况；②全面性原则：评价指标要从水资源生态效益、社会效益及等方面进行选取，既要包括定量指标也要包括定性指标；③简要性原则：选择指标要简明扼要、内容清晰，相对独立；④可操作性原则：指标数据的获得要有可实际操作性。由于本研究所需定量数据从已有的统计资料、报告和调查中获得；⑤可比性原则：本研究是从时间和空间维度上来分析西北各个省区近十年的农业水资源配置效率进行比较。

在以上选取指标的原则上，依据 SE – DEA 模型的要求和数据客观可获得性（通过调研以及文献查找），同时参考了其他文献中关于农业水资源配置效率的评价指标，选取了以下几个输入产出指标：

输入指标：

土地是农业生产的基础和载体，水和其他投入要素只有依附在土地上才能实现农业生产。也就是说，土地可以被看作是农业生产的固定投入要素，水等被农作物直接消耗的经济资源则是农业生产的可变投入要素，两者在农业生产中发挥的作用密不可分。因此，本研究选择的投入产出变量将可变投入要素与土地资源独立开来，以便更为准确地反映农业水资源的配置效率。鉴于数据可获得性和相关文献，在投入方面，按农业生产可变投入要素分类，我们主要设定机械、生态、水、土地四个投入变量：

农作物总播种面积：是指实际播种农作物的面积。凡是实际种植有农作物的面积，无论种植在耕地上还是种植在非耕地上，均包括在农作物播种面积中。在播种季节基本结束后，因遭灾而重新改种和补种的农作物面积，也包括在内。本书所研究的西北地区农作物播种面积主要包括粮食、棉花、油料、糖料、麻类、烟叶、蔬菜和瓜类、药材以及其他农作物九大类。此指标值越大，对农业水资源的消耗量就相对越大；

农业用水比例：是指农业用水量占整个省区总用水量的比例，反映区域内农业用水总体水平，指标值越大，说明农业对水资源的消耗量越大；

农业机械总动力：指在农业生产中的各种动力机械的动力总和，主要包括耕作、排灌、收获、农用运输等机械动力总和，是整个农业水资源生产的中间消耗指标，可以反映在农业水资源配置过程中，劳动者对农业科技的掌握与农业科技的普及程度；

有效灌溉面积：灌溉工程设施基本配套，有一定水源、土地较平整、一般年景可进行正常灌溉的耕地面积，其值越大，说明更能有效达到灌溉面积，反映水资源利用的社会效益。

输出指标：

在农业水资源配置过程中的产出方面，为了充分反映西北各个省区农业产出，考虑量纲的统一性，选取每立方米水的农业产值作为产出变量；

每立方米水的农业总产值：反映农业水资源配置和利用的经济效益，单位水资源占用和消耗所产出的有效成果数量越多，则农业水资源配置的经济效率就越高。

4. 数据来源

本书选择西北地区六个省区（陕西、甘肃、宁夏、青海、新疆、内蒙古）农业水资源的2005—2014年十年间的生产投入与产出的面板数据进行分析，分别从时间和空间维度来分析西北六省区的农业水资源配置效率，数据主要来源于2006—2015年《中国统计年鉴》以及《中国环境统计年鉴》。

5. 投入与产出指标间的相关性分析

运用SPSS 20.0软件对西北地区2014年农业水资源的投入产出之间进行相关分析，结果见表5-6至表5-9。投入指标农作物总播种面积、农业机械总动力与产出指标每立方米水的农业总产值的相关性均在0.01的显著性水平上拒绝零假设；投入指标有效灌溉面积与产出指标每立方米水的农业总产值的相关性在0.05的显著水平上拒绝零假设；而投入指标农业用水比例与产出指标每立方米水的农业总产值的相关性不是很显著，这主要也是因为农业用水受气候、土壤、耕作方法、灌溉技术以及渠系利用系数等因素的影响，存在明显的地域差异。以上统计结果表明所有投入变量满足产出变量的保序性（isotonicity）特征。

表5-6　　　　　农作物总播种面积（千公顷）与每立方米
水农业总产值（元）相关性分析

		农作物总播种面积	农业总产值
农作物总播种面积	皮尔森系数	1	0.928**
	Sig. (2 - tailed)		0.008
	N	6	6
每立方米水的农业总产值	皮尔森系数	0.928**	1
	Sig. (2 - tailed)	0.008	
	N	6	6

注：**表示在0.01水平上是显著的（2 - tailed）；*表示在0.05水平上是显著的（2 - tailed）。

表5－7 农业机械总动力（万千瓦）与每立方米水农业总产值（元）
相关性分析

		农业机械总动力	农业总产值
农业机械总动力	皮尔森系数	1	0.903**
	Sig.（2－tailed）		0.014
	N	6	6
每立方米水的农业总产值	皮尔森系数	0.903*	1
	Sig.（2－tailed）	0.014	—
	N	6	6

表5－8 灌溉面积（千公顷）与每立方米水农业总产值（元）
相关性分析

		灌溉面积	农业总产值
灌溉面积	皮尔森系数	1	0.749*
	Sig.（2—tailed）		0.087
	N	6	6
每立方米水的农业总产值	皮尔森系数	0.749	1
	Sig.（2－tailed）	0.087	—
	N	6	6

表5－9 农业用水比例与每立方米水农业总产值（元）
相关性分析

		农业用水量	农业总产值
农业用水量	皮尔森系数	1	0.493
	Sig.（2－tailed）	—	0.321
	N	6	6
每立方米水的农业总产值	皮尔森系数	0.493	1
	Sig.（2－tailed）	0.321	—
	N	6	6

可见，所选取的每立方米水的农业总产值指标与绝大部分投入指标存在显著的相关关系，进而表明了我们选取的投入和产出指标具备一定的合理性。

6. 西北地区农业水资源配置效率实证结果分析

依据《中国统计年鉴》《中国环境统计年鉴》，我们对西北地区六个省区2005—2014年相应指标进行了梳理，（见表5-10），并将西北地区六个省区2005—2014年这十年作为决策单元。采用SE-DEA模型进行分析，使用MATLAB软件，最终求得西北地区农业水资源配置效率结果（见表5-11）。

1. 基于时间维度的西北地区农业水资源配置效率分析

通过对西北地区十年间农业水资源配置效率的比较分析，可以判断该地区的农业水资源变化趋势。把六个省区2005—2014年这十年间的数据代入SE-DEA模型得出2005—2014年的农业水资源配置效率，见表5-11。结合图5-5所示，西北地区六个省区农业水资源配置效率呈现出了不规则的变化。总的来看，如图5-5所示，西北各个省区的农业水资源配置效率均是逐步上升的态势。但是各个省区在2005—2014年，都呈现出了不同的发展特点。依据相关文献及资料分析（Cooper，et al.，2014；Grafton，et al.，2014），我们将测出的效率定义为三个等级，0—0.499之间为低效率组，0.5—0.899之间为中效率组，大于0.9或以上为高效率组。处于中低效率组的决策单元，其农业水资源配置效率没有达到最佳，农业水资源没有得到充分利用，投入的产出量不合理以及结构不合理同时存在，需要较大程度的改进。而处于高效率组的决策单元，农业水资源达到合理配置和充分利用，以下为各省区情况。

（1）陕西省

由表5-11和图5-5a可以看出，陕西省从2005年到2014年农业水资源配置效率呈现连续上升的态势。从效率值来看，陕西省的农业水资源配置效率在2005—2008年处于中效率配置组，2009—2014年达到了高效配置阶段，尤其在2014年，配置效率达到3.2627。陕西省

2014 年人均水资源量为 932. 84 立方米，不足全国平均水平的 1/2，是全国缺水最严重的省份之一。面对水资源短缺以及城市化进程的不断加快，陕西省对水利工作高度重视，把解决水资源问题放在重要位置，做出了一系列重大部署。从 2005 年开始，加大水利投入，夯实水利基础设施建设，以及协调水资源管理等，在"十一五"期间，这些政策发挥作用，农业水资源配置效率开始出现大幅度上升。尤其在国家 2012 年实行最严格水资源管理制度以来，陕西省政府确立水资源开发利用控制、用水效率控制和水功能区限制纳污"三条红线"，并且每年对各个市的最严格水资源管理制度进行考核，从而从制度上推动经济社会发展与水资源水环境承载能力相适应，并且也带来了一系列的农业效益，因此，农业水资源配置效率缓慢增加，逐渐实现了最优配置。

表 5 – 10　　2005—2014 年西北各省区农业水资源投入产出原始数据

年份	西北省区	产出指标 每立方米水 农业总产值 （元/立方米）	输入指标			
			农作物总播种面积（千公顷）	农业机械总动力（万千瓦）	有效灌溉面积（千公顷）	农业用水比例
2014	内蒙古	20. 2	7356. 0	3632. 6	3011. 9	0. 76
	陕西	47. 4	4262. 1	2552. 1	1226. 5	0. 64
	新疆	5. 0	5517. 6	2341. 8	4831. 9	0. 95
	甘肃	16. 6	4197. 5	2545. 7	1297. 1	0. 81
	宁夏	7. 3	1253. 2	813. 0	498. 9	0. 87
	青海	15. 6	553. 7	440. 9	182. 5	0. 80
2013	内蒙古	20. 4	7211. 2	3430. 6	2957. 8	0. 72
	陕西	44. 1	4269. 0	2452. 7	1209. 9	0. 65
	新疆	4. 6	5212. 3	2165. 9	4769. 9	0. 95
	甘肃	15. 3	4155. 9	2418. 5	1284. 1	0. 81
	宁夏	6. 8	1264. 7	802. 0	498. 6	0. 88
	青海	13. 6	555. 8	410. 6	186. 9	0. 81

年份	西北省区	产出指标 每立方米水 农业总产值 （元/立方米）	输入指标			
			农作物总 播种面积 （千公顷）	农业机械 总动力 （万千瓦）	有效灌溉 面积 （千公顷）	农业用水 比例
2012	内蒙古	18.1	7154.0	3280.6	3125.2	0.73
	陕西	39.6	4238.3	2350.2	1277.2	0.66
	新疆	4.1	5123.9	1968.9	4029.1	0.95
	甘肃	14.3	4099.8	2279.1	1297.6	0.77
	宁夏	6.3	1241.2	787.3	491.4	0.83
	青海	11.7	554.2	435	251.7	0.82
2011	内蒙古	16.2	7109.9	3172.7	3072.4	0.74
	陕西	37.1	4181	2182.9	1274.3	0.64
	新疆	4.0	4983.5	1796.7	3884.6	0.93
	甘肃	12.6	4094.8	2136.5	1291.8	0.76
	宁夏	5.5	1260.4	768.7	477.6	0.90
	青海	9.9	547.7	430.7	251.7	0.75
2010	内蒙古	13.7	7002.5	3033.6	3027.5	0.74
	陕西	30.0	4185.6	2000.0	1284.9	0.67
	新疆	3.8	4758.6	1643.7	3721.6	0.91
	甘肃	11.2	3995.2	1977.6	1278.4	0.77
	宁夏	4.7	1247.9	729.1	464.6	0.90
	青海	8.7	546.9	421.3	251.7	0.75
2009	内蒙古	11.3	6927.8	2891.6	2949.8	0.75
	陕西	23.4	4154.1	1833.0	1293.3	0.68
	新疆	2.7	4663.8	1503.3	3675.7	0.92
	甘肃	9.3	3938.6	1822.7	1264.2	0.78
	宁夏	3.7	1226.7	702.6	453.6	0.90
	青海	7.3	514.1	388.7	251.7	0.75

年份	西北省区	产出指标 每立方米水 农业总产值 （元/立方米）	输入指标			
			农作物总 播种面积 （千公顷）	农业机械 总动力 （万千瓦）	有效灌溉 面积 （千公顷）	农业用水 比例
2008	内蒙古	11.4	6860.8	2779.4	2871.3	0.76
	陕西	22.1	4165.8	1709.9	1301.4	0.68
	新疆	2.4	4486.7	1375.6	3572.5	0.92
	甘肃	8.3	3868.6	1686.3	1254.7	0.79
	宁夏	3.3	1209.7	657.9	451.9	0.92
	青海	6.8	513.6	355.7	251.7	0.65
2007	内蒙古	9.0	6761.5	2209.3	2816.6	0.79
	陕西	18.1	4044.7	1576.1	1287.4	0.68
	新疆	2.2	4202.6	1274.7	3465.4	0.92
	甘肃	7.1	3759.0	1577.3	1063.0	0.78
	宁夏	2.8	1189.8	629.8	426.2	0.91
	青海	5.9	516.7	348.6	176.6	0.66
2006	内蒙古	7.6	6297.2	2065.64	2759.41	0.80
	陕西	14.4	3983.47	1452.43	1312.21	0.68
	新疆	1.9	4176.59	1195.5	3334.83	0.92
	甘肃	6.0	3658.74	1466.34	1050.24	0.77
	宁夏	2.1	1109.3	592.20	427.28	0.92
	青海	4.6	517.22	335.07	176.32	0.68
2005	内蒙古	6.8	6215.73	1922.0	2702.19	0.82
	陕西	14.0	4201.83	1406.27	1298.84	0.66
	新疆	1.8	3731.16	1116.25	3204.26	0.91
	甘肃	5.5	3726.01	1406.92	1030.43	0.77
	宁夏	1.9	1099.33	555.14	423.53	0.93
	青海	4.6	476.73	327.34	176.50	0.69

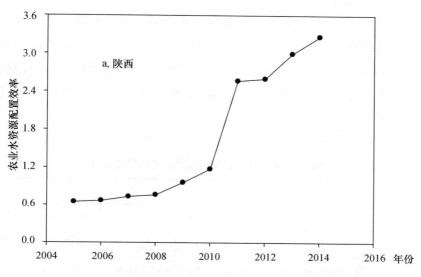

图 5 – 5a　陕西省 2005—2014 年农业水资源配置效率变化

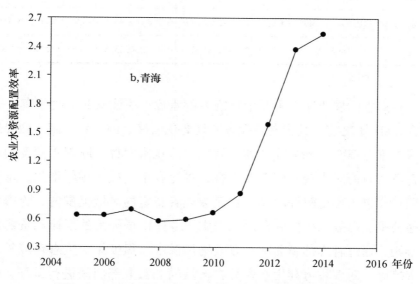

图 5 – 5b　青海省 2005—2014 年农业水资源配置效率变化

（2）青海省

由图 5 - 5b 可以看出，青海地区在 2005 年配置效率小于 0.9，属于中效率配置年份；随着水资源紧缺"瓶颈"限制的不断加大，2005—2014 年，其水资源配置效率逐渐上升，在 2012 年，农业水资源配置效率大于 1，2014 年其配置效率达到了 2.5334，有了很大的提升。

表 5 - 11　　　　　2005—2014 年西北各省区农业水资源配置效率

省份	年份										平均
	2005	2006	2007	2008	2009	2010	2011	2012	2013	2014	
陕西	0.6481	0.6681	0.7342	0.7636	0.9582	1.1745	2.5651	2.599	2.9917	3.2627	1.6365
青海	0.6351	0.6336	0.6932	0.5707	0.5881	0.6593	0.8618	1.5835	2.3678	2.5334	1.1127
内蒙古	0.5907	0.6187	0.6851	0.6898	0.6527	0.7595	0.8578	0.9278	1.0694	0.9724	0.7824
甘肃	0.4973	0.5414	0.5707	0.3831	0.5758	0.6452	0.8859	0.9496	0.9566	1.085	0.7091
宁夏	0.3812	0.3949	0.4951	0.5586	0.5865	0.7179	0.7986	0.9046	0.9443	1.086	0.6868
新疆	0.1490	0.1492	0.1458	0.3319	0.3481	0.3787	0.4132	0.4378	0.4651	0.5521	0.3371

青海省的农业灌溉主要依靠现有的水库、引水渠道、提灌等，但是在 2007 年之前，其水资源配置工程老化失修，跑、冒、滴、漏等造成漏失率近 20%，影响了供水工程效益的正常发挥。随着水利部门以及青海省政府对水资源配置的重视，青海省水利投入逐年增加，水利工程建设进入历史较好时期。在流域或者特定的区域范围内，青海省遵循公平、高效和可持续利用的原则，考虑市场经济的规律和资源配置准则，通过合理抑制需求，有效增加供水，积极保护生态环境等手段和措施，对多种可利用水资源在区域间和农业部门间进行调配，使 2012 年以后农业水资源达到了最优效率配置。

（3）内蒙古自治区

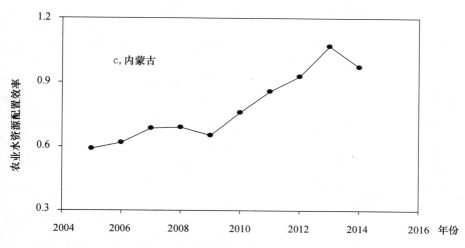

图5-5c　内蒙古自治区2005—2014年农业水资源配置效率变化

内蒙古近十年的农业水资源配置效率呈现明显的不规则变化，由图5-5c可以看出2005—2008年处于快速增加态势，2009年出现了下降局面，从2009—2014年处于缓慢上升阶段，在2012—2014年配置效率达到1.0694，实现了农业水资源的优化配置。内蒙古自治区地域广袤，草原面积大，需水量较大的农牧业比较发达，再加上降水量少而不均，资源性缺水与工程性缺水并存，随着工业化和城镇化的加快推进，水资源短缺已成为内蒙古经济社会发展的硬约束。2004年开始，内蒙古加快建设一批保障地区经济社会发展的重大水利工程，稳步推进大中型水库等重点水源工程建设，建设了大中小型水库、引提水等工程，鼓励和支持农村牧区兴建小微型水利设施等重要措施，合理配置农业水资源。2011年，内蒙古把水资源管理纳入县级以上地方党政领导班子实绩考核体系，从制度、政策、工作机制等多方面推动合理利用水资源，并且积极执行最严格水资源管理的"三条红线"，为农业水资源优化配置奠定了坚实的基础，促进了配置效率的逐渐提升。

（4）甘肃省

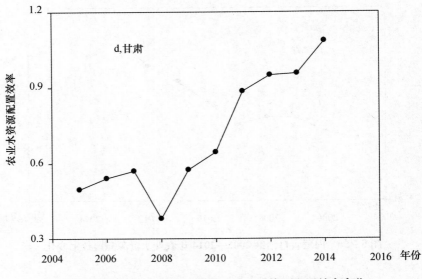

图 5 – 5d　甘肃省 2005—2014 年农业水资源配置效率变化

　　由图 5 – 5d 可以看出，甘肃省的农业水资源配置效率在 2005—2014 年呈现不规则的变化趋势。甘肃从 2005 年开始处于低效率组，配置效率仅为 0.4973，2012 年进入高效率配置阶段，最高配置效率为 1.085。甘肃省深居内陆，大部分地区气候干燥，水资源短缺且随地域、季节及年际变化较大，水旱灾害频繁。2000 年以来一场着眼于流域综合治理和节水型社会建设的水权市场改革在黑河流域的张掖市拉开序幕。作为全国首个节水型社会建设试点，张掖市的改革取得了巨大成就。经过十余年探索，甘肃省充分发挥市场的作用和功能，优化水资源配置、提高效率。2012 年，甘肃省委省政府落实中央一号文件的《实施意见》，通过确立用水总量控制、用水效率控制、水功能区限制纳污 "三条红线"，基本建成了水资源高效利用体系。随着甘肃省水权制度改革的实施，从制度机制上保证了水资源的优化配置，农业用水严重挤占生态用水及生活用水的现象得到有效遏制，从而推进了经济结构调整。

（5）宁夏回族自治区

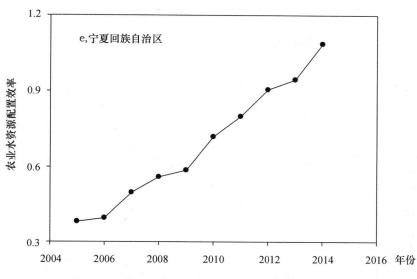

图 5 - 5e　宁夏回族自治区 2005—2014 年农业水资源配置效率变化

表 5 - 11 和图 5 - 5e 显示，宁夏回族自治区的农业水资源配置效率在 2005—2007 年属于低配置效率阶段，2008—2011 年，达到中配置效率，直到 2012—2014 年达到最优配置效率阶段。宁夏是我国严重缺水的地区之一，主要依靠过境的黄河水维持整个自治区水资源的平衡。工业基础较薄弱，城市化水平不高，全区可用水量绝大部分用于农业，并且使用效率低，传统的经济结构、用水结构难以实现现代化建设的需求，水资源逐渐成为宁夏社会经济发展的"瓶颈"。在此背景下，宁夏回族自治区政府从 2007 年开始，逐渐调整经济结构，从内部挖掘潜力，使水资源配置与使用更加合理，建立了与水资源承载能力相适应的体系，把有效的水资源配置到经济效益高的区域和行业。并且 2007 年开始实施《宁夏中部干旱带旱作节水农业示范基地建设》，有效缓解旱作农业区水资源的供需矛盾，提高水资源利用效率；从 2012 年开始，宁夏实行农业水价综合改革试点，遵循国家最严格水资源管理制度，各个试点区以"三条红线"为原则，进一步明晰水权，按照

不同作物不同灌溉定额的具体要求，将初始水权分配到农民用水合作组织和用水户。这对于促进宁夏农业水资源合理利用具有重要的现实意义。

（6）新疆维吾尔自治区

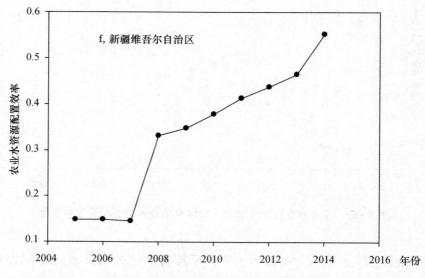

图 5 – 5f　新疆维吾尔自治区 2005—2014 年农业水资源配置效率变化

从表 5 – 11 以及图 5 – 5f 可以看出，新疆农业水资源配置效率虽然每年都呈现不同程度的上升趋势，但均处于低效率配置阶段，是西北六个省区农业水资源配置效率中唯一没有达到中高效率组的省份。新疆是一个干旱缺水地区，年均降雨量仅 200 毫米，年均蒸发量 2000—3000 毫米。新疆大部分地区处于我国的干旱区，其中有 94% 的耕地为灌溉农田，属于典型的干旱区绿洲灌溉农业，主要靠水利维系农业的发展，农业用水量占到总用水量的 95% 以上，水短缺是新疆农业可持续发展的主要制约因素。在广大农区，由于农村水利设施老化和农业用水管理水平较低，水资源利用和配置效率低下，浪费严重的现象突出。通过数据分析可知，2000—2009 年，新疆地区的水资源总量每年都在不同程度地减少，到 2010 年这个情况才开始缓解，水资源总量逐渐开始增加。新疆是我国最为干旱的内陆农业灌区，每年的平均降水量大约为 146.4 毫米左右，由于气候温度的原因，当地的水分蒸发量要远远高出降水量 150 倍左右，所以我们可以将大气干旱、蒸发强烈、降水稀少以及浪费严重等总结为其配置效率低下的主要因素。

2. 西北地区农业水资源配置效率省域特征差异分析

综合以上省区分析情况，西北地区农业水资源平均配置效率呈现不同的地区差异，其中十年间农业水资源平均配置效率最高的为陕西，其值为 1.6365，达到高效率组。这与其所处的地理位置、经济发展程度等有着很大的关系。陕西省位于西部大开发前沿地带。改革开放，尤其是西部大开发以来，陕西省国民经济一直保持着较快的增长速度。陕西省国民经济在西北地区处于领先位置，是带动西北地区整体发展的重要力量。2014 年陕西省 GDP 总值为 17689 亿元，是 2005 年的 4.5 倍，增长了 349.76%，增长速度在西北地区排在第二位。陕西省在经济总量不断扩大，经济实力不断增强的同时，其经济结构和国民经济质量也得到了很大的提高，保证了合理的农业水资源高效配置。

青海省农业水资源平均配置效率居于第二位，效率值为 1.1127，达到高效率组。2014 年青海省人均水资源量为 13675.5 立方米/人，是全国人均占有量的 6.8 倍。青海省近年来，从青海的实际出发，加快水利法治，除了增加水利投入外，更重要的是制定科学的水利规划，着重抓水资源开发利用与基础设施建设，已逐步形成了与经济发展相适应的水资源配置格局。

内蒙古农业水资源平均配置效率居于第三位，为 0.7824，处于中效率组，没有达到水资源优化配置。内蒙古 2014 年生产总值为 17770 亿元，居于西北地区首位。然而内蒙古水资源地区分布不均，与其经济发展不协调。内蒙古全区干旱缺水严重，水资源供需矛盾突出，加之用水浪费现象严重，农业水资源没有达到较好配置。

甘肃省农业水资源平均配置效率居于第四位，为 0.7091。甘肃省大部分地区干旱少雨，水资源匮乏，人均水资源仅为全国平均水平的

50.60%，每年都有 1500 万—2000 万亩耕地受旱，农村人口和牲畜饮
水困难。"十年九旱"的甘肃省，2014 年人均 GDP 为 13269 元，居于
西北地区第五位，因此，经济发展滞后与资源短缺的矛盾，造成农业
水资源配置效率相对较低。

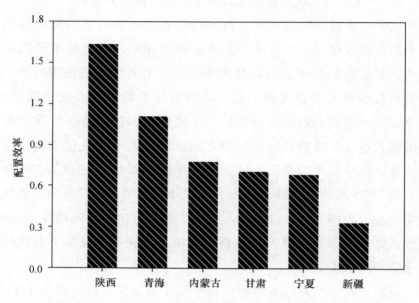

图 5 - 6　西北各省区 2005—2014 年农业水资源平均配置效率

　　宁夏回族自治区农业水资源平均配置效率居于第五位，为
0.6868，处于中配置效率组。宁夏是我国严重缺水的地区之一，主要
依靠过境的黄河水维持整个自治区水资源的平衡，2014 年其水资源占
有量仅为 153 立方米/人，是西北地区最少的省份。随着社会经济持续
快速发展，各部门需水量急剧增长导致水资源短缺，不合理的利用方
式加剧了农业水资源配置效率低下，水资源供需矛盾突出。

　　新疆农业水资源平均配置效率居于最后一位，仅为 0.3371，处于
低效率组。新疆水资源一方面总量紧缺，另一方面，开发利用不充分，
农业灌溉耗水量大的问题与用水浪费、水资源不足、时空分布不均的
问题并存，造成新疆农业水资源配置效率低下。

综上，我们可以看出西北六省区，陕西省的农业水资源平均配置效率最高，而新疆最低，一直处于低效率组，亟须在未来的农业水资源利用中调整农业种植结构、大力发展节水农业，以实现水资源可持续利用。

小　结

通过对2005—2014年西北六省区农业水资源压力指数的测算，得出新疆维吾尔自治区、宁夏回族自治区、甘肃省压力指数均大于1，属于背向可持续发展的趋势，水资源压力较大；而陕西、青海、内蒙古自治区压力指数均小于1，属于趋向可持续发展的趋势。与之相对应的，趋向可持续发展趋势的三个省份的农业水资源配置效率均较高。其中陕西省最高，为1.6365，达到高效率组；其次是青海省为1.127，也达到高效率组；内蒙古自治区的配置效率为0.7824，达到中效率配置组；这主要与其所处的地理位置以及经济发展程度有很大的关系。内蒙古和陕西的经济较发达，经济总量在西北地区分别居于第一位和第二位，由于经济相对发达，相应的节水设施和节水技术也较强，从而达到水资源高效配置。而背向可持续发展趋势的省份，其配置效率均是较低的。甘肃省和宁夏回族自治区的配置效率均为0.7019和0.6868，属于中效率配置组。新疆农业水资源配置效率居于最后，仅为0.3371，处于低效率组；新疆水资源一方面总量紧缺，另一方面，开发利用不充分，农业灌溉耗水量大的问题与用水浪费、水资源不足、时空分布不均的问题并存，造成新疆农业水资源配置效率低下。对于背离可持续发展的省份，必须尽快调整产业结构，提高农业用水效率，使其趋向可持续发展；对于趋向可持续发展的省份，应进一步注意合理发展，减少水资源压力。

水资源问题是我国西北地区农业可持续发展，乃至整个国民经济发展的制约因素。但在水资源日益短缺的情况下，西北地区存在着水资源严重浪费、水资源利用效率低下等问题。因此，优化水资源配置，提高水资源利用效率，从而实现水资源的可持续利用，成为我国西北地区水资源开发利用中的一个突出问题。为此，有必要从技术、制度、法律和经济等方面综合出发，采取有效措施，加强水资源管理。

第 六 章

生态文明视域下都市农业水资源配置

——以西安市为例

都市农业是指在都市化地区，利用田园景观、自然生态及环境资源，结合农林牧渔生产、农业经营活动、农村文化及农家生活，为人们休闲旅游、体验农业、了解农村提供场所。换言之，都市农业是将农业的生产、生活、生态"三生"功能结合为一体的产业。本研究以一种全新的视角——生态文明的角度对西安市农业发展过程中农业水资源配置问题进行深入的研究。

党的十八大报告中强调，为推进生态文明制度建设，必须加强生态文明基本管理制度、资源有偿使用和生态补偿制度。而水资源管理制度则是生态文明的基本制度之一，农业水资源在都市农业以及经济社会发展中可以获得更大的经济价值，成为都市农业水资源管理制度创新的诱因。生态文明视域下合理配置都市农业水资源、做到水资源的节约集约使用是生态文明建设的重要内容和要求。在都市农业发展的过程中，要根据水资源特点、经济社会发展和生态环境保护的总体要求，从战略高度落实最严格水资源管理制度，保护生态环境，合理配置水资源。同时，以生态文明为指导，节约和保护为核心，以经济社会可持续发展为目标，立足流域水资源管理，对于促进都市农业的发展、推动城乡一体化、创造良好的生态环境和保证城市的可持续发展，具有很强的现实意义（贺丽洁，2013）。

第一节　西安市都市农业发展回顾

西安目前正处于城市的高速发展时期。从国际经验来看，无论城市和乡村处于何种背景，都市农业为各国都提供了一条城市和乡村和谐发展的道路，发达国家的经验更是表明都市农业的发展实现了农业和农村在城市社会中的价值。西安市大力发展都市农业能为西安市提供食品供给，为西安市民提供旅游休闲场所，吸收农业剩余劳动力，承载西安市乡村文化、关中文化，为城市营造绿色隔离带，净化环境。同时也能提高农业自身经济效益，实现农业产业结构的调整，实现城乡经济融合，缩小城乡差距。

一　"十二五"西安市都市农业发展主要成就

1. 农业经济平稳增长，势头良好

2014 年西安市全年生产总值（GDP）5474.77 亿元，比上年增长 9.9%。其中，第一产业生产总值 214.55 亿元，增长 5.1%，占生产总值的比重为 3.9%。

"十二五"期间，西安农产品中增长最快的是蔬菜和园林水果。2014 年蔬菜产量达到 316.28 万吨，较 2010 年增长了 30%，园林水果产量高达 99.66 万吨，较 2010 年增长了 17.6%。肉类略微增长，禽蛋和奶类基本稳定，禽蛋略微下滑。农业园区建设加快推进，全年新增省级园区 7 个、市级园区 29 个、区县级园区 40 个，全市农业园区总数达到 344 个，面积 38.4 万亩，实现总产值 41.8 亿元。在 2011 年制定的"十二五"规划中，计划粮食产量稳定在 180 万吨，蔬菜、果品产量分别达到 200 万吨、100 万吨，肉类产量 14 万吨，奶类产量 65 万吨，禽蛋产量 10 万吨。除粮食产量 175.61 万吨，与"十二五"目标稍有差距，其他农产品产量都达到了规划制定的目标，总体来说取得了很好的成绩。

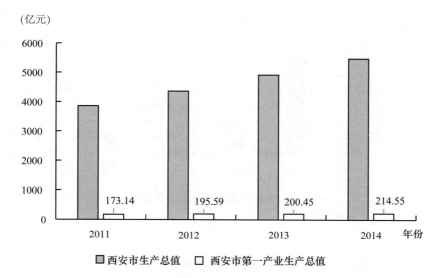

（亿元）

图 6 - 1　西安市国民生产总值和第一产业生产总值

资料来源：西安市统计局，2015 年。

2. 观光农业迅速发展，已成为现代都市农业新的增长极

西安市观光农业蓬勃发展，成为市民假日出游的重要选择和农民增收致富的重要举措，目前初步形成了围绕西安的"两带三区"（秦岭北麓、渭河沿岸两条观光农业产业带，白鹿塬、杜陵塬、荆山塬 3 个观光农业示范区）的观光农业产业格局。据不完全统计，全市观光农业接待游客 2015 年达到 1460 万人次，经营收入达 16.1 亿元，年增长率 20%；2015 年，全市有两个国家级观光农业示范县（长安区、蓝田县），4 个五星级国家观光农业示范园，6 个省级观光农业示范点，59 个市级观光农业示范园。

3. 全市农业产业结构不断优化，特色农业发展突出

农业产业结构由产量、数量型增长转变为以质量、效益型增长为主；由内向型农业转变为市场主导的外向型农业。培育起蔬菜、林果品、畜牧等主导产业，形成了猕猴桃、户太八号葡萄、蔬菜、樱桃、牛奶等特色产业。

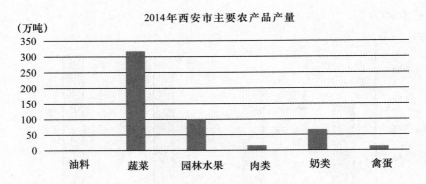

图 6-2　2014 年西安市主要农产品产量

资料来源：西安市统计局。

二　西安市都市农业发展制约因素分析

西安市是国家"一带一路"倡议中的重要中心城市，也是国家中心城市。都市农业是未来经济发展一个重要增长极，是西安市城市可持续发展的重要基础；是统筹城乡经济发展，打破"二元经济结构"的重要出路，还是改造西安市传统农业的核心手段，也是西安市生态文明建设的有力举措。

应该看到西安在都市农业发展中存在的问题依然相当突出，西安市人均水资源占有量为 278 立方米，仅为全国平均水平的 1/6、世界平均水平的 1/24，属极度缺水地区。随着西安国际化大都市建设及经济的快速发展，对水资源的需求也在不断攀升。农业作为西安市目前最大的用水行业，2008 年以来用水比例呈不断下降趋势。一方面体现了农业用水效率有了较大提高，另一方面体现了工业及城镇化进程加快所导致的非农用水比例不断攀升。加之水资源短缺造成的土地利用问题、农业土壤污染等一系列社会和生态问题，严重影响西安市的可持续发展。

在保障粮食安全的背景下，提高农业水资源利用效率，在有限的水资源总量下实现更高的农业产出，是目前亟待解决的重大问题。

第二节　西安市农业水资源利用效率调查

一　西安市农业水资源利用的现状及问题分析

1. 西安市水资源利用总体情况

为了对西安市农业用水情况有一个清楚的了解，我们在西安市水务部门及相关区县做了较为深入的访谈及实地调研，总体情况如下：

（1）水资源总量及来源组成

2013 年西安市水资源总量为 23.47 亿立方米，比上年增加了 4.61 亿立方米，2008—2011 年，西安市水资源总量呈缓慢增加态势，而 2011—2013 年水资源总量呈急剧下降趋势（如表 6−1 所示）。2013 年全市地表水资源量 19.73 亿立方米，比 2012 年减少了 56.06%；地下水资源量 14.32 亿立方米，比 2011 年减少了 1.83 亿立方米。其中地表水可利用量 7.50 亿立方米，占全市自产地表水资源量的 38%；地下水可利用量为 9.07 亿立方米。2013 年西安市用水量为 16.95 亿立方米，人均占有水资源量 278 立方米，仅相当于全国平均水平（2186.2 立方米）的 12.71%，属极度缺水地区。随着西安国际化大都市地位的不断彰显及经济的快速发展，对水资源的需求量将继续攀升，根据《西安市水中长期供求规划》预测，2030 年西安市需水量为 23.52 亿立方米，在不从外地市"调水"的情况下，将突破西安市的水资源总量，而 2016 年西安市可利用水资源为 18.23 亿立方米，因此，供需矛盾将更加突出。

西安市水资源时间分布不均，气候主要受季风控制，季节性变化较大，径流年内分配不均，具有"春旱、夏洪、秋缺、冬枯"的特性；水资源空间总量地域分布不均衡，河流除秦岭南部的湑水河、南洛河等属于长江流域外，其余大部分属于黄河流域渭河水系（黄河流域总量为 22.56 亿立方米，而长江流域总量仅为 0.92 亿立方米）。地表径流山区大于平原，由南向北递减（渭河南岸 20.92 亿立方米，渭河北岸 1.64 亿立方米）。秦岭山区占全市土地面积的 49%，年径流量占到全市总量的82%，平原、台塬区年径流量占全市总量的18%。西安市地表径流年际、年内分配不均，径流量丰水年为枯水年的4—7倍，年径流量的50%—60%集中在每年汛期的7—10月，枯水期一般在冬春或春夏之间，径流量相当于全年的1/50，部分河流枯水年和干旱季节基本断流。由此可见，西安市水资源时空分布极不均衡，区域分布悬殊。

表6-1   西安市2008—2013年水资源禀赋

年份	水资源量（亿立方米）			
	水资源总量	地表水	地下水	重复计算
2008	18.05	15.02	9.97	6.95
2009	25.81	21.68	13.70	9.57
2010	28.11	24.00	11.53	7.42
2011	35.9	30.79	16.21	11.11
2012	18.86	15.89	10.35	7.38
2013	23.47	19.73	14.32	10.57

资料来源：陕西省水利厅编：2007—2013年《陕西省水利统计年鉴》，陕西出版传媒集团、三秦出版社；陕西省水利厅《水资源公报》。

（2）供水系统现状

目前西安市供水系统是以"黑河引水工程"为主体的地表水供水系统（包括石头河水库、黑河水库、石贬峪水库、洋河及田峪河的地表水工程系统）和浐河、灞河、洋河、皂河、渭河、西北郊水源地等傍河地下水以及自备井组成的地下水系统构成的区域性联合供水系统。根据统计资料，西安市2012年总供水量为16.46亿立方米，供水总量2008—2012年呈"U"字形趋势。西安市主要供水水源类型是地表水供水、地下水供水以及其他水源供水（主要是雨水及污水回用供水），2008—2012年西安市各主要水源类型供水情况如图6-3所示。由图6-3可知，西安市地下供水量居于第一位，占供水总量的55%以上。由于历史、经济等方面的原因，西安市地下水开采规模较大，2015年全市地下水开发利用程度为 70%，开发利用已接近饱和。因此，近几年来提倡以"节流"为主以及加大了水源地保障建设的力度，地下供水量呈现逐年递减态势。地表供水量居于第二位，占供水总量的 37%—45%。多年来，西安市积极实施天然林保护工程、提高水源涵养林面积、修建蓄水工程、加大地表水水源地工程的建设，充分开发利用地表水资源，2008—2012 年地表水供水呈现逐渐增加的态势。雨水利用和污水处理回用仅限小份额，水务局已经加大西安再生水利用工作，推动污水处理及中水利用进程，并且提出力争用 3—5 年时间，使西安市再生水利用率达到 30% 以上。

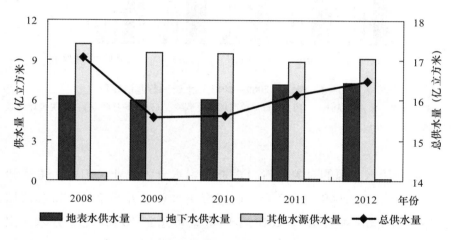

图 6 - 3　西安市 2008—2012 年水资源供水现状

资料来源：陕西省水利厅编：《陕西省水利统计年鉴》，陕西出版传媒集团、三秦出版社 2008—2012 年版。

（3）水质状况

西安城市水源地表水主要由秦岭北麓的黑河金盆水库、石砭峪水库、石头河水库等组成，秦岭植被丰茂，生态环境保护措施得力，地表水质优良；地下水取自城市周边的地下深井水，水源地保护区内没有苯的污染源，一直安全可靠。西安水质的各项标准均优于国家从 2012 年开始强制执行的《生活饮用水卫生标准》，并且通过相关水质部门检测，西安市水质达标率为100%，在国内居于前列。此外，西安自来水建立有水质应急预案，组织机构健全，具有水质快速检测和处置的应急处置能力。

（4）水资源行业消耗结构

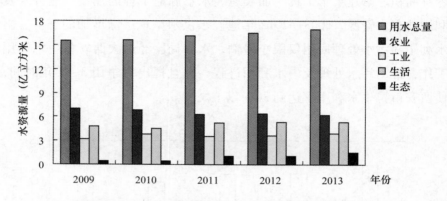

图6-4   西安市2009—2013年水资源行业消耗量

资料来源：陕西省统计局、国家统计局陕西调查总队编：《陕西统计年鉴》，中国统计出版社2009—2013年版。

从利用水资源的对象来看，水资源用水分为农业、工业、生活和生态这四大类。2009—2013年，西安市用水总量近五年间呈持续增加趋势（如图6-4所示）。2013年用水总量达到16.95亿立方米，比2009年用水总量增加了8.9%；农业用水量不断减少；从2009年的6.94亿立方米减少到6.24亿立方米，减少了0.7亿立方米，而工业用水在近五年间处于上升阶段，2013年增加到了3.86亿立方米，比2009年增加了0.46亿立方米，工业用水将持续增加；而城市生活用水和生态用水也不断增加，2013年城市生活用水和生态用水分别增加到5.34亿立方米和1.51亿立方米。总体来看，西安市用水总量不断增加，农业用水量呈下降趋势，其他各个行业结构用水量都持续上升，对于极度缺水的西安市，水资源供需矛盾将更加突出。

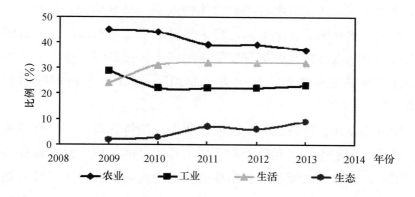

图 6 – 5　西安市 2009—2013 年各行业用水比例

资料来源：陕西省统计局、国家统计局陕西调查总队编：《陕西统计年鉴》，中国统计出版社 2009—2013 年版。

由图 6 – 5 可以看出，2009—2013 年西安市农业用水一直占用水总量的 36% 以上，是用水所占比例最大、用水量最多的产业，其比重近年来呈下降趋势，从 2009 年的 44% 下降到 2013 年的 36%，这说明西安市农业节水效率逐步提高。西安工业用水比重基本在 22%—29%，2009 年最大，达到 29%，比全国工业用水比重（24.03%）高出 4.97 个百分点；之后降到 2011 年的 22%，随着工业用水量的不断增加，2013 年达到 23%；而生态用水比例持续增加，由 2009 年的 1.9% 增加到 2013 年的 8.91%，比全国生态用水比重（1.99%）高出 6.92 个百分点，这进一步说明西安市对生态环境逐渐重视，加大了生态环境的保护力度。2012 年 11 月，在全省率先出台了实行最严格水资源管理制度工作方案和考核办法，2013 年组织编制了"三条红线"控制指标分配方案并下达到区县政府，完成水资源控制指标分配工作。在控制方案中，西安市 2015 年的用水指标为 18.7 亿立方米，其中农业用水 6.24 亿立方米（33.3%）、工业用水 3.86 亿立方米（20.6%）、居民生活用水 4.1 亿立方米（21.9%）、生态及其他用水共 4.5 亿立方米（24.2%），"三条红线"的设定在一定程度上为西安市各个行业提供了未来用水的总量控制和节水目标。

综上所述，西安市水资源的总体特点是：总量偏少，时间、空间分布不均，水资源总量呈下降趋势，年供水量也逐渐减少。水资源自然禀赋的限制以及社会经济发展带来的城市扩张影响，决定了水资源短缺将是西安市发展面临的主要"瓶颈"，也是一个长期性的发展约束。

随着工业化、城镇化的快速推进和人口的持续增长，社会用水需求差异化，用水主体多元化导致了用水竞争性的加剧，水资源稀缺性急剧增强；而农业水资源本身粗放的利用方式导致农业水资源短缺与浪费问题并存。深刻反思农业水资源的利用方式，实行农业水资源高效利用，成为当前西安市亟待解决的重大现实问题。

2. 西安市农业水资源利用现状

西安市农业水资源利用主要分为农田灌溉用水以及林、牧、渔、畜用水。水资源短缺是西安市水资源利用面临的主要问题，而农业用水占到了西安市现有水资源用水总量的36.8%，农业用水的有效节约将是西安市未来最具节水潜力的领域，也是实现水资源高效利用的重要领域。农业水资源的多功能性（自然特性和经济特性）决定了农业水资源效用不仅体现在经济效益上，还应体现在社会效益和环境效益等方面。

（1）灌溉用水现状

近五年在农业用水中，西安农田灌溉总量均占农业用水总量的83%以上，为农业用水的最主要来源（见图6-6），并且农田灌溉用水比例持续上升。

2013年农田灌溉用水量为5.90亿立方米，占当年农业用水总量（6.24亿立方米）的94.55%，是农业水资源的最大用户，灌溉用水量大，节水潜力也最大。通过查阅文献与实地调查可知，西安市在农业灌溉节水方面取得了较大成绩。早在1997年，西安市被评为全国节水示范市，主要采用喷灌、微灌、滴灌灌溉等节水灌溉措施，2013年西安市节水灌溉面积为245万亩，农业灌溉效率达到0.70左右，已经接近世界发达国家水平。总体上，农业用水量下降，农民增收，节水效

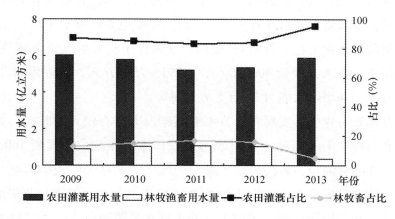

图 6-6　西安市 2009—2013 年农用水比例

资料来源：《陕西统计年鉴》，中国统计出版社 2009—2013 年版。

果良好，农业用水效率不断提高，这也进一步说明了西安市农田灌溉农用水在节水方面做了很大的努力，而在这一过程中，农业灌溉设施建设在农业节水灌溉中发挥着举足轻重的作用。

（2）农业灌溉基础设施建设

"十二五"以来，西安市在农业灌溉工程建设方面，将水源地建设作为一项重要的战略举措来实施。新增的水源地主要有以下几个：

黑河水库：黑河水源地位于周至县境内，流域总面积为 1481 平方千米，年平均径流量为 6.67 亿立方米。黑河金盆水利枢纽是整个引水系统中最主要的水源地，它是一项以城市供水为主，兼有防洪调蓄、发电、农灌等综合效益的大型水利工程，总库容为 2 亿立方米，年调节水量为 4.28 亿立方米，其中给城市供水 3.05 亿立方米，日平均供水 80 万立方米，改善农电灌溉 37 万亩。

李家河水库：李家河水库位于蓝田县辋川河李家河村，水库坝高 98.5 米，库容 5690 万立方米，有效库容 4520 万立方米，水电装机 0.42 万千瓦。年供水量 0.56 亿立方米，年发电 1436 万千瓦，解决农村人饮 16.04 万人。

蓝田曹庙水库工程（规划）：曹庙水库位于蓝田县前卫镇曹庙村。

水库坝高 40 米，坝长 350 米，库容 2000 万立方米，有效库容 1700 万立方米，新增供水能力 6 万立方米每天，年发电 600 万千瓦。

梨园坪水库工程（规划）：梨园坪水库位于长安区滦镇梨园坪村。水库坝高 110 米，坝长 400 米，库容 2915 万立方米，有效库容 2500 万立方米，新增供水能力 12 万立方米每天。

在调研过程中，发现农田节水灌溉建设方面有较大的改善。如在蓝田县白鹿塬上实行的中央财政追加农田水利工程，总投资 1600 多万，全部暗管铺设，解决千百年来白鹿塬上农业靠天吃饭的问题；在户县的依农猕猴桃专业合作社建立的 1500 亩的猕猴桃基地、荣华葡萄基地全部采用滴管灌溉，运用先进的土壤水分监测技术，做到缺水区域适时适量供水，大大提高了农业水资源利用效率。

这些工程的建设极大地改善了西安市农田水利基础设施条件，提高了农业综合生产能力，增强了农业抵御自然灾害的能力，促进了粮食增产，增加了农民收入，产生了良好的经济和社会效益。

这些灌溉节水工程建设的同时，还取得了其他方面的一些成绩。如农民自发爱护水利设施的热情有了一定程度的提高，更加科学的水资源专业管理团队不断建成，这在很大程度上促进了农业节水项目的有效实施。

①存在问题

虽然近些年取得了很大的成绩，但在调查中发现仍然存在着许多问题。主要表现在以下几个方面：

1）农田灌溉设施老化失修严重。相当一部分已达到使用年限，老化失修，效益衰减，加之配套率低，欠账较多。一方面西安市 80% 以上井灌区和引提水灌区建于 20 世纪 50 年代到 80 年代，经过二十年以上的运行，工程老化十分严重，正常效益难以发挥。"九五"以前建成的节水灌溉工程经过多年的运行，部分工程效益衰减，近 100 万亩节水农田已不能完全发挥节水效益，急需更新改造。"九五"期间发展的部分节水灌溉面积由于配套不全，标准不高，也影响了工程效益的发挥。另一方面自然条件变迁，降低了水利工程使用效率。多年来地下水位下降，造成一些建成于 20 世纪的成井深度较浅的农用机井干涸、吊空、报废现象十分普遍。现在灌溉机井至少需打60—70米深，有些地区甚至更深。同时由于地表径流明显减小及工业和城市用水占用农业水源，中小型自流引水灌区供水严重不足，水利设施作用难以发挥。

2）农田灌溉设施占用严重，占补不平衡。城市规模扩大，农村土地的经营开发中，多数被征占的农田都是农田水利设施条件较好的丰产田，导致灌溉设施配套齐全的基本农田特别是节水灌溉农田减少过快。据调查，一般小型水利工程的使用年限在15年左右，西安市每年报废的机井约1400眼，每年新建的约800眼，不能保持报废与新建的平衡，无法达到突破发展。据了解，2015年，西安市灌区有4000眼机井因补给不足而吊空，还有1200眼机井报废，需要补打新井。

3）资金投入不足。一是各级财政用于节水灌溉工程方面的投资偏低，特别是区县财政负担过重，项目配套资金难以全部落实。二是税费改革及"两工"取消后农村群众投入减少，影响了节水灌溉工程建设的标准和速度。

4）农业灌溉成本与收益不成比例，农民抗旱保丰收积极性不高。西安市相当一部分农田属于平原区，农民灌溉成本主要由电费和人工费两部分组成，2015年国家对于农村灌溉实行每度电0.195元的优惠价格，而在实际执行的过程中，由于大多数村庄在考虑到农民承受能力时，实行的是生活和灌溉用电合用一台变压器，而按照电力部门的规定，必须按照综合电价的标准征收，即每度电0.35元，无形中加大了农民灌溉成本，造成灌溉粮食增产效益不明显，农民灌溉积极性不高。

5）农业灌溉设施管理队伍有待加强，急需建立完整的灌溉设施基础数据库。农业灌溉设施管理人员是最基层的管理人员，调查中发现，基层水利系统内部虽然在经过几年的充实后，管理队伍已经建成，但水利管理队伍素质参差不齐，水利设施现状掌握不清，历史资料收集不全、职责不明等问题依然突出。农业灌溉设施分布范围广，类型多样，西安市农业灌溉设施的数量、损毁以及水利管理方式等方面的情况都是由区县定期上报数据，周期比较长，再加上统计数据和信息的不完整性，加大了决策难度，并存在一定的风险，因此开发建设农业灌溉设施管理数据库是十分必要也是十分可行的。

②建设潜力分析

农业灌溉设施建设是保证农业节水用水的重要保障，通过对西安市水务局调研，发现西安市农业灌溉设施建设还存在很大的潜力。一是西安市 2016 年有耕地面积为 346.8 万亩，今后一个时期西安市城市发展和各种非农业建设将进入一个较快增长时期，到 2020 年，农用地整理增加耕地 111.12 平方千米，土地复垦增加耕地 1938 平方千米，全市 2020 年共将增加耕地 344.07 平方千米。其中的 60 多万亩耕地建设条件许可，建成后效益明显，需要发展节水灌溉。二是 20 世纪 80 年代前建成的 120 万亩节水灌溉工程由于建成较早、工程配套不全、长期超负荷运行，导致设施老化失修严重，正常效益难以发挥。1995—2003 年建成的 40 多万亩标准不高的节水灌溉工程也需要进行更新改造，提高工程标准，恢复节水灌溉功能。

针对以上西安市在农业灌溉设施建设方面存在的巨大潜力，2015 年，通过与水务局相关领导与工作人员座谈，了解到市水务局正在努力使农业灌溉设施的发展与经济社会的发展相协调，作为发展现代农业、实现粮食增产、增加农民收入和农业可持续发展、推进社会主义新农村建设的重要途径。加大资金投入力度，狠抓工程管理落实，在此基础上，进一步开展以下工作：

1）渭北灌区、沿山中小型灌区和周户 37 万亩灌区全面实施渠道防渗技术。加大对干、支、斗、农渠防渗衬砌和节水更新改造，全面配套量水设施，实行斗口计量计费，推行按需配水和定额配水。灌区田间实行土地平整，划定沟渠规格，推广小畦灌、沟灌、长畦短灌和波涌灌等地面灌水技术，并通过覆盖保墒等农业节水措施，实现渠灌区全面节约用水。

2）长户纯井灌区、塬区深井灌区全面实施管道输水灌溉技术。实施严格的机井开采许可制度，以井定面积，用面积确定机井数量。实行机井、水泵、配电、地埋线和管道输水配套，用水管理推行 IC 卡计量，实行总量控制、定额管理、按量计征水费。田间推行土地平整、小畦灌溉等方式，并与覆盖保墒等农艺措施结合。在地下水采补平衡区，严格控制新开辟地下水源。

3）井渠双灌区实行渠道防渗衬砌、管道输水的联合应用，开展地表水与地下水的联合调度。

4）山塬缺水旱作雨养农业区，由于地下水开采难度较大，应结合当地的水土资源条件，有选择地实施雨水集蓄利用工程，并与农业节水措施紧密结合。即建设雨水集流工程、等高耕种开挖鱼鳞坑、深耕蓄水保墒、覆盖抑制蒸馏保蓄、调整农作物布局的适水种植、坡地粮食轮作、粮食带状间作和草间作以减少雨水径流等农业蓄水利用技术措施。

通过以上了解到的西安市关于农业灌溉设施建设的近期规划可知，新修、改造和提高现有农业灌溉设施，加快农田水利化配套任务艰巨，我市农业灌溉设施建设任重而道远。

（3）农村生活用水及水质

2015年，农村饮用水安全和基本安全人数371.32万人，占农村总人口的91.68%。2005年至2013年底，中央、省、市共下达资金14.94亿元，共建成各类集中供水工程2038处，解决了256.58万人饮水安全问题，设计供水规模13.83万吨/天，实际供水量为设计供水规模的40%—80%，基本能满足供水范围内人畜饮水。从整体来看，西安市基本解决人口、牲畜饮水，保证社会稳定，在水资源开发利用中产生了较好的社会效益。

规模以上供水工程全部设水质化验室，从2015年检查数据及疾控部门出具的报告看，全市水氟合格率为90.36%，高于全国的73.70%，总体供水水质良好。这得益于西安市对农村供水水质有严格的管理和检测机制：

①在项目前期设计时，对水源进行水质检测，并根据化验结果及结论设计净水和消毒工艺。如无水源水质资料选取参照井的水质检测结果作为水处理工艺设计的，地下水源建成后及时对水质进行检测化验，这在很大程度上确保了出厂水水质安全。

②在中期项目运行过程中，按照水利厅、财政厅《关于下达第二批农村饮水安全监测中心建设项目计划的通知》，先后成立了长安、

临潼、周至、户县、高陵、蓝田、阎良 7 处水质监测中心，全面负责监测农村饮用水安全管理工作。设有无菌操作室、化验室，配备相关仪器设备，化验水质指标达到了 21 项。且每个水质检测中心各配置了水质检测车 1 辆，专业化验人员 2 名，建立健全相关规章制度，按照《村镇供水工程技术规范》规定的检测频次对水源水、出厂水和管网末梢水进行日常监测。

③在项目建成后的管理过程中，为了加强农村供水工程建后管理，在阎良、长安、灞桥、户县、临潼、高陵、蓝田、周至八个区县成立了运行管理机构，各区县财政每年补贴维修养护资金共 385.81 万元，市级一次性奖励 719.66 万元，重点用于农村供水工程建后维修养护和水质检测，进一步加强了水质保障工作。

通过实地调查与了解，综合以上情况，可以看出西安市农村水质达标，运行管理规范，体制机制健全，符合饮水安全各项要求。

3. 西安市农业水资源利用现状

通过实地调研考察以及认真分析，了解到现阶段农业用水存在以下问题：

（1）各个行业间水资源配置问题

水资源配置问题提出的前提就是水资源有限性导致的供需不平衡矛盾以及不同用途之间的分配矛盾。随着西安市经济的迅速发展及城市化进程加快，各行业对水资源的需求不断攀升。农业作为各区县的用水大户，其用水效率的提高对各区县水资源的节约利用意义重大。而以流域或区域为单元对农业用水、生活用水、经济用水和生态用水的配置没有达到统一。如在保障生活稳定、生产发展的同时，经济建设用水挤占农业、生态与环境用水，以及经济发展用水中城市用水挤占农业用水的问题。并且各个行业用水方式不同，在水资源配置过程中没有以耗水平衡为基础，而是以耗水总量来限制各个行业的用水配置，这在一定程度上加剧了农业用水的紧缺。

（2）涉农部门管理之间协调规划问题

在农业发展中，以种植的作物来确定用水量，区域农业发展战略未能做到以水定略。在各个县区实行一村一品，发展各个区县的特色，如葡萄、甜瓜、猕猴桃、石榴等。涉农部门在制定这些区域农作物发展特色时，是否考虑到这些经济作物的需水量及可供水量，是否协调好农业和水利部门之间的关系，否则可能导致用水超出供给能力，水资源不能满足作物需求。鉴于农业是严重依赖土地和水资源的特殊产业，各涉农部门之间在做农业发展的顶层设计时需要相互协调，制定出切实可行的、更加合理的战略规划。

（3）农业用水效率与农业用水监测问题

在调研过程中发现，有些灌区仍然存在大水漫灌的方式，这就导致农业用水浪费、用水效率低。农业用水宏观监测方面也存在一定问题，如用水量的监测不够准确，对于灌区可以计量，但是对于国家投资而村组实行管理制的机井，真实耗水量测定不够准确。有的区县机井实行 IC 卡管理，但是大部分都没有实施，并且在实施中也存在一定困难。各区县用水协会不多，大多是居委会承包给农户，农户负责开、关、维修及收费等，这在一定程度上使农业用水效率得不到提高。如在调研中了解到，有些农户在浇水过程中变相地改动水表或者替换电表，而管理人员不可能随时随地都跟随，导致用水量没有得到准确测定，农民减小了自己的用水费用，从而造成了对农业水资源的浪费。而农业电价是影响用水效率提高的重要因素之一，2015 年西安市农业电价平均 0.2 元，总体偏低，偏离了农业水资源供求平衡，难以发挥调节农业水资源利用效率的作用。

（4）农户参与意识不够问题

在政府实行水利设施项目时，会出现民众因自身利益不配合项目建设的情况。这和政府制度因素有着紧密的关系，如何理顺农户和政府之间的利益关系，顺利推动水资源基础设施建设等公共性项目的实行，是有待破解的一大难题。在调研中发现，有一部分农户节水意识不够，这取决于文化素质、种植作物种类、灌溉费用等。如目前农户种植粮食的收入较低，农民没有积极性，并且灌溉费用也较低，因此农户对农业用水、节水的意识也很淡漠，这在一定程度上使农业用水效率得不到提高。

（5）环境负效应凸显问题

在西安市城市化和农业现代化进程中，为了追求经济发展的高速度，往往忽视资源和环境保护，致使水资源污染比较严重。在调研过程中，课题组了解到有些村镇几乎没有或者正在建设污水处理厂，这种情况在农村生产、生活中比较普遍。农业生产中农药化肥的使用对环境的污染日益加剧，现代畜牧业的规模化养殖使大量畜禽粪便集中排放，超采地下水所带来的地面沉降以及水资源紧缺区县出现的污水灌溉现象等，都是西安市迫切需要解决的环境问题。

二　西安市农业水资源利用效率及影响因素分析

农业水资源利用效率反映了一个地区农业水资源利用的水平，效率越高，说明农业水资源的配置和技术应用较为合理，农业水资源价值得到更好的实现，农业水资源利用的水平也就越高。西安市用水总量中，农业用水占了很大比例，而农田灌溉用水是农业的主要用水和耗水对象，据调查，西安市农业水资源灌溉效率达到70%，几乎接近中等发达国家水平。但是，灌溉用水效率只是体现在灌溉技术层面的效率，不等同于农业水资源利用效率，不能体现农业水资源利用过程中生态效益、经济效益和社会效益三者之间的平衡。

因此，本研究以农业水资源利用过程的生态、经济和社会效益平衡为目的，以优化农业水资源的配置及提高生产效率为原则，应用SE – DEA 模型分别从时间维度和空间维度上测算了西安市农业水资源利用效率。通过分析区域农业水资源利用效率差异及其原因，最终对全域的水资源利用效率进行量化排序。从而为西安市决策层实现农业水资源高效利用提供更加明晰的参考依据和量化支持。

1. 研究方法与数据

（1）SE – DEA 模型的设定

SE – DEA 模型是由 Andersen 和 Petersen 根据传统模型所提出的新模型，具体描述见第五章模型介绍。

（2）输入与输出指标的选取

本研究依据 SE – DEA 模型的要求和数据客观可获得性（通过调研以及文献查找），同时参考其他文献中关于农业水资源利用效率的评价指标，选取了以下几个输入产出指标：

输入指标：

农业用水比例：是指农业用水量占整个西安市总用水量的比例，反映区域内农业用水总体水平，指标值越大，说明农业对水资源的消耗量越大。

农业灌溉亩均用水量：反映农业灌溉用水情况，其值越小，说明农业灌溉的用水量就越少，灌溉效率就越高。

农田旱涝保收率：反映农业供水量对农业生产气候变化适应能力以及水资源开发利用率，体现社会效益。

有效灌溉面积：灌溉工程设施基本配套，有一定水源、土地较平整、一般年景可进行正常灌溉的耕地面积，其值越大，说明更能有效达到灌溉面积，反映水资源利用的社会效益。

本年水利资金总投入：反映水利资金投入量合理与否。

水土流失治理面积：反映生态修复能力，体现一定的生态环境效益。

输出指标：

每立方米的农业产值：反映农业水资源利用的经济效益，单位水资源占用和消耗所产出的有效成果数量越多，农业水利用的经济效率就越高。

农业增加值：是农业总产值扣除中间投入后的余额，可以反映农业的投入、产出、经济效益及收入分配关系。

2. 农业水资源利用效率实证结果分析

（1）基于时间维度的农业水资源利用效率分析

依据《陕西省统计年鉴》《西安市统计年鉴》《陕西水利年鉴》的资料，我们对西安市 2004—2012 年九年的相应指标进行了梳理（见表 6 - 2），并将西安市 2004—2012 年这九年作为决策单元。采用 SE –

DEA 模型进行分析，使用 Matlab 软件，最终求得西安市水资源输入产出效率结果（见表 6-3）。

从时间维度上来比较西安市农业水资源利用效率，用一个比较直观的图表示出来，如图 6-7 所示。总体上看来，水资源利用效率在 2004—2012 年呈现逐年增加的趋势。2004 年水资源利用效率是最低点，为 0.5191，说明农业水资源浪费情况严重，水资源没有得到充分的利用。但在以后各年中，水资源利用效率呈现均匀缓慢增加的趋势。而在 2009 年，西安市农业水资源利用效率达到最高点为 2.0495（效率 >1，根据超效率模型分析，效率值越大，有效性越强，说明 2009 年西安市农业水资源投入产出达到强有效）。这是因为 2009 年投入最少，产出却相对比较高，进而保证了农业水资源利用效率的提高。

表 6-2   西安市 2004—2012 年水资源输入输出指标原始数据

年份	2004	2005	2006	2007	2008	2009	2010	2011	2012
X1	47.42	44.97	40.70	48.38	43.96	45.21	43.65	39.21	39.31
X2	213.58	197.75	188.01	198.62	246.10	241.20	235.60	210.60	215.90
X3	69.05	0.70	68.27	45.03	63.81	63.59	61.05	53.04	50
X4	181.24	200.41	195.35	193.12	182.99	182.12	187.57	174.88	173.68
X5	6.83	5.92	11.24	9.03	6.47	3.97	21.57	28.66	31.15
X6	245.61	251.91	257.1	257.78	255.2	256.7	266.94	266.94	267.28
Y1	10.58	13.47	15.34	17.24	22.44	28.22	33.35	43.14	47.66
Y2	56.77	66.01	70.77	82.51	103.45	110.38	140.06	173.14	195.59

注：X1：农业用水比例；X2：农业灌溉亩均用水量；X3：农田旱涝保收率；X4：有效灌溉面积；X5：本年水利资金总投入；X6：水土流失治理面积；Y1：每立方米的农业产值；Y2：农业增加值。

资料来源：陕西省水利厅编 2004—2012 年《陕西省水利统计年鉴》，陕西出版传媒集团、三秦出版社；陕西省统计局、国家统计局陕西调查总队编 2004—2013 年《陕西统计年鉴》，中国统计出版社；西安市统计局、国家统计局西安调查队编《西安统计年鉴》。

表 6 - 3　　　　　　　　西安市 2004—2012 年水资源利用效率结果

年份	2004	2005	2006	2007	2008	2009	2010	2011	2012
S_1^-	3.91	5.30	3.58	12.53	0.00	37.38	1.38	0.76	2.81
S_2^-	0.00	0.00	0.00	17.74	9.74	184.85	6.32	0.00	20.82
S_3^-	7.05	12.25	12.81	0.00	2.20	50.08	4.52	3.67	0.00
S_4^-	9.70	33.10	31.02	46.29	3.95	143.12	7.12	5.87	10.57
S_5^-	0.00	0.00	0.00	0.00	0.00	0.00	0.00	0.00	4.95
S_6^-	7.16	25.01	28.37	49.59	1.28	205.17	0.00	8.20	18.74
S_1^+	3.79	3.26	2.33	3.43	3.81	0.00	1.22	0.00	1.07
S_2^+	0.00	0.00	0.00	0.00	19.72	0.00	3.61	0.00	0.00
θ	0.5191	0.6175	0.6611	0.8065	0.8864	2.0495	0.8394	0.9568	1.1983
排名	9	8	7	6	4	1	5	3	2

注：S_1^-：农业用水比例；S_2^-：农业灌溉亩均用水量；S_3^-：农田旱涝保收率；S_4^-：有效灌溉面积；S_5^-：本年水利资金总投入；S_6^-：水土流失治理面积的松弛变量。

通过调研及数据分析（见表 6 - 3、图 6 - 7）得知，2004—2012 年间农业水资源利用效率呈现稳步逐渐提高趋势。这是因为西安市面对水资源严重亏缺态势，近年来加强了节水农业建设，加大了水利资金投入，2012 年底，西安全市有万亩以上灌区 34 处，水库 92 座，库容达到 3.85 亿立方米，有效灌溉面积为 1277.18 千公顷，基础设施建设已经居于全国前列。

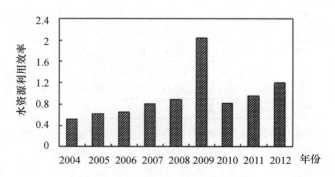

图 6 - 7　西安市 2004—2012 年农业水资源利用效率排序

这些输入指标的松弛变量表示投入要素的过剩量；S_1^+、S_2^+ 分别为输出变量每立方米的农业产值、农业增加值的松弛变量；输出指标的松弛变量表示产出要素的不足量；θ 为农业水资源利用效率值。

西安市被评为全国节水示范市，主要采用喷灌、微灌、滴灌灌溉等节水灌溉措施；2013 年西安市节水灌溉面积为 245 万亩，农业灌溉效率达到 0.70 左右，已经接近发达国家水平。总体上，农业用水量下降，节水效果良好。同时农户节水意识也逐渐增强，农业水资源的浪费得到了有效遏制，进而农业水资源的利用效率也得到了很大程度的提高。这也进一步说明了在西安市农业水资源严重短缺的现实情况下，农业节水将直接影响农业水资源的利用效率。

（2）基于空间维度的农业水资源利用效率分析

依据《陕西省统计年鉴》《西安市统计年鉴》《陕西水利年鉴》的资料，我们对西安市 2012 年十个区县（新城区、碑林区、莲湖区三个市区由于所处的位置和经济发展原因其农业指标为 0，因此，这三个市区不在本模型研究范围内）的相应指标进行了梳理（见表 6－4），并将西安市各个区县作为决策单元。采用 SE－DEA 模型进行分析，使用 Matlab 软件，最终求得西安市水资源输入产出效率结果（见表6－5，图6－8）。

表 6－4　西安市各个区县 2012 年水资源输入输出指标原始数据

区县	雁塔区	未央区	灞桥区	长安区	阎良区	临潼区	蓝田县	周至县	户县	高陵县
X1	2.17	5.6	29.15	42.56	63.56	73.00	29.79	79.1	56	66.15
X2	127.0	196	279.8	156.1	313.0	158.0	125.0	282.4	138	290.9
X3	71.23	63	60.89	34.54	93.13	65.97	18.56	55.45	83	89.7
X4	71.23	34	17.08	9.54	10.96	11.78	7.25	12.74	11	16.9
X5	1.45	2.3	6.94	22.49	15.26	34.59	14.4	34.41	32	13.67
Y1	48.68	38	55.66	43.81	39.17	42.02	87.00	30.51	52	48.87
Y2	2.34	2.2	16.08	30.06	19.7	29.63	24.45	25.39	25	20.33

注：X1：农业用水比例；X2：农业灌溉亩均用水量；X3：农田旱涝保收率；X4：每亩排灌动力机械；X5：有效灌溉面积；Y1：每立方米的农业产值；Y2：农业增加值。

资料来源：陕西省水利厅编 2004—2012 年《陕西省水利统计年鉴》，陕西出版传媒集团、三秦出版社；陕西省统计局、国家统计局陕西调查总队编 2004—2013 年《陕西统计年鉴》，中国统计出版社；西安市统计局、国家统计局西安调查队编《西安统计年鉴》。

通过表6－5和图6－8可以看出，整体上2012年西安市各个区县的农业水资源利用效率与各地区的经济发展趋势基本吻合。

从空间分布来看，2012年蓝田县农业水资源利用效率值是1.70，为最高。并且从各个区县选取的投入产出指标中可以看出，蓝田县亩均用水量较少，但是每立方米农业产值却是最高的。这是由于蓝田县山、岭地占土地面积的80.4%以上，川地只有很小一部分，所提供的农业灌溉用水数据只包含了川地用水，山、岭地均是靠天吃饭。而农业产值统计则涵盖了全县所有区域，这导致所选取的输出指标每立方米的农业产值偏高，是其他地区的2—3倍，而输入指标相对较小，导致出现了蓝田县农业水资源利用效率最高的模型结果。

表6－5　　　　　　西安市2012年各个区县水资源利用效率结果

区县	雁塔区	未央区	灞桥区	长安区	阎良区	临潼区	蓝田县	周至县	户县	高陵县
S_1^-	0.00	0.00	20.2	5.27	20.8	33.9	25.6	15.8	22.3	20.8
S_2^-	65	24	199	0.00	93.3	0.00	151	37.1	0.00	8.00
S_3^-	15.7	29.4	70.9	11.1	44.6	40.7	0.00	13.5	58.74	26.0
S_4^-	18.4	0.00	18.5	0.48	0.00	2.50	7.85	0.00	2.98	0.00
S_5^-	1.71	0.00	0.00	4.43	0.00	15.7	8.56	5.38	15.86	0.00
S_1^+	0.00	0.00	1.56	63.1	30.6	63.4	0.00	59.8	38.15	22.6
S_2^+	0.46	2.74	0.00	0.00	0.00	0.00	35.2	0.00	0.00	0.00
θ	1.53	1.15	1.36	0.98	0.73	0.96	1.7	0.59	0.93	0.77
排名	2	4	3	5	9	6	1	10	7	8

注：S_1^-、S_2^-、S_3^-、S_4^-、S_5^-分别为输入变量的松弛变量，这些输入指标的松弛变量表示投入要素的过剩量；S_1^+、S_2^+分别为输出变量的松弛变量，输出指标的松弛变量表示产出要素的不足量；θ为农业水资源利用效率值。

鉴于以上数据的有限性，我们希望在后续工作中，加大对蓝田各个村镇的调研力度，从而获取实际的灌溉面积、农业用水量及农业产值，保证我们对水资源利用效率计算的合理性和科学性。

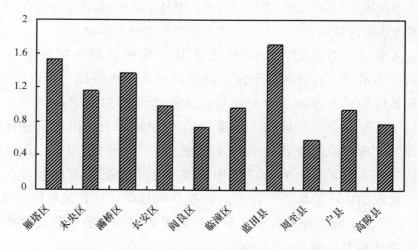

图 6 - 8　西安市 2012 年各区县农业水资源利用效率排序

　　另外通过图 6 - 8 可以看出，西安市的四个中心城区（雁塔区、未央区、灞桥区、长安区）用水效率均较高，这与其所处的地理位置、经济发展程度等有着很大的关系。在这些中心城区，随着经济发展，必须采用与之相匹配的先进灌溉技术（滴灌、喷灌等基本全面覆盖），加大水利投入，这在一定程度上大大提高了农业水资源利用效率。

　　而在六大农业区县（阎良区、临潼区、蓝田县、周至县、户县、高陵县）中，除蓝田县外临潼区的水资源利用效率最高，为 0.9584，这也与其经济发展等趋势相吻合。随着经济的大力发展，临潼区在水利建设以及节水利用方面做出了很大的努力。2012 年临潼区被水利部授予"全国农田水利基本建设先进单位"荣誉称号。近年来，省、市政府多次在临潼区召开全省、全市农田水利基本建设现场会，临潼区也连年获得全省、全市农建先进和全省水利振兴杯夺杯区县。并且其农业灌溉技术先进，2011 年来发展节水灌溉面积 12.85 万亩，大部分采用滴灌、喷灌等先进节水灌溉技术。临潼区高度重视基本农田水利建设以及先进的农业节水技术，为水资源高效利用奠定了坚实的基础。在西安市六大农业区县中，户县的农业水资源利用效率排名第二，为0.9345。我们在户县调研过程中，了解到户县的农业节水措施和技术比较先进。依农猕猴桃专业合作社建立的1500亩猕猴桃基地、荣华葡萄基地全部采用滴灌灌溉，并运用先进的土壤水分监测技术，做到缺水区域适时适量供水，大大提高了农业水资源利用效率。同时在基本农田灌溉中，大部分采用水袋、滴灌、喷灌等措施，很少有大水漫灌的现象，较好的节水措施和节水技术保证了户县较高的农业水资源利用效率。

农业用水效率最低的区县是周至县，为0.5910，低于西安市平均水平。周至县是西安市典型的农业大县，农业灌溉在县域经济发展中起着至关重要的作用，但通过查阅文献资源发现就周至农业灌溉现状来看，灌溉技术仍然处于较低发展水平，水土资源组合不平衡，工程不配套，设施老化失修严重，管理手段相对比较滞后，农业节水措施和技术落后，大水漫灌的现象普遍存在，造成水资源的严重浪费，导致较低的农业水资源利用效率。随着经济的发展，周至县政府已经开始重视农业灌区节水配套建设，其农业水资源利用效率提升空间较大，在未来一段时间内应成为西安市农业水资源优化配置的重点调控区。

3. 农业水资源利用效率的影响因素分析

通过以上定量分析可知，效率测定时选取的输入和输出指标，在不同程度上均对农业水资源利用效率具有一定的影响，但是其具体影响程度是灰色的。故本研究采用灰色关联分析方法，通过定量分析和定性描述来阐明经济发展、节水技术、管理水平以及水价等因素对西安市农业水资源利用效率的影响。

（1）影响因素灰色关联分析方法

灰色关联分析方法是根据因素之间发展趋势的相似或相异程度，即"灰色关联度"，作为衡量因素间关联程度的一种方法。灰色系统理论提出了对各子系统进行灰色关联度分析的概念，力图通过一定的方法去寻求系统中各子系统（或因素）之间的数值关系。因此，灰色关联度分析对于一个系统发展变化态势进行了量化的度量，因此非常适合动态历程分析。而且这种方法对数据要求较低且计算量小，便于广泛应用。

灰色关联分析法是以灰色系统理论为基础，通过计算关联系数和关联度指标，分析各种不确定因素对某一客观事件的影响程度，并确定哪些是主要影响因素的数量分析方法。其基本步骤如下：

① 求各序列的初值像（或）均值像：$X_i^1 = X_i / x_i(1) = (x_i^1(1), x_i^1(2), \cdots, x_i^1(n))$，$i = 0, 1, 2, m$。

② 求差序列：$\triangle_1(k) = | x_0^1(k) - x_i^1(k) |$，$\triangle_i = (\triangle_i(1), \triangle_i(2), \cdots, \triangle_i(n))$，$i = 1, 2, \cdots, m$。

③ 求两极最大差与最小差：$M = \max_i \max_k \triangle_i(k)$，$m = \min_i \min_k \triangle_i(k)$。

④ 求关联系数：$Y_{0i}(k) = m + \varepsilon M / \triangle_i(k) + \varepsilon M$，$\varepsilon \in (0, 1)$，$k = 1, 2, \cdots, n$；$i = 1, 2, \cdots, m$。

⑤ 计算关联度，计算完关联度后，即可根据关联度大小对影响因素进行排序：

$$Y_{0i} = \frac{1}{n} \sum_{k=1}^{n} Y_{0i}(k), i = 1, 2, 3, \cdots, m。$$

式中，X_0^1、X_i^1 为 X_0、X_i 序列的初值象，X_0、X_i 为分析因素与影响因素序列，$x_o(k)$、$x_i(k)$ 为 X_0、X_i 序列内第 k 个元素，X 为序列号，K 为序列内观测元素号，$x_0^1(k)$、$x_i^1(k)$ 为 X_0、X_i 序列内第 k 个元素的初像，$Y_{0i}(k)$ 为 X_0、X_i 序列第 k 元素的关联系数，ε 为分辨系数，本研究取 ε 为 0.5，n 为序列内观测元素总数。

通过以上定量分析时间维度和空间维度的西安市水资源利用效率，可以看出，所选取的输入输出指标农业用水量、亩均灌溉用水量、农田旱涝保收率、有效灌溉面积、本年水利资金投入、每立方米农业产值、农业增加值等都不同程度地影响着西安市农业水资源利用效率。因此，按照灰色系统理论，将以上分析出来的农业水资源利用效率作为母序列，将选取的输入输出指标分别作为子序列，借助 DPS 软件进行灰色关联分析，根据关联度大小，将影响因素进行排序。

（2）影响因素结果分析

本研究通过灰色关联分析，获得了西安市农业水资源利用效率影响因素灰色关联度表（见表 6-6）。由表 6-6 可知，除本年水利资金总投入的关联度值较低（0.6688）外，其他各因素与农业水资源利用效率的关联度均较高，平均值为0.7567，和农业水资源利用效率值的变化表现出较强的一致性。具体关联度排序结果为：农业增加值＞水土流失治理面积＞农业灌溉亩均用水量＞有效灌溉面积＞农业用水比例＞每立方米农业产值＞农田旱涝保收率＞本年水利资金总投入。

表6-6　　　　　西安市农业水资源利用效率影响因素灰色关联度

影响因素	农业用水比例（%）	农业灌溉亩均用水量（平方米/亩）	农田旱涝保收率（%）	有效灌溉面积（千公顷）	本年水利资金总投入（亿）	水土流失治理面积（千公顷）	每立方米用水的农业产值（元）	农业增加值（亿元）
关联度	0.7585	0.7897	0.7277	0.765	0.6688	0.7901	0.7556	0.7987
排序	5	3	7	4	8	2	6	1

根据关联度分析的原则，关联度值大的因素与农业水资源利用效率关系密切，反之则疏远。

①农业增加值、水土流失治理面积及灌溉亩均用水量的影响

农业增加值：

根据上述7个影响因素关联度值的大小排序结果，得知农业增加值是目前选取的指标中影响农业水资源利用效率的最重要因素，关联度值为0.7987。在定量分析时选取农业增加值作为模型的输入指标，主要是为了从总体上评价农业用水的经济效益。因为农业增加值是衡量经济差异的主要指标之一，是指一定区域内农林牧渔及农林牧渔业生产货物或提供活动而增加的价值，为农林牧渔业现价总产值扣除农林牧渔业现价中间投入后的余额。从微观上来说，农业增加值的计算，可以全面反映农业的投入、产出、效益及收入分配关系，有助于改善经营管理，提高经济效益。因此，一个地区一定时间段内农业增加值越高，也就说明其农业经济效益较好，而本研究农业增加值也能直接反映整个西安市农业用水投入产出的经济效益情况，其值越大，经济效益就越好。

在上述分析中，也可以看出经济发展好的地区，其农业水资源利用效率相对也较高，农业水资源利用效率与农业增加值的变动趋势是一致的。这是因为，这些地区经济实力雄厚、技术水平较高、农业产业结构合理，因此运用经济杠杆更加能够促进农业节水，从而提高农业水资源利用效率。

水土流失治理面积：

由以上灰色关联分析结果可知，水土流失治理面积是影响农业水资源利用效率的第二重要因素，其关联度为0.7901。水土流失面积是指在山丘地区水土流失面积上，按照综合治理的原则，采取各种治理措施，如水平梯田、淤地坝、谷坊、造林种草、封山育林育草（指有造林、种草补植任务的）等，以及按小流域综合治理措施所治理的水土流失面积总和。水土流失治理面积在一定程度上反映了生态修复的能力，体现水资源利用过程中的生态环境效益。本研究发现，2004—2012年西安市水土流失治理面积在逐年增加，而水资源利用效率也在同步提高。这同时也说明了水土流失治理越好，水资源生态基础也较好，大量的水资源充分利用，没有在灌溉过程中以及随着降雨产生水土流失，因此，水资源利用效率就相对高，体现了较好的生态修复能力，间接表现出很好的生态环境效益。

农业灌溉亩均用水量：

由表6－6可知，农业灌溉亩均用水量关联度值为0.7897，也是影响农业水资源利用效率的主要因素之一，直接反映了西安市各个时期、各个区县农业节水情况。农业亩均灌溉用水量越小，说明农业节水越好，农业水资源利用效率就越高。从时间维度（2004—2012年）上分析得出，随着近几年农业节水政策优惠、农业节水技术的进步，农业水资源利用效率也是逐年呈现稳步增高的趋势。而在西安市10个农业区县中，农业水资源利用效率较高的区域（四大城区及临潼、户县等），也是节水政策与技术较好的区县。因此，西安市农业节水政策与农业水资源利用效率密切相关，政府扶持政策，农业节水的优惠政策、补偿政策以及管理政策等对农业水资源的发展进程有着重要影响。

②有效灌溉面积、农业用水比例、每立方米农业产值的影响

农业用水比例、有效灌溉面积、每立方米农业产值这三个指标对农业水资源利用效率的影响程度基本相同，关联度都为 0.76 左右，因此，这些指标对农业水资源利用效率的影响也较大。

有效灌溉面积：

有效灌溉面积，反映一定区域的水资源开发利用率，体现了水资源利用的社会效益，同时在一定程度上间接反映了农业节水政策与节水技术的状况。水利是农业的命脉，灌区是命脉中的命脉，是粮食安全保障的重要基地。以往大水漫灌、土渠灌溉等粗放的灌溉模式，导致有限的水资源得不到高效的利用，而随着近几年西安市各个区县灌溉方式的改进，新型、高效的节水灌溉技术逐渐得到广泛推广，因此，在水资源严重短缺的情况下，有效灌溉面积大幅度增加，水资源利用效率越来越高，也体现出较高的社会效益。虽然西安市已经出台了有关节水灌溉建设和设备补贴的政策，但在技术研发、工程建设、产业规范等方面缺乏全面的政策支持。农田电力设施、地下管网系统、节水灌溉工程输水主干管网、首部装置尚未纳入国家农田水利基础建设范围。节水器材生产未得到支农产品优惠政策支持。农业用水总量控制、定额管理制度不能有效落实，对浪费灌溉用水行为没有强有力的制度约束，缺乏节水用水的补偿机制。

因此，西安市农业节水政策及技术还具有很大的提升空间，节水技术和政策的发展将为今后决策层提供科学依据和技术支持。

农业用水比例：

农业用水比例是指农业用水量（用于灌溉和农村牲畜的用水）占总用水量的比例，受用水水平、气候、灌溉技术以及渠系利用系数等因素的影响。反映了区域内农业用水的利用效率，指标值越大，说明农业对水资源的消耗量越大。

西安市作为一个水资源极度短缺的区域，农业用水比例的状况直接影响着水资源利用效率，其值越大，农业用水消耗量就越大，水资源利用效率就相对较低。传统的大水漫灌等方式不仅用水量大，水的

利用率还很低，造成农业用水比例大，浪费严重。而灌溉技术的进步和普及可以大大降低农业用水比例，因此选取农业用水比例指标可以间接反映出西安市农业节水技术应用情况，从而为更好地发展节水农业奠定基础。

每立方米农业产值：

每立方米用水农业产值，反映农业水资源利用的经济效率，单位水资源占用和消耗所产出的有效成果数量越多，农业水资源利用的经济效率就越高。在西安市农业用水总量不断减少的条件下，每立方米农业产值越高，越能体现节水技术带来的社会效益和经济效益。

由此，可以看出经济发展、节水政策和节水技术等仍然是提高农业水资源利用效率的关键因素。

③农田旱涝保收率及本年水利资金总投入的影响

农田旱涝保收率及本年水利资金总投入对农业水资源利用效率的影响程度低于以上几个因素，表现为一般关联度。旱涝保收率是指按一定设计标准来建造水利设施以保证遇到旱涝灾害仍能高产稳产的比率，而水利资金的投入与农田旱涝保收率是相辅相成的，大幅度水利资金投入保障了较高程度的农田旱涝保收率。对于靠天吃饭的农田，是重要的影响因素。但是随着西安市城市化进程的加快以及对水利建设的重视，其对水利投入已经达到一定程度，基本上均能保证较高的农田旱涝保收率（个别靠天吃饭的塬、岭区除外）。因此，这两项指标对农业水资源利用效率的影响程度相对较小。

④其他因素的影响

在选取农业水资源利用效率的输入输出指标时，遵循一定的指标选取原则，同时考虑到数据的可得性，本研究选取了以上7个影响因素进行了分析。但是，农业水资源利用效率是通过农业水资源的配置效率和生产效率共同来体现的，因此，还有其他一些因素对水资源利用效率产生重要影响，而在模型中由于资料缺乏未能纳入分析的一些因素，也将是我们后续工作中研究的重点内容。

农业水价：

水价可以反映水资源的实际价值，对水资源的可持续发展具有重要的意义。而在以上定量分析水资源利用效率中我们没有选取农业水价指标，这是因为在调研中得知模型构建所使用年限间的农业水价几乎没有变动，那么在模型运算过程中从时间维度上就不能很好地反映水价对农业水资源利用效率的影响。但是我们认为水价是影响西安市农业水资源利用效率的一个非常重要的因素，因为通过查阅大量文献发现，其他地区研究水资源利用效率时均把水价作为一个很重要的影响因素来进行分析，并且在调研中农户也谈到了农业水价在很大程度上影响了利用效率。一般而言，合理的水价不仅反映水资源的稀缺程度，还反映水资源转换的机会成本。因此，水价能够引导水资源从低效率向高效率的方向转移。

水价是调节水资源供求关系的经济杠杆，随着国家农业水价综合改革的稳步推进，西安市也在不断地进行水价改革的探索。过低的水价，是对农业用水浪费和用水低效的鼓励。合理的水价，能够较好激励和促进节约用水，提高农业水资源利用效率。

因此，在以后的工作中我们将进一步对农业水价对水资源利用效率影响进行定量分析，从而为水资源管理部门提供决策依据。

农业水资源管理方式：

在调研中也发现，管理较好的区县，如户县的甘水坊村，水资源管理方式合理，其农业产出就比其他几个村子高，并且有效灌溉面积也相对较大，因此，水资源利用效率就较高。由此，水资源管理体系在一定程度上也会影响农业水资源利用效率。农业水资源管理就是对研究区域内各类别水利工程的运行管理，是分级管理、专业管理和群众管理三者相结合的管理体系。

首先，分级管理因素。具体就是实施分级负责管理，以保证运行的安全性。每个管理站和站内的管水人员负责管理输水主干渠及其所属的各个支渠，灌溉引水渠首等，同时把所属工程建立档案，进行登记造册，管理中心依据工程运行的现状进行管理承包合同的签订，确定管理内容和管理标准，年终依照管理效果、维修养护和安全运行等情况，运行奖罚兑现。签订管理责任书，层层分解任务和级级落实责任。如果出现没达到养护标准或发生人为破坏的现象等情况，要追究相关管理单位、人员的责任，在经济上进行处罚并责令维修配齐。这种管理方式由于农民的节水意识不够强烈，总是觉得事不关己，达不到真正节水的效果。

其次，专业管理队伍因素。户县的1500亩的猕猴桃基地和荣华葡萄基地实行的是专业化管理机制，要想实行专业化的管理养护就必须建立专业的管理队伍。设立专门的护渠队伍，对辖区工程进行管理维修，并且要做到定点定段，专人专职，随时养护，常年坚守。每个断点的工作人员都要和相应的管理单位签订责任合同，责任和任务都必须落实和分解到每一级，并进行量化考核。在调研户县甘水坊村时，村书记也提到这种管理方式存在一些弊端。比如，有些农民在浇水过程中变相地改动水表或者替换电表，而管理人员不可能随时随地都跟随，从而导致用水量没有准确地得到测定，农民自身减少了浇地费用。最终使农业水资源浪费，不能真正达到水资源高效利用的目的。

最后，群众自主管理因素。这是实现节水农业、提高农业水资源利用效率的最有效的方法。农民必须自身形成节水意识，要从我做起，不能浪费每一滴水。提高群众经营管理的能力，就务必让他们进行自主管理。通过自主经营的管理办法，可以提高相关管理人员的经营管理能力，进一步推进研究区域的水利工程建设的进程，最终促进形成研究区域水利工程建设和管理的良性运行机制。在调研蓝田白鹿塬时发现，新修的节水项目工程保证了在干旱时农作物用水需求，而农民不再靠天吃饭，因此农民的自主管理能力很强。农民不但灌溉时节约用水，并且在灌溉后对水利设施的维护和保养都是自发的。这在一定程度上保证了农业节水的有效实施。

通过 SE – DEA 模型定量分析可知，2004—2012 年随着农业节水建设的大力实施，西安市农业水资源利用效率逐年得到提高，随着西安都市化进程的加快、农业用水比例的下降以及水资源"瓶颈"约束的影响,在全方位评价西安市农业水资源利用效率的前提下,探索提高水资源利用效率的途径和方法就显得尤为重要而紧迫。从各个区县来看,水资源利用效率最低,说明其农业水资源利用效率提升空间较大,在未来一段时间内应成为西安市农业水资源优化配置的重点调控区。而经济发展和节水战略的实施,是农业水资源利用效率最重要的影响因素。

第三节　生态文明视域下西安市农业节水战略

一　战略意义

西安市水资源总量不足、时空分布不均,并且随着工业化、城市化进程的加快以及生态化城市的建设,总用水量需求增加,农业用水将更为紧缺。因此,建立与完善适合西安市市情的现代农业节水体系、大力实施农业节水战略,对缓解水资源短缺,摆脱农业用水危机,提高水资源利用效率、实现农业可持续发展,保障粮食安全和生态安全,推动西安市经济社会可持续发展具有重要的战略意义。

1. 实现合理的水资源消费结构

随着西安社会经济的发展、城市化进程的加快,需水量也相应地增长,农业用水、工业用水、生活用水,无不在抢占日渐稀缺的水资源。2013 年西安市农业用水占总用水量的 36.8%,而 2015 年下达的用水指标中规定农业用水减少到占用水总量的 33.3%。由此可见,促使西安市地区水资源由低效产业向高效产业转移,使经济发展与水资源消费结构相匹配,必须实现农业水资源往第二、第三产业和生活用水方向转移。有实行农业节水战略,提高农业水资源利用效率,才能将水从农业中转移出来,使水资源的使用更好地适应经济社会的发展规律。实现农业节水战略,将农业节约的水量向工业和生态进行合理调配,实施农业节水支持第二、第三产业的发展,促进农业生产方式的重大转变,也为实现水资源结构性调整打下基础。

2. 保障用水安全

面对日益增长的用水需求，水资源供给日益紧张，再加上水污染、水资源利用效率低下等因素，导致水危机频频出现。据调查，2020年西安市的用水指标为26.2亿立方米，西安市水务局已经将用水指标下达到各个区县。而农业是目前用水量最大的产业，实行农业节水将会在很大程度上改善水资源供求现状，提高水资源利用的有效性，保障水安全。随着西安市工业化和城市化的发展，越来越多的人在城市聚居，城市的用水需求剧增、供水的压力日趋紧张。农业节水不但提高了水资源利用效率，也缓解了城市供水困难，从而在一定程度上保障西安市用水安全。

3. 推进农业的可持续发展

农业水资源的可持续利用反映了农业发展和水资源利用之间的相互协调。水资源可持续利用的目的是：根据水资源永续利用的原则来保证人类社会、经济和生态环境的可持续发展。注重研究水在自然界循环过程中所受干扰的一些解决方法，保证这种干扰不影响水资源的可持续利用。在进行水资源规划和水利工程设计时，为了保证水资源的永续利用，要遵守：第一，开发利用天然水资源时不能造成水源逐渐衰竭；第二，因自然老化导致水利工程系统的功能减退，要有后续的补救措施，尽量持久保持该系统的设计能力；第三，对一定范围内水资源的供需问题，要考虑到供水需求的增加，合理用水，做好节水措施与水资源的需求管理，保持水资源的长期可持续性。

西安市实行农业节水，不仅能够维持基本的生态过程，还可以提升社会经济的可持续发展能力。通过水资源的可持续利用来支撑农业可持续发展、保护生态环境、推进生态建设，达到人与自然的和谐共处。

4. 保障粮食安全

粮食安全是推动经济发展、保持社会稳定的重要基础。水是粮食安全生产的关键要素之一，而农业又是用水大户，面对西安市农业用水总量减少的严峻形势，节水农业是摆脱水资源短缺的束缚、保障粮食安全的必然选择。解决农业用水问题，必须大力推广节水灌溉，有效提高粮食综合生产能力，为经济社会持续、稳定、快速发展提供较好的保障，农业节水是保证西安市粮食安全的必由之路。只有实行农业节水战略，才能解决水资源短缺问题，从根本上保障粮食安全。

5. 改善生态环境

保护和改善生态环境，是实现可持续发展的客观需要，也是我国实现现代化的必然要求。农业因其分布的广泛性成为生态环境恶化的主要承受者。同时承受着来自城市和工业的生态污染转移的压力。部分地区以牺牲生态环境和资源的代价来换取经济发展的政策，使农业承受了严重的后果。因此改善农村的生态环境任务艰巨。农业节水将有利于促进生态环境的建设。各种高新技术的应用，将有效地促进节水设施的发展，提高农业水资源的利用效率，提升农业的效益，恢复农村的生态景观，完善农村的生态环境，促进农村经济发展，同时促进生态文明建设。

二　西安市农业节水战略制定的原则

西安市未来农业节水战略制定应坚持以下"六项原则"：

（1）注重实用、可持续发展原则。本着农民易学、易懂、易操作的精神，多推广农民乐意接受的节水灌溉技术，帮助农民采用节水技术进行农业生产，提高经济效益，使节水灌溉技术成为农民看得见、摸得着的并能带来一定经济效益的生产措施；结合节水型社会试点县建设，以水土资源承载能力为基础制定农业节水发展目标，努力做到与人口、资源、生态环境的相互协调，保障水资源可持续利用和农业可持续发展。

（2）因地制宜、分区而治原则。西安市山区和平原的自然条件、社会条件差异很大，农业节水发展模式不可能相同，不能盲目照搬其他模式，不同区域要抓住主要矛盾，走适合自己的农业节水发展道路。

（3）量力而行、梯次发展原则。遵循农业节水发展具有"阶段性"的客观规律，立足当前，着眼长远，根据西安市经济社会发展和管理水平，节水农业发展要梯次进行，逐步升级，例如计划上微灌工程的地点，近期受经济条件限制，可先建水源工程或铺设主管道，待经济条件允许，再上微灌工程。

（4）科学规划、分步实施原则。西安市节水灌溉的发展要统筹规划，开源节流，以提高天然降水利用率为前提，以提高灌溉水的利用率和水分生产率为核心，工程措施与非工程措施相结合，现代技术与传统经验相结合，达到水资源优化配置，高效利用的目的；受资金少的限制，节水灌溉目标的完成不可能一蹴而就，定出近期目标和远景规划，一部分农民先建起来，再带动一大片。

（5）效益优先原则。优先建设高效益的节水灌溉工程，用大规模、高效益调动农民投资投劳的积极性，努力降低农业用水成本，增加农民收入，发展农村经济，并兼顾处理好经济效益、社会效益、生态环境效益之间的关系。

（6）机制创新原则。节水灌溉工程的建设对象大部分都是村集体，工程都是由村里代管，土地却由一家一户经营，使用与管理脱节，致使工程不能正常发挥效益。为了适应当前形势，可以转变建设与管理机制，鼓励有资金筹措能力、有利于工程实施和建后管理的土地承包大户的承包区作为节水灌溉实施地点，并由县水务局抗旱服务站具体负责该项目的协调工作和技术服务。

三　生态文明视域下西安市农业节水战略

鉴于西安市农业用水的严峻形势，必须将农业节水提升到西安区域资源和经济安全战略管理的高度。西安市农业节水战略可从以下六个方面来推进：

1. 技术创新战略

针对西安市不同地域水资源分布特点，积极探索和创新符合县情的农业节水发展技术，构建节水灌溉模式区。在现有的灌溉技术基础上，西安市应重视喷灌、微灌、覆膜灌溉、地下灌溉等先进灌溉技术的研究、应用和推广，加强农田水利设施建设，以最大限度地发挥各种节水灌溉技术的潜力，实现田间节水。同时，要与林渠井综合配套相结合，通过实施渠系配套、渠道防渗和改渠道输水为管道输水等工程措施，减少灌溉用水在输送过程中的渗漏和蒸发损失，从而提高渠系利用系数，扩大有效灌溉面积，实现输水过程节水。

西安市政府在采用以上节水灌溉创新技术的同时，要加快建立以企业为主体、市场为主导、产学研相结合的节水灌溉技术创新体系，促进节水灌溉产业优化升级，实现农业水资源利用的经济效益和社会效益。

2. 循环利用战略

基于循环经济理论，西安市各级政府部门采用减量化、再利用和再资源化原则，提高水资源的重复利用率的同时，减少农业用水量。西安市政府应该进行有效引导，在农业用水中逐步推广使用再生性水资源：（1）中水循环利用。农业用水虽然作为主要用水之一，但对水质的要求并不高，一般污水处理厂二级出水即可用于农业灌溉。因此，将生活污水转化成农业用水，变废为宝、发展污水的回收再利用、实现污水的资源化。西安市政府有关部门制定相关利用中水的优惠政策，鼓励灌溉广泛使用中水，提高中水资源化循环利用率，发挥中水应有的社会效益和环境效益。（2）雨水资源化利用。雨水集蓄利用是缓解水资源紧缺、实现水资源循环利用的重要途径。由西安市政府主管部门牵头，健全和完善雨水调蓄利用技术支持和管理体系，制定合理的政策优惠和补贴方式，将雨水集蓄利用工程与节水灌溉、水土保持及生态环境建设相结合，提倡一水多用。通过水窖、大口井、塘坝、水库等水利设施集水，直接或经适当处理后用于农业灌溉，从而促进雨水资源的循环和高效利用，发挥雨水资源的环境效益。

3. 结构调整战略

通过调整、改善和升级区域农业发展结构，进一步优化西安市农业整体经济的产业结构，实现以水定产业，以水定规模的区域农业发展结构。充分考虑水资源禀赋和水环境容量以及资源环境承载能力，实现量水而行、以水定地、以水定产、以水定发展的战略。西安市政府相关部门调整与搭配合理的作物结构，减少耗水量大的农作物的种植面积，不再盲目实行"一村一品"的经济作物发展模式。实行"调粮、保产、做精经济产业"的发展战略，粮田逐渐退出高耗水作物，推广旱作农业田、发展生态景观田，适量扩大节水、高效作物的种植面积，压缩经济性的高耗水性作物的种植面积，大力发展低耗水性、市场竞争性强和经济效益相对较高的作物。切实做到以水定发展，逐步形成各具特色的区域农业发展格局，进一步提高农业水资源利用的经济效益和社会效益，以水资源可持续利用支撑经济和社会的可持续发展。

4. 价格调控战略

通过调整农业用水价格，创造西安市农业节水的内生激励。农业水价制度应在保障粮食安全、支持农业生产的基础上体现市场经济运作原则，做到成本补偿、合理收益、节约用水、公平负担。价格调控战略需控制在适度区间，首先要考虑国家对农业的扶持及补贴性质，其次要科学调研经济承受能力，水价过高，可能会伤害农民利益；过低，则节水行动的激励不足，无法实现决策者初始目的。因此，西安市有关部门应该在充分听取相关各部门农户意见的基础上，对农业水价进行动态管理，制定一个合理的标准，作为农业水价调控的上限，指导水价改革。综合考虑农业的具体状况，对粮食作物应用较低水价，对经济作物则可以适当调整上升幅度，农业水价调控战略必须建立在完善的计量基础设施之上，广泛推广应用智能 IC 卡技术，让农户用明白水、交明白钱，禁止任何形式的搭车收费和挪用。通过水价调控，稳定国家的粮食安全，调动群众实施科学灌溉和节约用水的积极性，有效遏制农业用水浪费，促进水资源的科学利用，提高农业水资源利用的社会效益和环境效益。

5. 水权交易战略

水权交易的实施需要有坚实的市场环境和良好的制度设计，因此，西安市政府在水权初始分配中，应发挥职能优势，加强农业水资源配置制度建设、水权初始分配和水事监管。西安市根据各个区县水资源天然差异、初始水权分配量、水资源耗费量和水资源开发利用量的不同，实行地方之间水权交易，水资源可以由富余地区出售给缺乏地区；根据水资源在不同部门之间的产出效率差异，实行部门之间水权交易，将各个部门节约的水出售给其他部门；根据农户节水意识不同，实行用水个体户之间水权交易，对于完成节水指标的用户允许将节约的水资源有偿转让，不但能保证农业水资源利用的经济效益，也能达到较好的社会效益。

同时，政府必须将宏观层面的用水总量指标体系与微观层面的定额管理指标体系相结合，以"维持水权稳定性，提高水权效率"为核心，在科学发展观的框架下，实施水权的界定和水权的分配。

6. 管理提升战略

西安市决策层通过全面以及整体的视角对农业用水中现在和将来的管理问题进行分析和决策，使农户、政府等环节的管理工作可以协调、有机地进行：

（1）落实最严格的水资源管理制度，全力推进西安市节水建设。严格落实"三条红线"的要求，严控西安市各个区县水量分配，建立覆盖市、县、镇三级行政区域用水总量控制指标体系，全面部署工作任务，落实有关责任，促进农业水资源合理开发利用和农业节水；（2）建立和完善农民用水者协会。西安市在保障水权所有者的权益不受影响的情况下，建立用水利益群体参与管理相互协商的制度，充分发展各种用水组织，调动农民参与灌溉管理的积极性，加强灌溉管理，杜绝用水管理中存在的漏洞；（3）加强政策扶持力度。西安市政府和水利部门要采取多种措施对农户的节水灌溉投资进行引导和支持，在政策上给予一定的倾斜，引导和鼓励农户自发地进行节水灌溉技术更新改造；（4）加强宣传教育。西安市加大宣传的力度，灵活运用多种宣传手段，市政府可以联合电视、网络、广播等大众媒体公益广告的宣传，策划不同的农业节水节目，进行节水宣传。

小　结

　　西安市是国家"一带一路"建设的重要中心城市、国家中心城市。大力发展都市农业是西安市统筹城乡经济发展，打破"二元经济结构"重要出路，也是改造西安市传统农业的核心手段，是生态文明建设的重要有力举措。然而西安市农业水资源面临水资源严重匮乏的"瓶颈"制约，随着工业化、城镇化的快速推进和人口的持续增长，社会用水需求差异化，用水主体多元化导致了用水竞争的加剧，水资源稀缺性急剧增强；而农业水资源本身粗放的利用方式导致农业水资源短缺与浪费问题并存。

　　鉴于西安市农业用水的严峻形势，加之农业用水效率不高，必须将农业节水提升到西安区域经验和经济安全的战略管理高度。以习近平总书记生态文明思想为指导，西安市农业节水战略可从以下六个方面来推进：技术创新、循环利用、结构调整、价格调控、水权交易、管理提升。改变农业水资源的利用方式，实行农业水资源高效利用，全面推动西安都市农业的健康发展。

第 七 章

生态文明视域下水权制度
与水权市场设计
——以张掖市为例

　　水权制度建设和水权市场培育被视为提升水资源利用效率的有效手段，也是建设节水型社会、践行生态文明理念的重要环节。生态文明的理念为水权制度建设和水权市场培育提供了新的理念和思路，同时通过市场的作用提升了水资源利用效率，实现了水资源节约。2015年7月底到8月上旬，笔者的团队对甘肃省张掖市水权制度和水权市场发展情况进行了深入调研。通过与政府相关部门的座谈，对灌区的考察以及对农业用水户的走访和问卷调查等多种方式，对张掖市水权制度的发展和水权市场的培育等基本情况有了一定程度的了解，并获得了大量的第一手材料。在此研究基础上，形成了以下生态文明视域下农业水权制度与水权市场设计的研究报告。

第一节　研究缘起

　　甘肃省张掖市，素有"金张掖"之称，是河西走廊一颗璀璨的明珠。在中国农业发展和水资源管理制度变迁的历程中，张掖市写下了浓墨重彩的一笔。张掖市农业发展是河西走廊农业发展最典型的缩影，也是我国重要的玉米制种基地之一。张掖市黑河均水制度已经有将近300年的历史，几经变迁而不衰，是水权管理制度改革的一个典范。21世纪以来，张掖市又是我国最早实施节水型社会建设和水权改革试点的城市。正是基于这三个原因，张掖市水权制度成为研究农业发展和水资源管理制度不可不谈的话题。

1. 河西走廊绿洲农业的名片

河西走廊气候干旱、降水稀少，但是境内有疏勒河、黑河、石羊河等水系，便于灌溉，且水量稳定，加之光照充足、昼夜温差大，有利于农作物的光合作用和物质积累，十分适合发展绿洲农业。早在西汉武帝时期，河西走廊就开始了大规模的农业开发，此后，河西走廊一直是我国西北地区重要的粮食产区。1977年河西走廊被批准为全国重点建设的十大商品粮基地之一。制种农业成为河西走廊农业的标志性产业，也为河西走廊赢得了"种子繁育黄金走廊"的名号。2012年起，玉米超过稻谷成为我国第一大粮食作物，播种面积超过5亿亩，其中70%的种子都是河西走廊提供的。张掖市是我国最大的地（市）级玉米制种基地，2014年生产杂交玉米种子3.22亿千克，占全国总产量的32%。"张掖玉米种子"也获得了全国唯一的种子国家地理商标证书。随着"一带一路"建设的推进，河西走廊生产的种子可以便捷地运往中亚、南亚、非洲、欧洲等地，未来的河西走廊不仅是中国重要的制种基地，甚至可能成为世界级的制种基地。但是脆弱的生态环境和水资源已经逐渐成为经济社会发展的瓶颈，特别是在黑河分水方案实行后，张掖市绿洲农业发展面临巨大的压力。如何突破水资源的约束，继续保持河西走廊绿色农业的发展，是我们十分关注的问题。

2. 黑河均水制的变迁

黑河流域中下游地区极度干旱，历史上用水矛盾就十分突出，根据《五凉全志》的记载，"河西诉案之大者，莫过于水利一起，争端连年不解，或截坝填河，或聚众毒打"。特别是到了明清时期，黑河地区的人口达到了历史的高峰，更是加剧了用水的矛盾。因此亟须创新水资源分配制度。清雍正四年，陕甘总督年羹尧首先制定了"均水制"。据《甘州府志》记载，"陕甘总督年羹尧赴甘肃等州巡视，道经镇夷五堡，市民遮道具诉水利失平。年将高台县萧降级离任，饬临洮府马亲诣高台，会同甘肃府道州县妥议章程，定于每年芒种前十日寅时起，至芒种之日卯时止，高台上游镇江渠以上十八渠一律封闭，所均之水前七天浇镇夷五堡地亩，后三天浇毛、双二屯地亩"。均水制实行以后，用水纠纷锐减，这一制度被长期坚持下来，经久不衰，至今均水制的历史已经接近 300 年。均水制案例是研究张掖水权制度必须考察的经典案例。

3. 黑河分水方案背景下的水权制度改革

中华人民共和国成立以来，张掖市大力发展农业，一方面农业发展取得了很大的成绩，另一方面也造成了水资源的过度使用，黑河下游地区生态环境不断恶化，下游额济纳旗西居延海于 1961 年干涸，东居延海也在 1992 年干涸。黑河下游生态环境恶化，导致沙尘暴频发。下游内蒙古自治区提出要求重新分配黑河水资源。在中央政府的协调下，先后形成了"1992 年分水方案"和"1997 年分水方案"，但是并没有得到实施。后来在中央政府和地方政府的继续共同努力下，最终形成了"2000 年分水方案"，在黑河流域管理局的协调下，开始执行。根据该方案要求，当莺落峡多年平均河川径流量为 15.8 亿立方米时，正义峡下泄水量 8.0 亿立方米。这意味着张掖市每年将减少近一半的水资源使用量。在这个背景下张掖市被迫进行水资源管理制度的改革，并由此成为我国最早的节水型社会建设和水权制度改革试点。张掖市水权制度改革，创造性地提出了水票制度，在全国水权改革中产生了重大的影响。经过十几年的发展，张掖市水权制度和水权市场培育取得了哪些进展，有什么可以推广的经验，是我们十分关心的问题。

第二节 张掖市水权制度基本情况

张掖市位于河西走廊中部，南依祁连山与青海毗邻，北靠合黎山与内蒙古接壤。辖甘州、临泽、高台、山丹、民乐、肃南一区五县，总面积4.2万平方千米，128万人，耕地390万亩，有汉、回、藏、裕固族等26个民族。张掖是典型的灌溉农业区，素有"塞上江南""金张掖"之称，境内河流以黑河为主。

黑河发源于祁连山北麓，其干流水系主要由黑河、梨园河及其他大小20多条河流组成，流域总面积14.29万平方千米，径流总量24.75亿立方米，其中黑河莺落峡断面为15.8亿立方米，梨园河梨园堡水文站为2.37亿立方米，其他支流为6.58亿立方米。黑河干流全长821千米，出山口莺落峡以上为上游，河道长303千米，面积1万平方千米，两岸山高谷深，气候阴湿寒冷，年降水量350毫米，是黑河流域的产流区；莺落峡至正义峡为中游张掖绿洲，河道长185千米，面积2.56万平方千米，两岸地势平坦，光热资源充足，但年降水量仅有140毫米，蒸发量达1410毫米；正义峡以下为下游，河道长333千米，面积8.04万平方千米，除河流沿岸和居延三角绿洲外，大部为沙漠戈壁，属极端干旱区。

张掖市地处黑河中游，集中了全流域95%的耕地、91%的人口和89%的地区生产总值，是全国重要的商品粮基地和蔬菜生产基地。黑河分水前，全市水资源总量为26.5亿立方米，其中地表水24.75亿立方米，地下水1.75亿立方米。2001年2月，张掖市开始执行国务院制定的黑河分水方案，实现当黑河上游来水15.8亿立方米时，向下游新增下泄量2.5亿立方米，达到9.5亿立方米的分水目标。这无疑加大了张掖市水资源的压力，为此2001年水利部把张掖市确定为全国第一个节水型社会建设试点，并开始试行推动水权制度和水权市场培育。几年来，张掖市从水资源管理的体制和机制等方面进行了大胆的探索和实践，初步形成了总量控制、定额管理、以水定地、配水到户、公众参与、水票流转、水量交易、城乡一体的节水型社会运行模式。张掖市农业水权制度主要形成以下几个特点：

第一，实行用水总量控制和定额管理。2004年张掖市先后出台《张掖市城镇生活用水定额（试行）》《张掖市工业用水定额（试行）》

《张掖市生态用水定额（试行）》，对张掖市水资源实行严格的定额管理。其中农业用水主要根据农业灌溉水利用系数以及不同农作物的用水需求等因素制订了详细的用水定额方案。

第二，对农业水权市场进行了较完善的制度设计。首先，合理推动农业水权确权。主要分三个步骤：以水定地，核定用水户灌水面积；层层分配水量；配水到户，发放水权证。其次，规范水权交易。2003年9月张掖市人民政府发布《张掖市农业用水交易指导意见》，从水的交易原则、交易范围、交易条件、交易程序、价格限额、交易方式、交易监督管理机构七个方面对张掖市农业用水交易进行顶层设计。最后，积极推行水权参与式管理。主要是通过以村或渠系为单位组建农民用水者协会，参与水权确定、水价形成、水量监督、公民用水权保护、水市场监管。

第三，创新型使用"水票"制度。水票是政府、灌区、用水户之间衔接、转换的手段和交易的媒介。在核发用水户水权证以后，对水权内的配水实行水票制，由用水户持水权证向水管单位购买每灌溉轮次水量，水管单位凭票供水，先购票，后供水，水过账清，公开透明。剩余水量的回收、买卖和交易，也通过水票来进行。这种水票管理模式和水权证同时运转，使水权完全落到了实处。

第三节　张掖市水权制度和水权市场调研

通过实地调研，我们希望获得更多的一手资料，以便对张掖市水权制度建设以及节水运行机制进行更加细致翔实的观察了解。在中国特色的农业灌溉活动中，政府主管部门、供水机构、个体农户等是节约用水、高效用水的三个最主要的活动主体，也是张掖市水权执行的重要的利益相关者。这三者分属宏观、中观、微观三个层面，相辅相成、互为促进，构成了灌溉活动中的一个有机整体（方兰，2016）。基于此，我们认为面对目前农业水资源的严峻形势，为了满足我国社会、经济的持续发展，实现农业水资源的持续、高效利用，必须对灌溉活动中最重要的三个利益相关者的行为进行了解和分析，并让其最大限度地发挥各自作用，实现政府、灌区和农户行为的优化，最终促进农业用水效率及社会福祉的提高。

本次调研，主要分为两个部分，一是关于工业企业用水情况的调研，以座谈和发放调研问卷为主；二是农业用水调研，调研方式主要是与用水农户访谈及政府相关部门座谈等。

一　工业用水调研问卷分析

为了解张掖市水权市场改革情况，研究水权制度改革对企业用水的影响，我们对张掖市 100 家各类企业进行随机抽样问卷调查，以探索水资源可持续发展模式。此次问卷调查共发放问卷 100 份，收回100 份，有效问卷 62 份，无效问卷 38 份（其中 2 份行业类型为企业，10 份行业类型为制造业，17 份行业类型为工业，6 份行业类型为加工业，无法归类；3 份没有填写行业规模）。

1. 问卷描述及分析

问卷涉及行业有造纸业、冶炼业、药品加工、食品加工、金属制品业、建筑业、化工业、采矿业 8 个行业。规模 0—49 人的企业有 13个，其中食品加工业 7 个，造纸业 3 个，采矿业 2 个，建筑业 1 个；50—99 人的企业有 21 个，其中建筑业 15 个，造纸业 2 个，化工业 2个，冶炼业 2 个；100—149 人的企业有 15 个，其中建筑业 7 个，冶炼业 3 个，采矿业 2 个，化工业 2 个，食品加工业 1 个；150—199 人的企业有 4 个，其中化工业 2 个，建筑业 2 个；200 人及以上的企业有 9个，其中建筑业 4 个，采矿业 1 个，造纸业 1 个，金属制品业 1 个，药品加工业 1 个，化工业 1 个。

企业每月用水量 0—50 立方米的企业有 3 个，分别为建筑业 1 个，食品加工业 2 个；用水量 51—300 立方米的企业有 10 个，其中建筑业3 个，食品加工业 3 个，采矿业 2 个，化工业 2 个；用水量 301—500立方米的企业有 32 个，其中建筑业 19 个，化工业 4 个，冶炼业 4 个，

食品加工业 2 个，采矿业 2 个，造纸业 1 个，该用水范围主要集中在
建筑业；用水量 501—1000 立方米的企业有 13 个，其中建筑业 6 个，
造纸业 4 个，食品加工业 1 个，冶炼业 1 个，化工业 1 个，张掖市用
水范围主要集中在建筑业和造纸业；用水量在 1000 立方米以上的企业
有 4 个，分别为造纸业、采矿业、金属制品业和药品加工业各 1 个。
总体来看，建筑业和造纸业用水量较大。

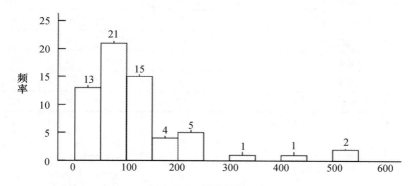

图 7-1　企业规模样本分布

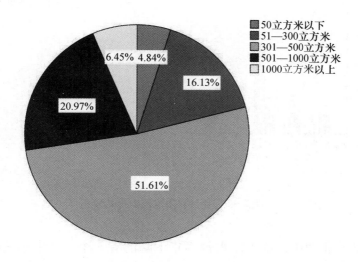

图 7-2　企业用水量样本分布

表 7 - 1　　　　　　　　　　企业用水量范围分布表

		每月用水范围					合计（立方米）
		501—1000立方米	1000立方米以上	50立方米以下	51—300立方米	301—500立方米	
所属行业类型	采矿业	0	2	2	0	1	5
	化工	0	2	4	1	0	7
	建筑	1	3	19	6	0	29
	金属制品业	0	0	0	0	1	1
	食品加工	2	3	2	1	0	8
	药品加工	0	0	0	0	1	1
	冶炼业	0	0	4	1	0	5
	造纸业	0	0	1	4	1	6
合计（立方米）		3	10	32	13	4	62

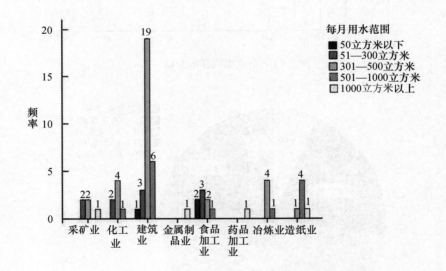

图 7 - 3　各行业用水范围及其分布

62 个企业中，认为用水量逐年下降的有 5 个，其中建筑业 3 个，金属制品业 1 个，冶炼业 1 个，说明近年来建筑业发展较为迟缓，或是建筑业较好地采取了节水措施；认为基本保持平稳的有 55 个，其中建筑业 24 个，食品加工业 8 个，化工业 7 个，造纸业 6 个，采矿业 5

个，冶炼业4个，药品加工业1个，可以看出张掖市大部分企业发展较为缓慢；认为逐年上升的有2个，都为建筑业。近几年，由于国家钢铁产业去产能，有部分金属制品业和冶炼业企业近年用水呈逐渐下降趋势；大部分建筑业企业用水趋势基本保持不变，少数企业逐渐上升或下降；其余行业企业用水趋势基本保持不变。（如图7－4、表7－2所示）

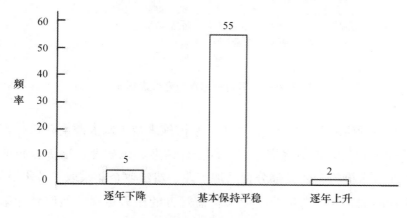

图7－4　企业用水趋势变化分布

表7－2　　　　　　　　　各行业用水趋势分布

		近年用水趋势			合计
		逐年下降	基本保持平稳	逐年上升	
所属行业类型	采矿业	0	5	0	5
	化工	0	7	0	7
	建筑	3	24	2	29
	金属制品业	1	0	0	1
	食品加工	0	8	0	8
	药品加工	0	1	0	1
	冶炼业	1	4	0	5
	造纸业	0	6	0	6
合计		5	55	2	62

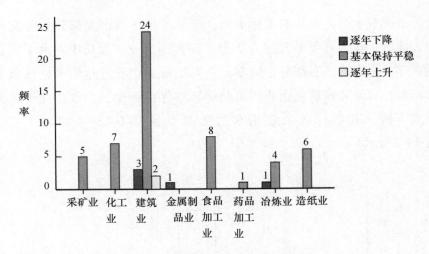

图 7 – 5　各行业用水趋势及其分布

参与调研的 29 个企业采用了节水措施来减少水资源消耗量，其余 33 个企业没有采取节水措施。大部分建筑业、采矿业、冶炼业企业没有采取节水措施，而大部分食品加工业、造纸业企业采取了节水措施。说明食品加工业、造纸业企业来自监管方的压力更强，促使企业采取节水环保措施，从而实现可持续发展。（如图 7 – 6 所示）

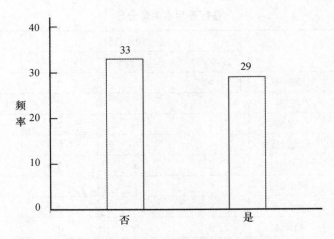

图 7 – 6　企业节水措施采取情况分布

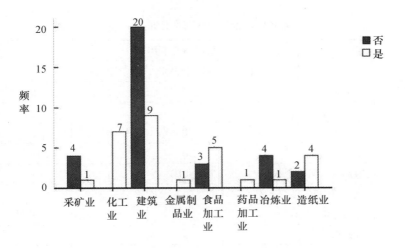

图7－7　各行业节水措施采取情况分布

中水利用方面，5 个企业表示有中水利用；50 个企业表示没有中水利用；7 个企业表示不清楚。采矿业、建筑业、食品加工业、冶炼业基本没有中水利用，部分化工业和造纸业有中水利用。说明张掖市化工业和造纸业相较于其他行业更注重水资源循环利用和管理，进行中水利用，从而实现企业的可持续发展。（如图7－8 所示）

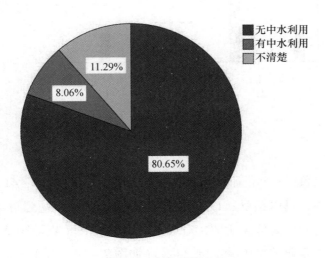

图7－8　中水利用分布

表7-3　　　　　　　　　各企业是否有中水利用分布

		是否有中水利用			合计
		无中水利用	有中水利用	不清楚	
所属行业类型	采矿业	5	0	0	5
	化工业	2	2	3	7
	建筑业	29	0	0	29
	金属制品业	1	0	0	1
	食品加工业	5	0	3	8
	药品加工业	1	0	0	1
	冶炼业	5	0	0	5
	造纸业	2	3	1	6
合计		50	5	7	62

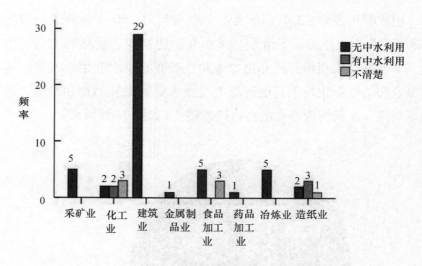

图7-9　各行业中水利用分布

　　关于水价，1个企业认为现行水价偏低，比较划算；41个企业认为水价适中，可以接受；19个企业认为水价偏高，勉强可以接受；1个企业认为水价高低无所谓，对成本影响不大。可见至2015年政府实行的水价在企业的可承受范围之内。（如图7-10所示）

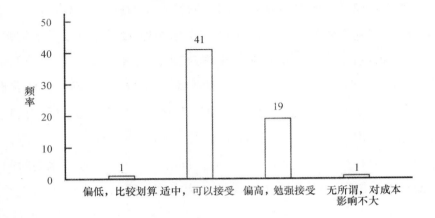

图 7 - 10 对现行水价看法分布

对张掖水权市场制度改革，40 个企业表示不清楚，21 个企业有点了解，1 个企业基本了解，没有企业很了解。此事说明大部分企业对于水权政策不够了解，宣传还需加强。（如图 7 - 11 所示）

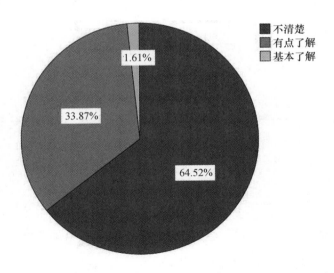

图 7 - 11 对张掖水权市场改革了解状况

关于水权制度建立后对企业用水的影响，如图 7 – 12 所示，1 个企业认为有利于降低企业用水成本，21 个企业认为会增加用水负担，31 个企业认为有利于促进企业节水增效，2 个企业认为会增加企业用水的时间、行政成本，还有部分企业选择了不止一个答案，在此我们定义了新的选项分别表示多选的企业。其中，5 个企业认为会增加企业的用水负担，同时有利于促进企业节水增效，我们用"5"表示；1 个企业认为有利于促进企业节水增效，同时，增加了企业用水的时间、行政成本，用"6"表示；1 个企业认为有利于降低企业的用水成本，同时有利于促进企业节水增效，用"7"表示。调查显示建立水权制度会促进企业节水增效。

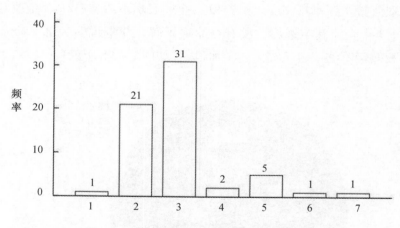

图 7 – 12　水权制度的建立对企业用水的影响

对于初始水权的配置，17 个企业表示是统一配置；9 个企业表示不知道；36 个企业未回答（包含两个回答地下水与地表水统一配置的企业）。（如图 7 – 14 所示）

对于初始水权是否与企业产值挂钩，36 个企业认为否，8 个企业表示不清楚，18 个企业无回答。（如图 7 – 15 所示）

对于是否认为产值越高，得到的初始分配量就越高，62 个企业均无回答。58 个企业表示不存在水权交易。4 个企业表示不知道。很大程度上说明张掖市工业用水基本不存在水权交易。

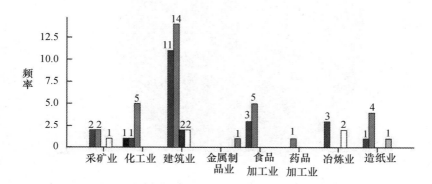

图 7 - 13　水权制度的建立对不同行业企业用水的影响

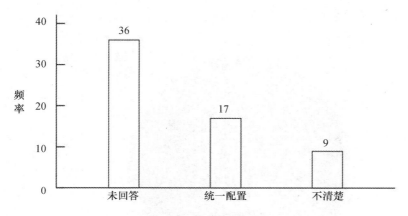

图 7 - 14　初始水权配置分布

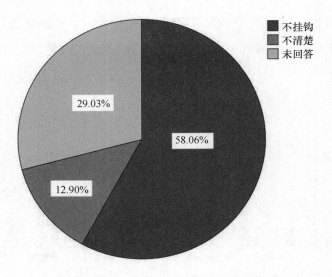

图 7 - 15　初始水权是否与企业产值挂钩分布

对于企业在用水定额剩余或短缺的情况下是否存在水权二次分配，59 个企业认为不存在，其余 3 个表示不清楚。说明张掖工业用水不存在水权二次分配，农业用水已实行水权二次分配，因此需要逐步完善工业用水交易制度，或者设计工业用水与农业用水交易方案，以增加水资源的有效利用。（如图 7 - 16 所示）

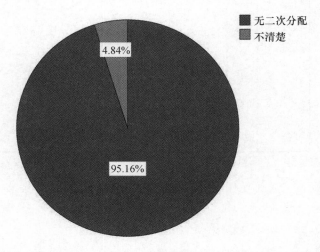

图 7 - 16　在用水定额剩余或短缺的情况下是否存在水权二次分配

对于水资源管理制度是否影响水权及交易价格，21 个企业认为会影响，34 个企业认为没有影响，7 个企业表示不知道。说明企业对于国家水资源管理制度并不清楚。(如图 7 - 17 所示)

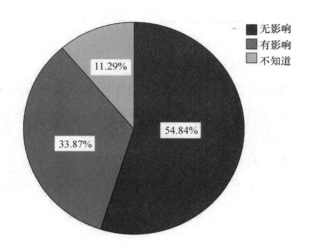

图 7 - 17　企业对国家现行水权及交易价格的看法分布

2. 工业用水市场调查小结

(1) 优势产业明显，工业用水需求大

张掖市物产丰饶，并且是甘肃省金属矿产、能源矿产和冶金辅料、化工原料等非金属矿产的集中区。张掖工业企业数据说明，造纸业、化工业、食品加工业等为当地的优势产业，张掖市主要依靠这些产业带动工业的发展，但即便如此，这些企业在节水方面的表现尚不尽如人意。而金属加工业等耗水量大的企业当前可能正在萎缩，行业规模减小，发展势头减弱，同时这些企业节水意识不强或企业自身实力不足，在节水措施上投入过少。由此可见，张掖的工业对水资源的需求仍然十分巨大，这对当地的水环境造成了很大的压力，为水资源合理有效的配置带来了巨大的挑战。

(2) 水权制度逐步推进，改革初显效应

在张掖的工业企业中，水权改革尚未完全铺开，政策的宣传并未达到每一个企业，政策的施行也尚未推进。水权制度对于当地企业是把"双刃剑"，制度的建立对多数企业起到了节水增效的作用，但同时也增加了企业的用水成本、用水时间和行政成本。政府对企业的初始水权实行统一配置。当地企业几乎不存在水权交易，当企业用水定额剩余或短缺时不存在水权二次分配，或是当地企业用水不存在剩余或短缺的情况。

（3）宣传力度不足，政策知晓程度低

水权制度改革在当地的宣传力度略显不足，大部分企业没有中水利用的措施，少量企业有中水利用，其余企业表示不知道。只有三成企业表示知道水权市场改革，这使政策的贯彻执行阻力增加。企业对于水资源管理制度对水权及交易价格的影响也不甚清晰，只有三成企业认为有影响。由此可见，水权制度的宣传推广力度不足，政策的普及率有待提高。

3. 建议

（1）优化产业结构，鼓励企业加大节水投入

根据张掖市发展实际优化当地的产业结构，对能够很大程度带动当地经济发展的企业给予优惠，鼓励企业安装使用节水设备，培养企业和员工的节水意识，加强中水利用，采取循环用水、一水多用等节水措施（政府可给予节水较好的企业一定奖励）。对于正在缩减规模、逐渐被淘汰的企业，政府应促使其转型升级，转变高能耗、高污染的生产方式，促进企业形成节水意识，并促进当地经济的可持续、绿色、协调发展。

（2）进一步推进水权制度改革，完善配套政策

进一步深化落实水权制度改革，明晰水权，建立用水定额指标体系，加大节水投入，全面优化水资源配置。从张掖的实际情况来看，水是比土地更宝贵的稀缺资源，拥有了水就等于拥有了土地。如果把水资源像土地、矿产等资源一样，实行承包经营制，明确所有权、使用权、经营权、转让权，并运用市场机制对水资源配置发挥基础性作用，必将极大地释放有限水资源的内在潜力。激励群众珍惜水资源、节约用水，对促进传统用水观念、用水方式和管理模式的变革，调整

经济结构，提高水的利用效率和效益，将产生重大而深远的影响。建立水资源有偿使用制度。主要包括两方面内容：一是建立与取水许可制度相配套的水资源有偿使用制度；二是建立与排污许可制度相配套的水环境容量有偿使用制度，即排污收费制度。建立节水激励制度和水权（水量）交易制度。根据初始水权分配结果和水资源使用状况评定节水水平，制定相关经济鼓励政策，建立节水激励制度；从非正式水量交易入手，逐步探索和规范符合市情的水权或水量交易制度。建立基于供水成本的水价形成机制。

（3）加强宣传力度，建设节水型社会

加大政策的宣传力度，增强企业认识。充分利用广播、电视、报刊等各类新闻媒体，通过开辟专栏、张贴标语、发放宣传单、制作广告、举办知识竞赛、开展广场文艺表演和举办节水培训班等多种途径和方式，广泛、深入、持久地开展张掖水情、科学用水知识、树立正确的水观念等方面的教育宣传，在全社会树立珍惜水、保护水、节约水的危机感、紧迫感和责任感，摒弃资料"取之不尽、用之不竭"的错误认识和"人定胜天、人水相争"的传统观念，转变用水观念，树立人水和谐的发展观和价值观，向企业宣传节水措施及水权制度改革的重要性，适当地给予财政支持，提高节水意识，营造节水风尚，使企业普遍接受、理解和积极参与节水型社会建设。

二　农业用水调研

1. 张掖市生态环境和水资源基本情况的调查——基于与政府部门的座谈

（1）张掖市生态环境

根据国家主体功能区规划，祁连山属于限制开发区，生态环境的保护与改善被置于非常重要的位置。据张掖市环保局相关人员介绍，其主要负责的内容是治污、打击违法企业。一项重点工作就是对黑河水质进行长时间的检测，截至调查时，该工作已经持续20年。根据长时期检测的结果，黑河水质较好，究其原因主要得益于化工类企业少，污染负荷小。而对于国家主体功能区规划，在我们访谈时，张掖市还没有实施，甘肃省曾经做过生态功能区划定，但是具体的方案尚未出台。国家十分明确地规定祁连山不能开发，应保护祁连山的生态。这给张掖市带来了两难的困境，从国家生态层面来说，祁连山不能开发，然而祁连山有丰富的矿产资源，肃南县主要靠开矿来支持经济总量，发展和保护的矛盾十分突出。关于流域补偿问题，甘肃仍然以经济总量（GDP）为考核指标，缺乏生态考核指标。

关于张掖的大气污染。据环保局相关人员介绍，张掖市春夏两季风大，主要污染物是 PM 10，而冬季风小，烧煤取暖，主要污染物是二氧化硫。火电厂（省电投）是最大的利税大户，会产生一定的二氧化硫，脱硫工程一开始就建有，后来又有脱硝工程（1.2 亿）完成建设，故水电污染基本可以控制；每个县都在做光伏发电企业，但是张掖市的光伏发电不成规模（酒泉是风电基地）。

（2）张掖市水资源

张掖市水源多以地下水为主，除民乐县是地表水、地下水结合外，其他区域均是地下水。水井一般是打 120 米深，以保证用水安全。牲畜用水基本是井水，规模以上的畜牧企业是集中污染源，要求远离水源地，政府会进行监管，但是规模以下的畜牧企业未进行监管。

张掖市坡地大多已退耕还林，而川区基本上是井灌，用黑河水，只有少部分种油菜，坡地无法灌溉。灌溉方式以漫灌为主，经济作物会采用滴灌（有设施补贴）。而关于污水处理费，据介绍，现在污水处理成本达 1.35 元/立方米，但是现行水价中只有 0.8 元是污水处理费，已经执行了十年，曾举行听证会讨论提价，并未成功。而在中水利用方面，目前张掖市甘州区的中水仅供给火电厂用，其他五县处理完后就直接排放。现在中水利用的主要障碍是没有管网，污水处理厂建在地势低处，而要利用中水就要向高处建管道输送。

关于水源地的污染控制，环保局相关人员表示项目要报省级审批，以保护水源地不受污染。有一些历史遗留问题，也有一些是随着经济发展出现的问题。例如，二水厂最初建成时离居民区很远，但是随着城市的扩张，已经有新的居民小区十分靠近二水厂，所以建了三水厂。三水厂在黑河西面，远离居民区，前期工作已经基本完成，已于2015年10月与一、二水厂并网试运行。

2. 张掖市水权制度建设的经验调查——基于张掖市水管部门的座谈和资料

（1）关于用水定额

张掖市人均耕地4亩，地表水资源量24.75亿立方米，地下水资源量1.75亿立方米，人均水资源量1250立方米，低于全国平均水平（2014年全国人均水资源量2079.50立方米）。农业用水占85%—90%，工业用水占2.5%，生态用水逐年下降，缺水主要体现在农业用水上。水资源主要用于农业灌溉，从用水量上看，全市井灌占1/4，河水灌溉占3/4。可利用水资源量层层分解下去，张掖市的用水定额确定工作早于甘肃全省，2011年在水资源调查评价的基础上，根据国务院确定的黑河分水方案分析计算区域可利用水量和允许耗水量。

（2）水票制度和水权交易

关于水权交易，在实行初期是农户家家有水票，但是实践中以斗口为计量，田间没办法计量，农户买水不便，买票不便，所以就由用水者协会来买水。用水者协会实行农户自治，人员构成和村委会基本重合。在村的斗口限制水量，有多少亩，配多少水，放水达到额度就停止供应。全市每亩用水定额参考其他省份经验，并结合本地实验站测定结果。现在农户有小规模水量交易，卖的时候不超过原定价格的3倍，在访谈中得知现在农户大多是以水换水。有些外出打工的人把地租给别人种，相应的水使用权也让渡。2005年，火电厂被要求使用中水，但锅炉用水水质要求较高，且年用水量110万立方米。这是我们访谈中得知的唯一农业转工业用水的水权交易。黑河分水后，张掖市可供水量减少，于是对农作物结构进行了调整。2001年前，小麦、玉米带状种植很耗水，每亩用水高达1000立方米以上，后改为制种玉米，每亩用水600立方米。也有部分蔬菜种植，虽然耗水量高，但是单位水经济效益高。

（3）关于农业水价的现状

几年来农业水价几次上调。1998 年农业水价七分一厘，2011 年农业水价一毛，2015 年农业水价一毛五分六厘，其中高台、民乐地区的地下水也收水费一毛（以前地下水只收电费）。但是灌水工程成本两毛七分，水价远不能覆盖成本。现在农业水价未计入治污成本以及管理成本。另外，水价每次上调时都有听证会。水价提升后，虽没有对节省水量进行测量，但是在实践中体现为灌溉面积扩大。

3. 基层供水机构的基本情况——基于盈科和骆驼城水管所的调查

甘州区盈科水利水管所：

（1）基本情况

"盈科"来自孟子"流水之为物也，不盈科不行，君子之志道也，不成章不达"。盈科灌区有职工 132 人，下设两个水管所，7—10 个水管站，覆盖 31.44 万亩耕地，15 个行政村，16.44 万人，两座水电站，719 眼井，3 条干渠，31 条支渠，1608 条斗渠，滴灌面积 2.56 万亩。设支渠委员会，一万亩一个人管理，超过一万亩由两个人管理。从唐代开始，该灌区就是黑河水、地下水混合灌溉，19.7 万亩用黑河水灌溉，8.9 万亩用地下水（井、泉）灌溉。施行轮廓配水计划（甘州区配水 6.5 亿立方米），根据面积下放水量，引导农户以水定植。张掖市每年都进行灌溉实验研究，根据此定额以及相应面积做出配水计划，根据水权面积确定每组多少量，再进一步确定灌溉时间，每一轮都要有专人签字认可。

（2）水价基本情况

水价偏低。水价按斗口计价，2015 年是一毛一方水，灌溉成本是两毛五分。下一步预计调到两毛，市政府指导意见要求 2015 年 8 月调到两毛三分五（末级渠系没有征收水费，在两毛基础上再加 30 厘的末级渠系水费）。2008 年以前，水价是每方水三分八厘，2008 年上调为六分七厘，2011 年开始调至一毛。灌区自收自支，年支出 1000 多万，年收入 800 多万水费，属于管理方的只有 300 多万。每年水费的

0.5%—1%用作工资，社级人员工资由乡镇承担。渠系维修请工人做，日工资一般是100元。

渠道建设维护成本高，水费不足以维持。关于修渠的成本，一千米干渠约70万元，一千米支渠约50万元，一千米斗渠约25万元，一千米毛渠约18万元。盈科灌区，有干渠一条，25千米；分干渠27条，158千米；斗渠78条，7千米。水费总额的4%—5%用于维修，每年100万元左右，春、秋各一次，从2015年初至2015年8月，干、支渠维修费已经达到70多万元，入不敷出。

高台县骆驼城水管所：

（1）基本情况

骆驼城水管所灌区覆盖十三个行政村，灌溉面积12万亩（土地确权已经完成，很多农户耕种的是国有土地）。从20世纪70年代开始开发，当时井深7—8米，现在井深50米左右。地下水水位平均每年下降1.14米，此地允许开采量3600多万立方米，至2015年已经开采7000万—8000万立方米，超采严重。灌区现有710台机井，井大多都在110米以上，均在120—150米，每一眼井控制300—600亩耕地。主要采用井灌，部分河水补充（从草滩庄调水1500万立方米，距离85千米）。主要作物为制种玉米，还有部分洋葱（2000多亩）、番茄、棉花。洋葱的经济效益好，取水量较大，每亩年收入一万多，除去3000元左右的成本，纯收入7000—8000元。灌区内高效节水工程40000亩，其中滴灌11000亩，由国家相关政策支持。水利用率达到95%以上，节水30%。土地流转后，节水意识提高。经过实验测定作物生长期每亩每次配水100—110立方米，一亩860立方米（整个作物生长期），制种玉米从5月20日开始浇水，洋葱从4月5日开始浇水。土质好，洋葱一般浇水8—13轮。

（2）水价情况

关于水利工程确权，干支渠归水管所，斗渠是谁用谁维护（协会、农场），并由用水协会管理。2015年河灌水价一毛七分九（地表水费一毛五分二，加水资源管理费）。井灌原来每亩每次井灌水费11

元，后来机井全部加了水表，一井一卡。井灌水价变为一毛一分四厘九（含水资源管理费），平均每亩每次井灌22元。即将采用阶梯水价，超过定额（每亩每年864立方米）实行30%、50%、100%加价，相应提高水价。

（3）农户对水权水价的认知——基于三十店村和墩源村的调查

三十店村共有土地2250.39亩，人均2亩，除30座大棚外，其余主要是制种玉米，租给中种集团，地租1090元/亩。种子公司每亩收益2400元（除去人工、肥料、水费）。2014年产量594千克/亩。玉米大多是漫灌，用黑河水。农业用水一年一亩用水约600立方米，共计70元左右。而采用滴灌，则农业用水减少一半。一年灌溉的次数大多数五六次。何时开始浇水，由用水者协会开会决定。三十店村不存在水权交易，在不发生干旱的情况下，靠黑河水灌溉，基本够用。由于渠道建设以及土地的减少，该村的用水量减少了。与党寨镇三十店村相比，民乐县缺水，土地面积广阔，一家有几十亩土地，但是水浇地少，旱地多。很多坡地没有条件灌溉，只能靠天吃饭，尤其是坡地。其他地域相对富余水资源，但是由于没有管道，没有办法与干旱区互通有无。墩源村属甘州区的边远乡，祁连山脚下，共有四个合作社，有968人，上报土地面积共2154亩，实种3500亩，人均3.2亩。甘州区农村居民人均纯收入9000多元，本村略低。大部分作物为制种玉米。2010年以前是每方五分三厘，现在是每方一毛。水费上涨之后节水10%左右，节水效应明显。

（4）小结

通过在张掖市的相关调研，对张掖市水权制度和水权市场培育以及张掖市制种农业有了一些比较深入的了解，主要的感受如下：

首先，政府部门对张掖市水权制度和水价改革等做了大量的工作，取得了明显的效果。在执行国家分水任务的同时，较好地完成了张掖市产业结构的转型以及节水制度的创新，在探索水资源产权改革的道路上走在了全国前列。

其次，对于灌区来说，并没有出现大量的水权交易，水价依然无法满足供水的成本,且提价的难度大,灌区的可持续发展面临严峻的挑战。水资源基础设施的完善是资本密集型的,需要大量的资金。水价偏低,不仅使价格信号失灵,也使供水机构难以维持。

最后,对于农户来说,不同的农户承载力不同,从而使他们对水价的态度感受不同。农户水权意识不强,很多农户搞不清楚水权是什么概念。由于单个农户投资节水设备成本过高,因此对农业水价提升的反对呼声较高。

第四节　总结与反思

经过十几年的发展,张掖市水权制度和水权市场取得了突出的成绩,展示出开拓者之路。但是,笔者经过对张掖市水权市场十余天的调研之后(包括与政府、水管部门座谈,田野调查等方式),发现张掖市水权市场仍然存在很多的问题,距完善的水权制度和发达的水权市场还相去甚远,水权改革依然任重而道远。

一　张掖市水权制度和水权市场建设取得的成绩

张掖市水权制度建设和水权市场培育经过了十几年的探索,初步形成了一套水资源确权和水权交易的规则和制度体系,在国内,特别是在西北地区是走在前列的。可以说张掖市水权制度建设和水权市场建设为我国的水权制度建设提供了一次生动的制度实践。张掖市水权制度设计是中央顶层设计、地方政府主导的一次强制性制度变迁。其水权制度的框架和运行机制已经初步形成。张掖市水权制度和水权市场建设的突出成绩可以概括为以下几个方面:

(1)创新性地提出"水票制"

实施总量控制和定额管理,需要在政府、灌区、用水户有一种衔接、转换的手段。水作为一种商品,也需要有一种流转、交易的载体。为此,张掖市采用了水票制形式。"水票制"最早诞生于张掖市最缺水的民乐县,后来很快被其他试点灌区效仿,然后在张掖市大部分地区推广。"水票制"就是对水资源的使用按照水票来执行。农民根据水权证明的水量购买水票,用水时先交水票,然后放水,如果超额用水,需通过市场交易从有水票节余的人手中购买水票,才能够继续使用水资源。农户节约的水票可以在同一渠系内进行转让。一张小小的水票连接了政府、市场和农户,同时承载了水权、水价和水市场,大大降低了水权管理的成本和水权交易的费用。

(2)成立用水者协会,实行参与式管理

民众是节水型社会建设的主体。为了充分发挥社会各层面和公众参与节水型社会建设的积极性,体现水权分配的公正、公平、公开,为用水户提供了解内情、参与决策、表达意见的民主平台,张掖市把民主政治的思想贯穿到水资源管理配置的全过程,建立了用水者协会参与水权的确定、水价的形成、水量水质的监督、公民用水权的保护、水市场的监管,并赋予农协会斗渠以下水利工程管理、维修和水费收取的权力,形成了水资源管理各环节公开透明、广泛参与的民主决策机制。具体方式是:用水者协会以村或渠系为单位,每个用水户确定1名会员组成用水户协会,每5—15个会员选1名会员代表,会员代表大会选举产生协会会长、副会长,组成协会执行委员会。通过协会将水量配置到户,收缴水费、调处水事纠纷、管理渠系内部水量交易等涉水事务和管理维护田间工程,使协会成为连接政府与公众、沟通水务机关与社会的桥梁和渠道。截至2015年,全市已成立790个农民用水者协会。同时,张掖市还积极建立多部门协作制度,确保水资源总量控制方案的落实;建立水利信息社会公布制度,定期向社会公布区域水资源状况、供需预测、水价信息、灌溉进度以及黑河分水情况等,为公众和社会参与水资源管理,促进节水社会化发挥了重要作用。

(3)优化顶层设计,引导水权交易市场形成

传统观念中水是公益性的,它的商品属性被忽略,因而形成了大水漫灌、浪费水的不良习惯。改变传统用水观念,培育和提高全民的节水意识,首先必须确立水的商品属性,使水资源与用水者的经济利

益紧密结合起来。因此，在明晰和落实了水权、用水户调整用水结构和采取有关措施节约用水以及一些行业或用水户产生了节余水量之后，张掖市按照建立社会主义市场经济的要求，积极引入市场机制，培育水市场，努力使用水者节约的水量转化为经济效益，从而激励节约用水，实现经济发展用水效益的最大化。为此，张掖市政府制定了水量交易指导意见，规定农业用水交易价不超过基本水价的 3 倍，工业用水交易价不超过基本水价的 10 倍；总体上放开生产经营用水交易，禁止生态用水交易；放开交易价格，用水户之间交易价格可由双方商定；无交易条件和未实现交易的节约水量，由政府水管单位按照基本水价的 120% 回购。至 2015 年张掖市每年农业交易水量超过 400 万立方米，虽然还没有跨区域和大额量交易，但通过这种方式，不仅大大提高了民众的节水意识和水商品意识，而且有效调节了水量时空余缺，推进了种植结构的调整。

二　张掖市水权制度和水权市场建设存在的问题

张掖市水权制度和水权市场实践已经进行了十几年，在国内属于较早的践行者，也得到了国家和水利部的认可和高度评价。张掖市取得的成绩值得肯定，毕竟我国水权制度和水权市场还处于探索当中，在没有完善的水权制度和成熟的水权市场的情况下，张掖市作为先行者提供了一套可资参考的水权制度建设方案，其开拓意义值得铭记。通过对张掖市的实地调研和与政府部门、水管部门以及专家和普通民众的座谈和访问，笔者认为，张掖市水权制度和水权市场仍处于初步发展阶段，仍然存在着很多的问题，如农业水资源"有权无市"，水权市场发育缓慢；农业水价处境尴尬，水资源供需双方均不满意；流域补偿机制缺乏，导致流域水权外部性没有得到补偿，水权制度仍需完善。

（1）农业水资源"有权无市"，水权市场发育缓慢

在调研中发现，虽然张掖市农业水资源已经通过水权证和水票双运行的形式确定清楚，但是并没有大量的水权交易发生，只有零星的

农户之间"借水"行为发生，农业用水向非农用水的交易几乎不存在。农业用水的价格和工业用水、城市生活用水、生态用水等之间存在着巨大的价格差，价格差距几十倍。理论分析农业用水有着向非农用水转移的强烈冲动，那么农业水资源"有权无市"的原因是什么呢？首先，从水权交易客体上看，水权交易必须保障足够的水资源，这也是我国首例水权交易发生在浙江省东阳—义乌的重要原因。张掖市年均降雨量只有 110 毫米，蒸发量却高达 1400—2700 毫米，张掖市农业水权主要是靠黑河，根据国务院黑河分水方案，张掖市要将黑河干流 60% 以上的水量分配给下游，只留下不足 40% 的水量，这就使原本紧张的水资源供需矛盾更加突出。在农业灌溉水利用效率不高的情况下，农业用水很难有剩余进行交易。其次，从交易主体来看，政府计划经济思维没有完全转变，仍习惯于以行政命令的方式调配水资源。如张掖市农业水权向甘州区发电厂工业水权转移，是张掖市政府利用行政命令进行的，属于无偿供水，并不是水权交易，这就造成了农业水权被剥夺的状况。而对于单个农户来说，本身水资源有限，在没有投资高效节水设备的情况下几乎无剩余。而投资高效节水设备投资巨大，对于理性的经济人来说根本不划算。再加上通过土地流转，农户可以获得相应的农业收入，并有大量的时间出去务工，获得非农收入。在农业收入不高，非农收入成为主要收入来源的前提下，农户并没有投资节水设备的激励。再次，对于交易条件来说，由于农业水资源水利设施还不完善，无法顺利完成调水，也无法随时随地实现调水。如民乐县虽然十分缺水，但因为海拔高，缺乏相应的水利设施而无法实现调水。同时水资源计量设施不完善，使水资源无法精确计量或者计量成本过高。最后，信息不对称，调研发现，很多农户基本不清楚水权的内涵和意义，只知道水权证可以取水，对水权交易等完全没有概念。农户对每年的水资源费不是很清晰，并不清楚农业水费的组成，很多人不知道自己一年需要交多少水费，更不知道水权交易能够带来巨大的收益，信息不对称导致农户水权意识淡薄。这些因素都导致了过高的交易成本，阻碍了水权交易的进行。

（2）农业水价处境尴尬，水资源供需双方均不满意

水价作为市场调节水资源的杠杆，理应发挥重要的作用。新中国成立初期实行的是无偿供水。1965年以后开始实行水资源有偿使用制度，但是基本上仍然是福利水价，水价偏低，不能反映水资源的稀缺情况。在农业税取消和加大农业补贴的情况下，农业水价处于尴尬的境地。一方面，水价不能有效地起到调节水资源的作用，另一方面农业水价引起了供需双方的不满。2015年，张掖市农业水资源价格仍然处于"毛"时代，如甘州区龙渠乡墩源村农业水费只有一毛钱每立方，高台县农业水价也只有一毛七分一厘。根据张掖市水务局介绍，张掖市农业水价经历了一个调整的过程。1998年农业水价七分一厘，2011年农业水价一毛，2015年农业水价一毛五分六厘，其中高台、民乐地区的地下水也收水费一毛（以前地下水只收电费）。如此低的水价引起了供水部门的不满，从供水成本来看，张掖市灌水工程成本基本是两毛七厘左右，可见农业水价远不能覆盖成本，导致供水部门入不敷出。在这种情况下，更谈不上引进高端的水务人才。而对于农户来说，虽然农业水价不高，但是由于农业用水量大，导致农户实际支出水费高。在农业收益不高的前提下，农户用水占了农业成本很大一部分，导致农户对水价不满意，很多农户表示超过了可承受的范围，如果政府再加价，只能选择弃耕。而对于政府来说，农业水价提高的难度很大，虽然水价提升有听证会，但是农户对农业水资源价格十分敏感。据了解，有农户以剪断电表的形式来反抗农业水价的上升。在这种情况下，农业水价改革举步维艰。

（3）流域补偿机制缺乏，导致流域水权外部性没有得到补偿

由于黑河下游内蒙古居延海地区生态环境恶化，国务院从2001年开始实行黑河分水方案，按照方案规定，当黑河上游来水15.8亿立方米时，向下游新增下泄量2.5亿立方米，达到9.5亿立方米的分水目标。张掖市从2001年起开始执行黑河分水方案，这给张掖市水资源带来了巨大的压力。第一，分水让张掖市水资源总量更加短缺。按照分水方案，要将黑河干流60%以上的水量

分配给下游，给张掖只留下不足 40% 的水量。这导致张掖市人均、亩均可用水量分别由 1600 立方米、666 立方米降为 1250 立方米、511 立方米，仅为全国平均水平的 57% 和 29%，到 2015 年人均水量已经下降到 1000 立方米以下。第二，分水让张掖市水资源供需矛盾更加紧张。黑河向下游新增下泄量 2.5 亿立方米，意味着张掖必须相应削减引水量 5.8 亿立方米，相当于 60 万亩耕地的用水量，也就是说依附在 60 万亩土地上的 20 多万农民将失去生存依靠。第三，分水让张掖市承受了巨大的环境压力。人为的调水造成了黑河流域内新的生态失衡，而补水量不足、地下水位下降，张掖境内黑河两岸的野生胡杨林、沙枣树大面积枯死。由于黑河分水制是在国务院领导下的水资源行政分配，不产生水价，这就使张掖市承受的代价没有得到合理的补偿。目前我国流域上下游之间缺乏流域补偿机制，导致很多的负外部性没有得到很好的补偿。据统计，自 2000 年实施黑河分水以来，张掖市已连续 12 年完成了黑河水量调度任务，累计向下游输水 120.9 亿立方米，占来水总量的 57.5%。2002 年，黑河水到达了干涸十年之久的东居延海；2003 年，黑河水到达了干涸 43 年之久的西居延海，以草地、胡杨林和灌木林为主的绿洲面积增加了 40.16 平方千米。黑河分水方案带来了下游内蒙古居延海地区生态环境的巨大改善，但是对张掖地区的生态环境造成了不利的影响，大片胡杨林和沙枣林枯死。根据调研得知，在缺乏水权交易和流域补偿机制的情况下，张掖市的生态贡献几乎没有得到任何补偿。

第五节　对西北干旱半干旱地区水权制度和水权市场设计的若干建议

张掖市农业水权市场是西北地区比较具有代表性的水权市场，其水权制度在全国也有一定的开拓意义。但是，通过调研发现，张掖市农业水权市场仍然存在上述几大重要问题。而这些问题的解决将对推进西北地区农业水权市场的培育产生重大的意义。笔者对上述问题提出如下几条建议：

（1）转变政府职能，形成与市场双合力

政府在水权市场培育过程中扮演着重要的角色。由于水资源的公共性质，水权市场基本模式都是"准市场"，这就需要政府更好地发挥作用。传统的政府行政管水思维已经证明不适合水资源配置的要求，政府职能亟须转变。首先，政府要改变计划经济思维，改变行政命令包打一切的观念，要具有社会主义市场经济思维。在水权市场中政府要做好水资源产权界定、水权法律制度体系完善以及水利基础设施建设等具有公共性质的工作，能用市场解决的问题尽量用市场来解决。其次，政府是水权市场的监督者和管理者。由于水权交易具有外部性，因此政府必须对水权市场进行监督和管理，这也是目前世界上实行水权市场制度国家普遍实行的制度。政府有权对水权交易进行审批，凡是不符合社会公平和影响生态的水权交易，政府可以进行否决。最后，政府也是水权市场的参与者，政府可以通过政府回购的形式获取环境水权以及其他水权，来实施国家经济发展战略，同时对于农户没有卖出去的节余水资源，政府以回购的形式"惠民生"，激励农户节水。只有转变政府职能，才能形成政府和市场的双合力，更好地调节水资源。

（2）完善农业水权初始分配制度，推广"水票制"

张掖市农业水权初始分配取得了突出的成绩，创新地提出了"水票制"，取得了很好的实践效果。但是农业初始水权分配制度还不够完善，水权冲突仍时有发生。特别是随着新型农业经营主体的出现，水权的初始分配格局发生了显著的变化。传统的小农和新型农业经营主体之间存在着用水冲突，同时伴随着农业生产结构的调整，经济作物和粮食作物之间也存在着水权冲突。再加上农业水权价格偏低，和工业用水等存在着巨大的价值差，农业水权往往被侵占，导致了农业水权和工业水权的冲突。解决这些水权冲突的关键是进一步完善农业水权初始分配。只有清晰界定农业初始水权，才能够从根本上保障各类用水主体的根本利益和促进有序的水权流转和交易。"水票制"在一定程度上实现了农业水权的初始分配，政府要根据实际情况调整水票的数量和分配方式，使之能够更加符合实际发展的需要。特别是要根据土地流转的情况，将水票制确定到用水者协会的层面，防止水票分配的过度破碎化，让水票成为水资源使用者的"紧箍咒"和"护身符"。

（3）充分发挥用水者协会的作用，探索自主管理

研究表明，只有给农业水用户"所有者"的感觉，才能提高其水权意识。这仅仅靠强调和国家管理是远远不够的。奥斯特罗姆的研究表明，水资源管理完全可以实现自我管理，其中的关键就是发挥用水者协会的作用。目前我国很多灌区已经成立了用水者协会，张掖市也不例外。但是用水者协会的作用尚没有完全体现。应当给予用水者协会更大的管理权，让农户真正参与农业用水的管理，参与农业水价、水权交易的过程。这样既可以调动农户的积极性，减轻国家财政的负担，同时也可以提高农业水资源管理的运行效率，降低制度运行的成本。只有让农户真实地感受到农业水权的内涵和意义，真实地体会到农业水权交易带来的收益，才能有效地激励农业节水的行为。用水者协会作用的逐渐完善，将为农业水权市场的建立提供坚实的制度基础。充分发挥用水者协会的作用，实现自主管理，是农业水权市场建设的充分条件。

（4）逐步实现农业完全成本水价，真正实现价格杠杆

我国目前农业水价普遍偏低，大部分都处于"毛"时代，只有极少数地区进入了"元"时代，如北京房山区对农业用水超基准额的水价为1.5元每立方米。偏低的农业水价既不能弥补灌水的成本，更无法调节水资源配置，因此农业水价必须提高，实现农业完全水价，即包括水资源费、工程水价和环境水价三个部分。但是目前的条件还不满足，其根源是农民的承受能力普遍偏低，这跟农业的低利润率分不开。极低的农业利润率压缩了农业水价上涨的空间。农业水价一方面必须上升，另一方面又必须以不增加农民负担为前提。因此提价很难

一步到位，这就需要分成几步走：第一步，公开水价信息，让农户对水价有知情权，水价包含的内容有哪些，供水的成本是多少，水管部门的工资、渠道维护费等均需公开，只有这样农户才能对水费的征收有完全理性的认识。第二步，完善水价听证制度，让农户参与到农业水价的制定当中，让农户的意愿真实地反映到农业水价当中，这样也可以让农户自己清晰地表达出自己对于水价的承受能力，舒缓水价提升的难度和阻力。第三步，完善农业水价补贴机制。通过补贴形式的改善，让农户既能实现节水，同时又可以不增加负担。这些因素都要和农业利润空间的提高相挂钩，如果农业生产的利润始终得不到提升，农业水价提升的困难就很难解决。因此要想实现农业完成成本水价，让价格成为调节农业水资源的抓手，就必须从根本上提升农业的利润空间。

（5）利用水权交易，实现流域分水补偿

我国流域水资源管理，大多是行政管理。如张掖市通过国务院规定的黑河分水方案，给下游分水，造成了张掖市水资源的巨大压力，影响了当地农业的发展和产业结构，因此产生了国家的大战略和地方经济发展之间的矛盾。流域水权在界定后，可以通过水权交易的形式进行自由的交易。特别是干旱的时候，如果无偿向下游分水，那么中上游造成的经济损失将无法弥补。而通过水权交易，分出去的水就可以获得极大的收益，从而弥补这种经济损失。由于水资源的流动性，上下游之间的矛盾始终存在。而流域水权市场是农业水权市场的重要组成部分，只有把流域上下游之间的水权交易考虑在内，才能消除上下游水权分配方面的负外部性，更好地发挥水权市场的作用。

（6）创新水权交易形式，推动水权市场发展

要与时俱进地创新水权交易形式，不断降低交易费用，推动水权市场的培育和发展。首先，要打破对农业用水向非农用水行政分水的传统思维，采取水权交易的方式，使农业用水向非农用水的转让能够实现利润回报，从而推动农业用水节约和水权交易的发展。其次，要加强政府、企业、用水者协会等多方参与的水权交易平台建设，降低

水权交易信息收集的成本，同时方便政府对水权交易实行监管，防止水权交易的负外部性。再次，探索水银行等高级水权交易形式，推动以政府回购为主导的水银行交易体制，让政府成为连接农户和企业的中介人，有效地保障水资源作为经济物品和公共物品多重属性的功能。最后，逐步实现电子化交易，实现对水权市场的智能化管理，进一步降低水权交易的成本。

（7）引入水资源软路径思维，完善水权市场建设

传统的水资源管理思维被称为"硬路径"，这种思维的特征是通过大规模集中的水利基础设施投资保障水资源的供给。"硬路径"在一定程度上促进了水资源管理的发展，改善了水资源的使用情况，在过去和现在，并将在未来发挥很大的作用。但是这种水资源管理思维也带来了巨大的成本，如环境破坏等。水资源管理"软路径"强调水资源使用效率的提高，强调提供水资源的服务而不只是简单的供水，强调对公平和生态健康的关注，强调政府、共同体和私人企业之间的广泛合作，强调经济、政治、生态等多维度政策的结合，等等。这种"软路径"的思维模式，有助于完善水权市场的建设。水权市场不只是提供水资源的供给，而是要根据末端水资源使用者的实际需要提供不同的水资源服务。水权市场关注用水的公平和生态健康，通过自由的市场交易，可以使不同的水资源使用者获得自己的权利，同时对水权交易进行严格的审核和监管，严控破坏生态的水权交易的发生，将水权交易控制在生态可承受范围之内。"软路径"的水资源管理思维和水权市场的完善思路十分契合，应该引入水资源"软路径"思维，以新的理念完善水权市场的建设。

第八章

生态文明视域下新疆绿洲农业
高效节水战略推进研究

第一节 新疆绿洲农业的发展及现状分析

新疆维吾尔自治区雄踞中国西北边境，总面积 166 万平方千米，是中国面积最大的省级行政区，占全国总面积的 17.3%。新疆属于典型的干旱区，沙漠化土地占全自治区总面积的 47.7%，占中国沙漠面积的 66.7%。1200 万人受沙漠化的影响，占全区总人口的 0.6%。[①] 下辖 4 个地级市、5 个地区、5 个自治州和 9 个直辖县级市。内有汉族、维吾尔族等 47 个民族，外与俄罗斯、哈萨克斯坦等 8 个国家接壤。独特的地理位置和多民族共存的多元文化，使新疆呈现出独具特色的环境、经济和文化。

新疆地貌类型复杂多样，境内有高原、山地、丘陵、盆地、平原、戈壁、沙漠等，但从干旱区地理系统来看，主要可分为山地、荒漠与绿洲三大系统，三者所占面积比例大约为 4∶5∶1，即由高山和低山丘陵组成的山地系统占 40.3%；荒漠与绿洲的面积是动态变化的，荒漠系统（沙漠、砾质戈壁与平原荒漠草场及裸土、盐壳、盐泥等）约占 50%；绿洲（含天然绿洲与人工绿洲）约占 10%，平原绿洲几乎都被广大的荒漠所分割或包围。植被区系贫乏，群落单调，生物生产能

---

① 资料来源：《新疆统计年鉴》(2015)。

力和生态系统稳定性低，环境自我调节功能差，荒漠植被面积占总植被面积的 42%，森林覆盖率仅 1.14%。

一　新疆绿洲概况描述

1. 绿洲农业简介

绿洲农业（Oasis Agriculture）又称绿洲灌溉农业或沃洲农业，是干旱荒漠地区，依靠地下水、泉水或地表水进行灌溉的地方农业。一般分布于干旱荒漠地区的河流、湖泊沿岸，冲积扇、洪积扇地下水出露的地方以及高山冰雪融水汇聚的山麓地带，因绿色农耕区呈斑点状散布在黄色沙漠和戈壁而得名。随着生产力发展与水利条件改善，也可在干旱荒漠地区资源较丰富的宜农地通过兴修水利开发新垦区，形成新绿洲。各绿洲大小不一，与四周戈壁、沙漠景观截然不同，犹如沙漠中的绿色岛屿，是干旱荒漠地区农牧业生产较发达和人口集中的地方，多呈孤岛状、带状或串珠状分布。主要种植小麦、玉米、棉花和少量水稻等作物，并植树造林、建设农村聚落。世界绿洲农业主要分布于美国的中西部地区、非洲的撒哈拉、北非地区、西亚、俄罗斯和中亚地区以及中国的新疆等地。

广义的绿洲农业包括种植业、养殖业和农副产品加工工业；狭义的绿洲农业即绿洲种植业，包括大田作物生产和林、园生产，大田作物生产中以粮食作物、经济作物和人工牧草为主，林、园生产包括特色林果生产和农田防护林体系（如图 8-1 所示）（赖先齐，2005）。本章探讨的新疆绿洲农业主要指狭义绿洲农业，即干旱荒漠地区有水源灌溉处的农业。其与灌溉农业主要区别在于：灌溉农业是在干旱半干旱地区，因天然降水远不能满足农作物生长需要，需依靠人工为农田补给水分，水资源来源主要为河湖水、地下水、高山冰雪融水，是能排能灌、稳产高产的农业，在各大洲大江大河两岸（如亚洲的长江、黄河、恒河，非洲的尼罗河等）以及我国的宁夏平原、关中平原、成都平原均有分布。

干旱的荒漠地区需要采取引水、种植防护林等改良措施，形成良好的生态环境，方可为绿洲农业长足发展创造适农的局部小气候。

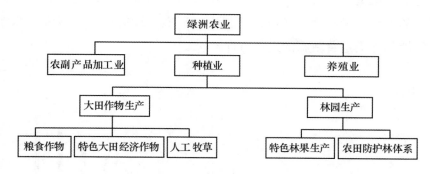

图8-1　绿洲农业结构层次分析

2. 新疆水资源总体情况

2014 年新疆水资源总量为 726.93 亿立方米，水资源主要来源为冰川融雪、河流、湖泊、地下水等，其中地下水 443.93 亿立方米，地表水 686.55 亿立方米（地表水中有 198.5 亿立方米来源于冰川融水）。地表水与地下水重复计算量 403.55 亿立方米。境内共有河流 570 余条，其中国外来水 89.6 亿立方米；水域面积约 5500 平方千米，占全国湖泊总面积的 7.3%。冰储量 2155.82 立方千米，占据了中国冰川总量的近 50%。河流落差大，水能资源丰富，水能资源总蕴藏量 4054 万千瓦，全国排名第四。新疆人均水资源量约为 3186.91 立方米，在全国 31 个省区直辖市中排名第 9，是全国人均水资源量的 1.59 倍。[①] 但是，新疆是典型的内陆干旱型气候，降水少、蒸发量极大：年平均降水量 146.4 毫米，年平均蒸发量北疆多在 1500—2300 毫米，南疆为 2015—3000 毫米，东疆为 3000—4000 毫米。[②] 较大的蒸发量限制了新疆的水资源禀赋，对绿洲农业的发展提出了更大的挑战。

3. 新疆绿洲农业的地位及作用

"一带一路"倡议的推进使新疆在全国经济和政治上具有更加重要的战略地位。对新疆的发展建设来说，95% 以上的人口及工农业生

---

① 数据来源：中国经济与社会发展统计数据库。

② 数据来源：《新疆统计年鉴》（2015）。

产总值，聚集于仅占新疆国土面积 8.22% 的绿洲上，因此，新疆社会经济的实质是绿洲社会经济，新疆生态环境建设的核心在绿洲，绿洲的发展趋势决定着新疆的发展方向。

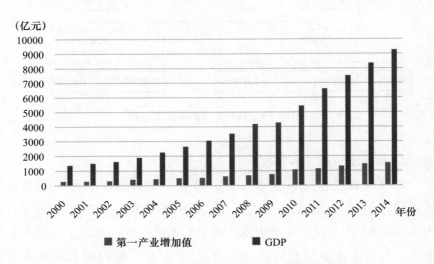

图 8-2　2000—2014 年新疆第一产业增加值及 GDP 变化趋势

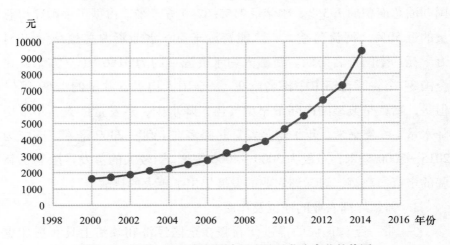

图 8-3　2000—2014 年新疆农民人均纯收入变化趋势图

资料来源：中国经济与社会发展统计数据库。

新疆的绿洲面积从 1950 年的 4.3% 增长到 2015 年的 9.7%。[①] 耕地面积也从 1950 年的 1332350 公顷，增长到 2015 年的 5160200 公顷，增长了 287%。[②] 2000—2014 年新疆地区第一产业增加值及 GDP，2000—2014 年农民人均纯收入均呈增加趋势（见图 8-2、图 8-3）。

二　新疆绿洲农业发展现状及存在问题分析

1. 绿洲农业发展的地理基础

（1）土地利用结构

2014 年，新疆土地总面积为 16648.97 万公顷，其中：农用地 6308.48 万公顷，占全疆土地面积的 38%。农用地中耕地面积 412.46 万公顷，占全疆土地总面积的 2.48%；园地面积 36.42 万公顷，占全疆土地总面积的 0.22%；林地 676.48 万公顷，占全疆土地总面积的 4.06%；牧草地面积 5111.38 万公顷，占全疆土地总面积的 30.70%；其他农用地 71.75 万公顷，占全疆土地总面积的 0.43%。

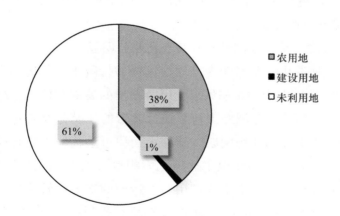

图 8-4　2014 年新疆土地资源利用情况

资料来源：《新疆统计年鉴》（2015）。

---

① 数据来源：新疆绿洲面积已从 4.3% 增至 9.7%，人民网，2015 年 8 月 3 日，Scitech. people. com. cn/n/2015/0803/c1007 -27399378. html。

② 数据来源：中国经济与社会发展统计数据库。

未利用地面积为 10216.51 万公顷，占全疆土地总面积的 61%，较 2014 年占比略有降低（见图 8 - 4）。新疆农林牧用地合计 6308.48 万公顷，占全疆土地面积的 38%，是全国土地利用率最低的省区。[①]

（2）气候情况

新疆远离海洋，四周环山，海洋湿气不易进入，形成典型的大陆性干旱气候，其主要特点：一是日照时间长，热量充足，光辐射强，昼夜温差大，有利于农业的发展；二是气候类型多样，境内并存着暖温带、中温带、高山气候带（寒温带），赋予新疆农作物多样性，有利于按气候区划，合理布局；三是光热水资源组合好，形成水热同期的夏季优势，特别是南疆，六月、七月、八月三个月，太阳辐射占全年辐射量的三分之一，积温占全年的 1/2—2/3，河流来水量占全年 60% 以上，是充分发挥光热水资源综合效益的时期，有利于"谷麦一岁再熟"，有利于安排粮食、棉花、瓜果、蚕桑生产；四是干旱少雨，地面植被稀疏，荒漠面积大，耕地主要分布在有水源条件的山前倾斜平原和大河冲积平原，依靠灌溉进行农业生产，即所谓"荒漠绿洲，灌溉农业"。

2. 绿洲农业发展存在问题分析

（1）过度开荒，绿洲外围景观恶化趋势明显

新疆土地退化主要表现为土地沙漠化、盐碱化，草场的退化，森林（指天然林）面积和蓄积量减少以及湖泊的萎缩和盐化。绿洲内土壤盐碱化、贫瘠化，绿洲外围与荒漠过渡带的沙漠化及其对绿洲的侵蚀成为最令人关注的环境问题。新疆大面积可垦荒地中的盐碱化土地面积占 37%，在绿洲内耕地中盐碱化面积也占到 1/3，且灌区内次生盐碱化仍在发展。绿洲土壤因重用轻养造成的贫瘠化较明显。据兵团系统土壤普查资料（2011），其耕地土壤有机质平均含量为 1.39%，全氮平均含量为 0.079%，与开垦前比较，土壤有机质相对值下降，全氮相对值下降 10%—20%，全兵团土壤贫腐化面积占耕地 34%。绿洲与沙漠之间的荒漠过渡带是绿洲外围的主要防线。但由于樵采、过度放牧和农垦等人类不合理活动，导致沙丘复活，使许多绿洲特别是

---

① 数据来源：《新疆统计年鉴》（2015）。

塔里木盆地和准噶尔盆地南缘绿洲直接受到沙漠侵蚀，如库尔班通古特沙漠南缘，现已出现宽度为几百米到数千米的沙丘活化带，活化的沙丘向南偏东移动，平均速度为 0.5—2m/a。塔克拉玛干沙漠南缘，沙丘南移速度多在 5—10m/a，位于沙漠下风方向的绿洲首当其冲，深受其害。绿洲区域的风沙、浮尘天气增多。目前全疆 87 个县（市）中遭受沙漠或风沙危害的就有 53 个。

玛纳斯河流域从天山冰雪带到北部沙漠之间，根据畜牧业生产需要不同，分布有夏草场、冬草场和春秋草场等不同类型的大片草场。农业开发后，毁草造田，草场面积大幅减少，质量也明显下降。自 1958 年开始，农业大开发将位于小拐、中拐的大面积的草场开垦为农田，总计有 40%—45% 的平原草场被开垦，由于开垦前不注意水土平衡，对实际引水量认识不足，致使部分草场在开垦后不久就因缺水而弃耕。由于开发过程中草地表层土壤受到破坏，物理化学性质发生了变化，弃耕后这些草场逐步退化，演变为叉毛蓬等质量低劣的草场甚至荒漠。另外，地下水开发导致地下水位下降，由于缺水，部分草场出现不同程度的水土流失现象；再者，随着人口的增加和人们生活水平的提高，人们对草场过度放牧，草场压力日趋加重，出现不同程度的退化，影响了流域生态环境。

（2）大量使用农药、化肥、地膜等无机化学产品，土壤污染严重

第一，农药污染。新疆主要垦区从 20 世纪 60 年代开始使用农药，并呈不断攀升趋势：1990 年使用农药 643 吨，2000 年使用农药 905 吨，2010 年使用农药增加至 1738 吨，2012 年使用农药为 19848 吨，[①]平均每公顷土地使用农药 8.81 千克，且多为高效高残留有机氯农药。农药在杀死害虫的同时，也杀死了许多益鸟、传粉和食肉的昆虫，有害物质残留于土壤中，不仅毒害野生动物和土壤微生物，改变了绿洲土壤的理化性质，也破坏了农业生态平衡与生态环境，减弱了农业生态系统支撑生物多样性的能力。

第二，化肥污染。新疆主要垦区从 20 世纪 60 年代开始在农业生产中施用化肥，此后施肥量呈不断攀升趋势：1990 年为 7.47 万吨，

---

① 数据来源：中国经济与社会发展统计数据库。

2000 年为 12.45 万吨，2010 年为 20.63 万吨，至 2014 年使用化肥量达 236.9792 万吨，每公顷施入化肥 1045.11 千克，是全国平均水平（456.94 千克）的 2.29 倍。[①] 因化肥中带有的若干痕量化学物质（如磷肥中的砷、氟、锡等）会残留于土壤中，长期大量施用，会改变土壤性状，降低土壤肥力，造成土壤酸化或碱化。

第三，地膜污染。新疆主要垦区从 20 世纪 80 年代引入地膜技术用于棉花生产，不仅可以抵御垦区农业生产受干旱、低温、霜期长等不利气候条件影响，而且可有效减少除草剂、杀虫剂使用量，增产效果显著。由于技术、经济效果好，得以迅速推广，现已作为垦区主体农业技术在全区范围得以普及。新疆农业消耗薄膜 1990 年为 2173 吨，2000 年为 8065 吨，2010 年为 12431 吨，2012 年达 15939 吨，地膜覆盖面积占播种面积的 80.74%。地膜使用量连年增加，但降解及回收问题却未能得到彻底解决，目前平均回收率在 57.5% 左右（陈浩，2013），且仍有大量碎膜残留在耕地中，形成白色污染，不仅破坏土壤结构，造成缺苗断根，影响农业生产，而且降低土壤透气性，减少含水量，减少土壤中的微生物活动，改变了土壤的理化性质，破坏了绿洲农业生态环境。

（3）种植结构不合理，资源优势难以发挥

相关研究表明，大农业经济作物与畜牧业产值比例高低，是衡量一个国家或地区农业结构是否合理、生产是否先进的主要标志之一（苗承田，2004）。新疆地区农业产业结构依然处于以种植业为主导的初级阶段，种植业在农业中的比重长期维持在 80% 左右，过分强调粮食生产，经济作物、养地作物占比很小，不能进行合理倒茬，无法最大限度发挥资源优势，农业生产率低。2000 年，新疆地区的粮食面积、油料面积、苜蓿面积与青饲料比例为 72∶15∶6∶7，2010 年该比例为 81∶11∶6∶2，2014 年为 81∶8∶7∶4，其中粮食播种面积 2255.85 千公顷，油料播种面积 220.53 千公顷，苜蓿播种面积 206.01 千公顷，青饲料播种面积 101.10 千公顷，粮食、经济作物规模扩大，

---

①　数据来源：中国经济与社会发展统计数据库。

养地作物比重明显降低。[①] 详见图 8 - 5。

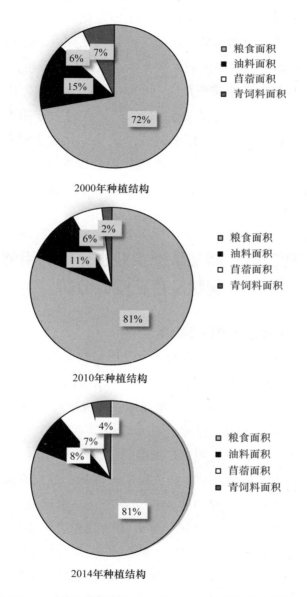

图 8 - 5　新疆 2000 年、2010 年、2014 年种植结构变化

资料来源：中国经济与社会发展统计数据库。

---

① 数据来源：《新疆统计年鉴》（2000—2015）。

（4）盐渍化、沙漠化、贫瘠化等土地退化问题突出

新疆绿洲地处内陆盆地，从山区携带到平原并在灌溉过程中的积盐总是难以排泄，造成绿洲农区的次生盐渍化普遍发生，全疆有1/3绿洲耕地遭受不同程度盐渍化危害（2009），成为中低产田的主要制约因素。绿洲和荒漠过渡带是"生态裂谷"，在风力作用下，加之过度樵采、放牧，使植被衰败，极易造成沙漠化，反过来侵害绿洲，造成"沙进人退"。此外，平原土壤的有机质积累过程弱，有的土层薄，土壤普遍贫瘠，加上用养失调，耕地贫瘠化也十分普遍，南疆土壤有机质大多在1%以下。

第二节　新疆绿洲农业水资源利用的现状及存在问题分析

一　新疆农业水资源利用现状

新中国成立以来，新疆水利建设发展很快，对扩大灌溉面积和促进农业增产，发挥了重要作用。经历了大水漫灌的传统农业（新中国成立前）、开发渠为主的灌溉农业（1949—1990年）和节水灌溉的现代节水生态农业（1990年至今）三个阶段。

1. 1949年以前，水资源自流漫灌的传统自然农业

在新疆农业发展史上，各族人民引水灌溉，发展绿洲农业历史悠久。新中国成立前传统绿洲多为傍水而垦，基本形成"一条内陆河、一片绿洲、一个农业县"格局。其农田灌溉模式为引水自流到农田，进行大水漫灌。传统绿洲大都位于冲积平原的上游与高阶地，如分布在较宽河谷内的伊犁、乌什等绿洲，分布在河流出山口后冲积扇或冲积—洪积扇中下部的喀什、和田、玛纳斯等绿洲，分布在河流末端，耕地在三角洲上部的岳普湖、伽师等绿洲。

这一阶段农牧业生产较为落后，由于当时耕地资源较少，水、尿粪、草炭资源等资源相对丰富，可大量用来垫圈积肥，耕地基本以使

用优质厩肥、油渣、骨粉等有机肥为主，农业生态环境基本处于"原始"阶段，状况良好。

2. 1949—1990 年，以开发渠系为主的灌溉农业

新中国成立后，中国人民解放军驻疆部队和新疆生产建设兵团的广大指战员，本着"水利建设放在发展农业生产首要地位"的指导思想，与新疆各族人民并肩作战，在进行许多河流流域性综合开发、全面治理的基础上，修建水库、新建水渠、营造林带，陆续建立了诸多国营农场，将部分戈壁改造成绿洲，荒原变为良田。1958—1990 年，是新疆农业持续快速增长期，共扩大新灌区 200 多万公顷，改善旧灌区 100 多万公顷，总灌溉面积达到 316 万公顷。为了发展新疆的水利事业，1950—1990 年，新疆累计投入水利建设资金 193 亿元，其中国家投资 119 亿元，地县及群众投资 74 亿元。全区建成大中小型水库 472 座，总库容达到 702 亿立方米，建成引水渠道 420 条，总引水能力达到 4800 立方米/秒，建成防洪堤防 6012 千米，永久性堤防占 20% 左右，保护耕地 131.5 万公顷，保护人口 851.2 万人。建成干、支、斗、农四级渠道 3.236 万千米，其中防渗渠道 102 万千米，各类渠系建筑物 44.56 万座。全疆有 5 个地州 39 个县市完成了三级渠道工程化全防渗。建成配套机电井 3.74 万眼，形成了年均提水能力约 40 亿立方米，纯井灌面积达 58.91 万公顷，建成节水灌溉工程面积 1906.67 公顷。到 1990 年底，牧区已建成水库 271 座，渠道 4.09 万千米，供水管道 2436 千米，牧区供水基本井 4200 眼，开辟缺水草场 59.73 万公顷，灌溉人工饲草料基地 80 万公顷，改良草场 104.1 万公顷。水利事业的发展，为改善工农业生产条件，实现合理的生产布局奠定了坚实基础。

1990 年底，新疆的农业总产值为 36.91 亿元，是 1949 年的 4.9 倍，平均每年递增 15.5%，全疆人均占有粮食增加 79.3%，人均占有棉花增加 208.7%，人均占有油料增加 75.9%；农民人均收入增长了 19.42%。主要农产品产量：粮食增长到原来的 6.1 倍，棉花增长到原来的 2.78 倍，油料增长到原来的 6.1 倍，年末牲畜总头数增长到原来的 1.8 倍。

3. 1990 年至今，以节水设施灌溉为方式的现代节水生态农业

传统渗漏灌溉网，即大田以沟畦漫灌为主，输水配水渠道为主，河川径流调蓄以平原水库为主，农业每公顷灌溉水资源耗用量 12000 立方米。自 20 世纪 90 年代以来，新疆开始引进并逐步推进现代无渗漏灌溉网，即大田以喷灌、滴灌为主，输水配水以管道为主，调蓄径流以上游水库为主，地上水地下水互相利用，每公顷水资源耗用量将降低到 5250 立方米，意味着灌溉面积可翻一番。

节水生态农业替代传统灌溉农业，是农业现代化发展与生态文明进步的必然趋势：一是可以从根本上抑制土地次生盐渍化；二是节水农业技术与其他成熟的生态农业技术的综合运用，利于种植业结构、大农业结构的调整；三是种植业节省的水资源可以大量用于植树造林、沙漠、戈壁植被的恢复，风沙化问题可得到根本解决；四是为发展绿色食品提供了所需的良好的农业生态环境；五是农业生产结构得到大调整。人工绿洲内外的梭梭、红柳林中，可播种大芸、种植甘草、沙棘、枸杞等，生态林地可扩大规模，增加宽度，发展林、木、林果等林业、草业。

从水资源利用方式不断改进来看，新疆绿洲农业也在逐步发生巨大变化，随着灌溉技术含量不断增加，农业发展模式也随之改变，绿洲农业经济效益也逐步得到提高（张红丽，2004）。

二 新疆绿洲农业水资源存在问题及原因分析

大量国内外文献研究表明：绿洲农业生产中，水资源合理利用不仅可以增加粮食单产，改善土壤结构，而且能扩大绿洲面积，改善绿洲内外生态环境，有效防治沙漠化；反之，不但浪费稀缺的水资源，还会导致耕地盐渍化、绿洲内部就地沙化等。新疆地区绿洲农业水资源利用过程中存在如下几大问题。

1. 水资源总量丰富，但分布不均衡

新疆区域辽阔，水资源总量丰富，人均水资源量 3186.91 立方米，单位面积水资源量却仅为 5 万立方米，位列全国倒数第 3 位，仅为全

国平均水平的16.7%，且空间、时间分布不均衡。[①]

（1）水资源地域分布失衡

新疆水资源地域分布差异很大，境内山区多平原少，水资源分布与当地经济社会发展水平极不协调，经济发达地区和资源富集地区缺水严重：西部伊犁水量充沛，东疆干旱缺水；相对北疆，南疆大部分地区严重缺水。额尔齐斯河流域和伊犁河流域的面积仅占全疆的10%，但水资源量却占全疆的33.3%。天山北坡经济带主要包括乌鲁木齐、昌吉市、石河子市、克拉玛依市等区域，人口约占新疆总人口的23%，水资源仅占全疆的7.4%；吐哈盆地及准东地区是石油、天然气、煤炭资源的开采基地，但水资源十分匮乏，导致水资源开发利用度过高。天山北坡一带和吐哈盆地，缺水率超过10%。

（2）水资源时间分布失衡

新疆水资源时间分布亦不均衡：由于新疆用水主要来源于河流与冰雪融水，高山积雪融化供给河流湖泊，来水量受季节影响较大。春季缺水，尤其是3月、4月、5月，河系来水量仅为全年水量的9%—10%；夏季为洪水季节，水量最丰富，占全年水量75%—80%；秋季水量接近春季，冬季最少，占比3%左右，形成了"春旱、夏洪、秋缺、冬枯"的特征（李万明，2015）。自20世纪末，受气候变化和人为因素的影响，洪旱灾害发生频率较以往明显增大。2013年，洪旱灾害南北疆交替发生，其中洪涝灾害造成直接经济损失8.13亿元，共有50个县（市、区）33.15万人受灾，倒塌房屋0.598万间；农作物受灾面积41.78万亩，死亡大牲畜1.109万头；因旱造成直接经济总损失10.76亿元，1.03万人、10.90万头大牲畜饮水困难，粮食作物损失28.47万吨。[②] 此外年内农作物各月份需水量不同，小麦灌溉与大部分作物用水都集中在春季，水资源供给与农业用水存在较大时差。

---

① 数据来源：中国经济与社会发展统计数据库。

② 数据来源：《新疆水资源公报》（2014），数据统计未包括兵团数据。

2. 水资源供需矛盾尖锐，可持续发展空间狭小

2000—2014 年 15 年间，新疆地区的水资源总量丰贫不一，最丰富为 2010 年 1124 亿立方米，最贫乏为 2014 年 726.9 亿立方米，相差 54.82%，水资源年际分布极不均衡。水资源供给总量呈先上升后下降的趋势：2000 年至 2011 年，水资源供给总量缓幅上升，由 479.96 亿立方米增长至 523.51 亿立方米；2012 年至 2014 年，供给量由 590.10 亿立方米下跌至 581.80 亿立方米，减少 14.07%。用水量却连年攀升，2014 年达 581.82 亿立方米，供需矛盾尖锐化程度凸显，① 见图 8-6。

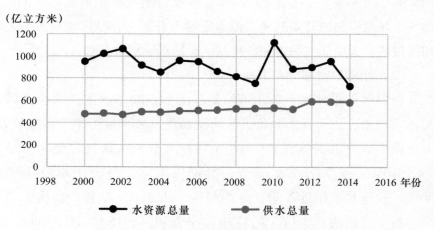

图 8-6 新疆 2000—2014 年水资源总量和供水总量对比

资料来源：中国经济与社会发展统计数据库。

（1）水资源可利用量锐减，地表水、地下水开采过度

2014 年新疆地表水开发量已达总水资源的 94.4%；而地下水开发程度占可采资源的 61.1%，自 20 世纪 80 年代开始，经济发展较快的地区（如吐哈盆地、天山北坡、塔尔盆地等）便出现地下水超采现象。水资源开采过度，导致短缺日益严重。新疆水资源压力指数为 1.5306，人口缺水率为 9.9%（宋丹丹，2014），牲畜缺水率为 24.3%。

---

① 数据来源：中国经济与社会发展统计数据库。

2009 年库尔勒市地下水实际开采量达 2.2 亿立方米，占总供水量的 39.2%，超采量达 1.2 亿立方米。库尔勒市境内的孔雀河平原地下水位大幅下降，其中潜水含水层水位下降幅度为 0.6—1.5 米，局部达 2—3 米，承压水含水层水位下降幅度为 1.3—2.3 米。① 受孔雀河水位的影响，并伴随着地下水的不断开采与回水补给，孔雀河两岸地下水位变化幅度大、频率高、影响区域集中，容易产生土地次生盐碱化。由于水资源稀缺，现阶段孔雀河灌区实行限额供水，地表、地下水资源开采量均由巴州水管处进行配水控制，自河道取水口取用水量不得超过配水量。灌溉保证率为 50% 时，库尔勒市可利用水资总量为 5.5 亿立方米。目前全市总用水量已超过水资源配给量，水利工程建设所实现的供水量已超过配水量（曹雪，2011）。

塔里木河是中国最长的内陆河，由于无节制取水和水资源大量浪费，塔河流域地下水位下降严重，超出了胡杨、红柳等耐旱乔灌木植物的生长极限，造成流域内胡杨林大面积枯死。下游河道已基本断流，原来的终点——台特玛湖及罗布泊已经干涸，同时，沙漠面积剧增。绿洲农业灌溉引水量较大增长，使维护自然生态的用水大幅度减少，必然造成两大盆地区自然、天然林和草地枯死衰败，面积进一步减少。

（2）水资源需求量持续增大

随着新疆人口增加、经济发展与农作物规模扩张，全年用水量呈逐年递增趋势，2014 年农业、工业、城镇生活用水比例分别为 95.56%、2.31%、2.13%（其中，农业用水总量 550.99 亿立方米，工业用水总量 13.25 亿立方米，生活用水总量 12.31 亿立方米）。新疆耕地面积由 1949 年的 1209.7 万亩扩大到 2015 年的 5912.02 万亩，新增耕地面积 4702.32 万亩，增长率高达 388.72%，耕地面积急剧扩张，导致农业用水需求增势明显，年总灌溉引水量由 1949 年的 200 亿立方米增加到 2014 年的 550.99 亿立方米，② 见图 8—7。

----

① 数据来源：库尔勒市环保局，http：//www.xjepb.gov.cn/web_ admin/01.asp?ArticleID=93743，2011－04－23。

② 数据来源：《新疆统计年鉴》（2015）。

全区总用水量由 2004 年的 497.04 亿立方米上升到 2014 年的 581.82 亿立方米，增长率为 17.06%；农业用水量由 2004 年的 457.04 亿立方米攀升至 2014 年的 550.99 亿立方米，增长率为 20.56%，2014 年农业用水占总用水量比重达 94.7%。[①]

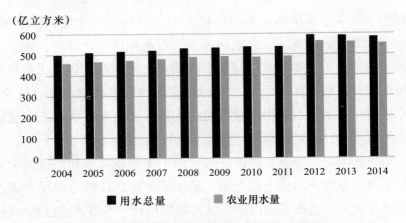

图 8 - 7　新疆 2004—2014 年用水总量和农业用水量对比

资料来源：中国经济与社会发展统计数据库。

3. 农业用水效率低下，缺水与滥用并存

新疆农业用水占总用水量的 95%，由于农业的附加值较低，导致人均年用水量和万元 GDP 用水量较大：2014 年，新疆地区人均用水量 2550.72 立方米，远高于全国平均水平 446.7 立方米；万元 GDP 用水量为 628.04 立方米，是全国平均水平 86.37 立方米的 7 倍；[②] 全疆耗水总量 399.24 亿立方米，耗水率 67.7%（2012 年）。[③] 农业缺水与用水效率低下并存，主要原因如下：

（1）超低水价影响水资源高效利用

2014 年，全疆各行业平均水价为 0.047 元/立方米，仅为供水成

---

① 数据来源：中国经济与社会发展统计数据库。

② 数据来源：《中国统计年鉴》（2015）。

③ 数据来源：《新疆水资源公报》（2012）。

本的31%；有的地区近20年一直执行0.01元/立方米的水价标准；吐鲁番地区执行全疆最高水价0.136元/立方米，也只达到供水成本的62%。"低水价导致了水资源的极大浪费，最终影响到水资源的优化配置和高效利用"，业内专家认为这是新疆水利发展存在的主要矛盾和问题。[①]

（2）节水设施建设不到位

无论在农业还是工业方面，新疆的节水基础设施建设始终落后于经济发展，多数建成的水利设施标准低，配套不完善，使用过程中监管措施不严，效率低下，直接导致水资源严重浪费。

（3）民众缺乏节水意识

用水市场机制缺失导致节水效率不高。生活用水方面，由于水价较低，无偿用水的观念在人们心中根深蒂固，形成了无须珍惜用水的错误认识；在农业用水方面，资源比较充裕的地区，由于相对于膜下滴灌节水灌溉方式而言，大水漫灌投入成本小，部分农民依然采用这种粗放灌溉方式，缺乏使用灌溉技术的积极性，农业用水大多只能计量到斗口，农渠缺乏有效的计量手段，无法实行计量收费，导致农民节水意识缺乏，水资源浪费现象严重。在农民看来，水是公共资源，对水量的分摊有疑问，对水费的征收怀有抵触情绪，丰枯季节水价等方式虽然有利于节水，但推广还存在诸多困难。

4. 灌溉系统陈旧，土壤盐渍化严重

干旱地区降水稀缺，蒸发量极大，绿洲农业必须常年灌溉以维持土壤与农作物需水。但是新疆绿洲是径流消耗区，内陆河水的自净能力很低，浓缩的有害物质易于在绿洲内残留，土壤盐渍化加重了耕作层的水文地质环境的恶化，盐碱化耕地已占全区耕地面积的28.7%（艾热提江，2011）。径流缺少水库调节、有渗漏的传统沟畦漫、串灌为主的灌溉系统是新疆地区绿洲农业生态恶化的根源。

---

① 资料来源：天山网，2014年9月26日，http://news.ts.cn/content/2014-09/26/content_10564292.htm。

（1）节水引水工程导致盐分无法外泄

农业开发后，为保证充分的农业用水，在主要河流中游的绿洲地带兴修系列截水、引水工程，下游水流量迅速减少甚至断流，导致中上游地区的绿洲内盐分大量堆积，无法外泄。

（2）大水漫灌致使土壤盐分堆积

开发初期不少地区以大水漫灌的方式进行洗盐，将土壤表层盐分向下淋滤到土壤深层，短期内可以达到表层土壤暂时脱盐以保证作物生长的目的，但由于新疆气候干燥，水分蒸发量极高，长期看，一味大水漫灌无法排出土壤中的盐碱，反而导致土壤中的盐分累积增多，地下水位不断升高，加剧土壤的次生盐渍化，最终导致良田被迫弃耕。

（3）渠系渗漏导致含盐地下水位上升

渠系渗漏导致渠系两侧地区地下水位上升，含盐的浅层地下水成了耕作层次生盐渍化的盐分供给源，不断在耕作层积累，加重了土地盐渍化，使次生盐渍化为主因的中低产田日渐扩大，土壤有机质和肥力不断降低，净产出减少。由于大多垦区水利设施多修建于20世纪50年代到70年代，设计及建设标准偏低，渠系渗漏严重，虽经多年防渗处理，2010年渠系防渗率仅为35%，其中干、支渠防渗率在80%左右，斗渠防渗率在35%左右，农渠防渗率仅为10%左右，由于渗漏严重，渠系两侧的土地被不同程度地盐渍化。

5. 水资源污染严重，污水处理能力弱

作为农业大省，新疆地区农药与化肥的过量使用，导致农田排水对下游河流、湖泊造成污染。大量山区径流被引入绿洲，又无法排除绿洲中的有害物质，使土壤次生盐渍化。而地区内部污水处理能力反而随着经济快速发展呈现恶化趋势。

2005—2011年新疆污水排放量呈逐年增高趋势，中水回收量在2005年至2008年逐年降低，到2008年达到最小值0.57亿立方米，之后逐年升高至2011年的0.79亿立方米。污水处理率由2005年的42%逐年下降至2011年的24%，与国内部分发达省份差距明显。大量受污染的高比率矿化绿洲出现，将对新疆农业可持续发展与生态系统平衡产生巨大威胁（李万明，2015）。

6. 棉花作物规模持续扩张，拉动经济增长同时负效应不可忽视

2014 年新疆棉花播种面积 1953300 公顷，占全国播种面积的 46%；2015 年新疆棉花总产量 350.3 万吨，占全国总产量的 62.5%。[①] 作为拉动区域经济增长的主要源泉之一，棉花产业在新疆农业发展中居于主导产业地位。然而，棉花在生长、生产过程中消耗大量水资源，导致虚拟水输出、农业用水结构失调、生态严重破坏等负效应。

（1）虚拟水大量输出

棉花在生长、生产过程中消耗大量水资源，降低渗入土壤中的雨水蒸发；灌溉过程消耗大量水资源，影响地下和地表水的回流。新疆的棉花大量销往中部、东部地区以及出口，造成大量虚拟水外流。大量学者对新疆虚拟水与水足迹核算的研究结果表明：新疆是虚拟水净出口地区，其中农业对虚拟水出口贡献最大，达 97% 左右，仅南疆地区棉花虚拟水外调量为 3185.54×10^6 立方米。大量的地表水和地下水资源"虹吸式"外流，为水资源本来就不富余的新疆地区的可持续发展造成巨大压力。

（2）农业用水结构严重失调

单一经济作物规模持续扩张，造成绿洲农业用水结构严重失调。如石河子垦区中棉花播种面积剧增，挤占其他作物用水，农业水资源供不应求，处于超采状态，部分耕地得不到灌溉，大量耕地出现转出，部分草场退化，林木死亡率开始上升，甚至有下游防护林死亡率达到了15%。由图 8-8 可知，农业水资源在粮食、经济、其他作物之间的分配随时间的变化呈"X"形分布（王永静，2016）。随着棉花种植规模的持续扩张，粮食、经济及其他作物的用水情况由 1980 年前的相对合理，演变至 2014 年严重失调，农业用水严重倾向于经济作物灌溉。目前，石河子垦区流域地表水引用超过 97%，泉水引用接近 100%，地下水的引用也达到了 57%，流域水资源可挖掘的潜力相当受限。

---

① 数据来源：中国经济与社会发展统计数据库。

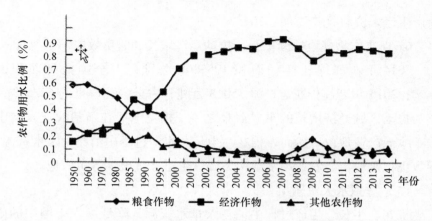

图8-8 石河子垦区粮食作物、经济作物、其他农作物用水比例变化趋势

（3）生态破坏严重

棉花生长、生产过程中对生态环境造成的不良影响不容小觑。

①天然植被减少。新疆地区干旱少雨，植物生长所需水分主要靠地下水，而地下水是由地表水转化而来，一旦地表水减少，地下水的补给就会减少或断绝，造成地下水位下降，土壤发生脱湿脱潮，从而抑制植物生长。棉花种植大幅扩张后，由于水资源消耗加大、地下水位下降、生态用水量减少等，引起了依靠地下水供给的自然植被衰退和草地面积减少，天然植被覆盖率下降，土地沙漠化加剧。

②沙尘天气增多。棉花生长过程中需要大量灌溉用水，引水量增加，造成灌区外部土壤严重缺水，加之人为砍伐，大片河谷林及平原草地衰退，地表植被覆盖率减少，表层土壤干燥、松散，风沙天气发生频繁。如塔里木盆地西部的阿克苏灌区，20世纪80年代以来浮尘天气日数增加了近一倍，严重污染大气层，影响光照和热量，以致影响作物生长，给农牧业生产和居民身体健康带来了极大的危害。

7. 管理体制较为滞后

由于历史等原因，新疆地方和兵团各自拥有独立的行政管理体制，导致了水资源的分割管理。在新疆境内，缺乏统一的水资源管理制度、方法和体系。加之法制普及度不够,地方保护主义严重,都阻碍了水资源的法制系统管理(邓铭江,2002)。

管理人员素质有待提高。根据新疆维吾尔自治区第一次水利普查公报(2011),新疆水利行政机关及其管理的企(事)业单位1005个,从业人员3.06万人,其中本科及以上学历人员0.68万人,大专及以下学历人员2.38万人。乡镇水利管理单位592个,从业人员0.63万人,其中具有专业技术职称的人员仅0.21万人。管理制度不够完善、用水形势日趋严峻、自然生态环境逐渐恶化,都对管理者提出了更高的要求。

第三节　生态文明视域下新疆绿洲农业高效节水策略

对新疆典型干旱地区而言,农业兴衰决定着地区经济状况优劣,决定着农业人口收入高低。而农业的良好发展取决于农业自然资源能否得到充分合理利用与农业生产结构。水资源是绿洲形成的基本条件,其空间分布格局限定了绿洲分布格局,其总量决定着绿洲规模,水资源利用的科学与否直接影响该地区经济发展与生态环境。新疆应坚持"开源、节流、合理规划、科学管理"的原则,逐步推进绿洲农业节水战略。

一　有效开发利用水资源

1. 有效利用跨境河流

目前,新疆内陆河流、地下水已过度开发,又因各种原因未被纳入南水北调等国家工程规划。新疆必须挖掘自身水资源潜能,探求区域内可能的引水途径,合理开发利用境内国际河流水资源。我国国际河流众多,共有42条,位居世界第三位。新疆境内的有额尔齐斯河—鄂毕河、伊犁河、塔里木河(阿克苏河)。起源于新疆西北部的伊犁河和额尔齐斯河是该地区两条最大的国际河流,两河年径流量占全疆的 32%，但地表水利用率仅约为 20%，每年流出国境的水量达 214 亿立方米,[①] 利用效率相当低。《国家粮食安全中长期规划纲要（2008—2020 年)》提出应优先谋划新疆的伊犁河流域、额尔齐斯河流域，积极筹划重大水利工程以及粮食生产配套设施建设，在规划上肯定了跨界河流水资源利用作为开源路径的可行性。因此，可从如下几方面进行跨境河流资源开发：

第一，针对伊、额两条国际河流水资源可持续利用，与流域国家建立多边协调机制，建立国家层面的跨国河流开发管理机构，合理进行水权分配管理；第二，"引额济克""引额济乌"等"九五"期间实施的骨干水利工程已建成通水，进一步推动了新疆的新型工业化与经济建设。后续伊犁河流域南岸干渠、北岸干渠等工程的建设与完善，主要以防洪、水力发电为主，应加强农业引水、灌溉调节等功能；第三，针对新疆南部农业和粮食生产基地缺水问题，国家应尽早论证规划"引伊入塔"南水北调工程。"引伊入塔"项目拟在天山山脉挖掘隧道，将伊犁河水系的水引入塔里木河，经各支流向南疆粮食生产基地引水，保障新疆粮食生产、绿洲农业的可持续发展。

2. 在合理范围内跨流域引水及长距离调水

为了缓解新疆水资源时间与空间分布不协调、缺水地区过度开采地下水、水富足地区滥用水资源等状况，应探索进行合理跨流域引水、长距离调水。

对水资源调出区域的社会经济、生态环境可持续发展对水资源的需求量进行充分研究，进而确定可供给量，将可供调出的水资源量调入受水区予以储存利用，这部分水量不仅可提高水资源可再生性，更可为受水区经济与生态环境发展做出巨大贡献。如南疆的塔里木河、西部的伊犁河、北疆的额尔齐斯河、玛纳斯河和乌伦古河，夏季水量庞大、春季和秋季稀少，河水量年分布很不稳定，科学合理修建水渠

---

① 新闻分析：《如何用有限的水资源确保国家粮食安全》，网易新闻中心，2016 年 12 月 23 日，http://news.163.com/08/1005/19/4NH1BCUO000120GU.html。

和蓄水库，不仅可以缓解本区域缺水时节困难，还可以引流到经济发展水平较高的缺水区域，提高相应河流范围的抗洪能力同时提升干旱地区的抗旱能力，一定程度上可缓解新疆水资源时间与空间分布失衡的现状。

二　优化节水农业种植规模与结构

在水资源承载力和生态环境容量的基础上优化和调整产业结构，尤其是节水潜力较大的农业种植结构，提高单方水量农作物的产量和效益，增加单方水的农业产值，以促进水资源合理配置，高效利用。不应按照传统仍大量发展粮食、棉花、油料生产，要发展"优质、高效、节水"的"种植、饲草、养殖、加工"结合的节水农业体系，提高绿洲农业经济的整体效益。

1. 提倡"高自低投"种植模式，确保粮食安全

"高自给率低投资"[①]的种植业发展模式，既能满足一定的粮食自给率要求，又不过多增加节水灌溉投资费用，其投入产出效率最高，可视为种植业发展规划的基础方案。不提倡"低自给率"的种植业模式。"低自低投"与"低自高投"模式种植业总产值均高于"高自低投"，但其效率值偏低。这是由于在低粮食自给率条件下，用于粮食作物种植的水资源分配较少，更多的水资源用于经济作物种植，因此种植业产值很高。但从长远看，随着国内粮食生产重心不断向缺水的北方地区转移，水土资源匹配失衡、水资源匮乏对粮食生产的影响将更加凸显，低自给率的发展方案不符合国家粮食安全的要求。面对10%的粮食自给率水平，若不进行种植业结构优化，增加粮食作物种植面积，将会产生一定的粮食安全隐患。

适宜的粮食、经济作物、果园种植面积比重约为 26：56：18（曹雪，2011），新疆地区应适度调整粮食作物面积，以满足当前居民粮

---

① 根据粮食自给率与节水改造费用高低，将种植模式分为四种：高自给率低投资方案、低自给率低投资方案、高自给率高投资方案与低自给率高投资方案。

食需求，达到较高自给率水平；适度发展果园节水灌溉、减少果园大田种植，其中70%左右的经济作物、20%左右的果园宜采用节水灌溉模式，节水灌溉改造费不应超过种植业总产值的3%，以免造成投资过剩。

2. 适当控制棉花种植面积，确保经济效益

新疆是我国"粮棉争地"现象最严重的省区之一，特别是南疆无序扩大棉花种植面积，严重挤占了粮食生产，影响了农区畜牧业健康发展，一定程度上也破坏了绿洲农业生态平衡。因此，应制定"增粮、增果、增牧、减棉"的农业生产目标，在减少棉花种植面积的同时，调整农业产业结构，增加粮食和饲草作物种植面积，提高粮食生产能力。但要实现该目标，国家应当进一步加大粮食价格补贴，确保农民的实际收益，提高粮食生产的积极性，从而减少"棉占粮"带来的粮食安全威胁。石河子垦区宜退耕556.0平方千米耕地，减少棉花播种面积，扩大207.1平方千米粮食作物播种面积，扩大蔬菜、瓜果、牧草等其他作物的播种比例（王永静，2016）。加快种植业结构优化调整，以期实现垦区农业健康稳定发展。

新疆的棉花产业主要是出售原材料的低附加值产业，应尽快用现代科技改造传统棉纺业，提高棉纺业的机械装备水平和产品档次、成品率，将新疆建成全国最大的优质棉花生产基地和纺织品加工基地，大力发展纺织、服装工业等棉花加工业，实现加工增值，扭转新疆低附加值"棉花大省"的尴尬局面，使"白色产业"真正成为新疆经济的支柱。

3. 扩大花生种植规模，培养花生深加工企业

花生是全球最重要的四大油料作物之一，市场价格高于水稻、小麦、大豆、油菜等，具有经济效益好、产量高、用途广、抗逆性优、营养价值高等特点。新疆是国内七个花生生产自然生态区域之一，地域辽阔，拥有230万公顷的适宜土壤，光照充足，昼夜温差大，具有得天独厚的花生种植条件与广阔的销售市场。研究表明（李利民，2011），新疆花生的单产为4500—6000千克/公顷，

若按 3 元/千克销售计，花生收入可达 13500—18000 元/公顷，扣除成本 4500 元/公顷，纯收入为 9000—13500 元/公顷；以榨油计算，其产量最高比大豆多出 60%；花生出油率在 45%—50%，是大豆出油率的 4 倍。但是近些年新疆的花生种植面积始终徘徊在 0.05%—0.07%，远低于全国平均水平。因此，应扩大花生种植规模，在进一步选育优良品种和研究开发配套技术的基础上，大力发展高增值花生产品，提高花生商品率。扩大花生种植规模不仅可以遏制荒漠化蔓延、促进生态农业发展，更有利于新疆农业结构调整、农民增收与农业增效。

第一，采用麦套花生、果林套种花生等多种种植方式，以间、套、复种类型为主的多熟种植模式，扩大花生种植面积。花生是固氮肥田的先锋作物，因此在林果行间间作花生，既可以以短养长，增加花生产量，又可提高土壤保水、保肥和抗旱能力，同时可促进幼龄林果的生长，花生蔓还田也是林果的优质有机肥料。

第二，花生因具有耐瘠薄、抗旱、适应性强等特点，是良好的荒地栽培植物，既能改良土壤又能产生一定的经济效益，新疆大面积荒山荒坡土地尚未开发，其开发利用对新疆绿洲农业发展至关重要。在干旱地区，可利用膜下滴灌的种植技术，采用合理、科学的布局模式，为新疆的花生产业增产增收提供条件。

第三，加大科研投入力度，增长花生产业发展链条。在大力发展花生生产的同时，研究开发花生产后储藏技术、花生烘焙工艺、冷榨高产制油工艺、花生蛋白质利用技术，加强花生食品方便化、营养化、系列化。中国农业部办公厅、财政部办公厅在 2010 年下发了农办财〔2010〕41 号文件——《2010 年花生良种补贴项目实施指导意见》，有利于深入挖掘新疆种植花生潜力，为将新疆建成西部新的花生优质、高产区提供了保障。

第四，应提高花生商品率，培育花生加工企业。目前新疆还未建成专门的花生加工企业，花生主要是生食和经过简单的煮、炸、炒、烤等处理后食用，很大程度上流失了花生原有营养成分，因此要加快培育选育适合新疆生产的优质专用型品种、推广先进适用的栽培技术、引进现代化的加工生产线、成套的加工设备，使新疆未来花生加工产业的发展形成生产、加工、销售的一体化。

4. 适当扩大饲草、绿肥等的种植面积

饲草的种植投入小，单位面积苜蓿的种植成本是小麦的 37.22%，玉米的 30.23%，单位面积的灌溉量是粮食作物的 20%—33%，经济作物的 25%—33%，饲草的种植能使土壤肥力、土地承载力和抗灾能力大幅度提高。因此，对于干旱区绿洲农业而言，绿肥、饲草的种植面积应该保持一定的比例，以满足绿洲农业内部生态良性循环的要求。

作为对灌溉农业的补充，旱作农业是缓解水资源畸缺区的供给问题的协调变通手段，也是解决水资源短缺的现实途径之一。在新疆较干旱地区特别是东疆地区，应大力发展旱作农业，研究、种植抗旱的作物或品种，如抗旱棉花、小黑麦、优质牧草等，提高水资源利用率。在实现节水灌溉的基础上，尽量使用天然降水，同时通过保水（防止蒸腾）、蓄水技术培养旱地粮食作物，发展精耕细作省水、节水农业。同时，积极发展立体农业，如农林复合耕种等，充分利用不同空间层次的水、土、光、热资源以及土壤深层水分。对于新疆地区整体而言，水旱协调的农业生产模式有助于保证粮食安全和农业的可持续发展。

同时，以市场为导向，发展一些其他经济作物（打瓜籽、啤酒花、饲料、绿肥和安息茴香等）的种植及其加工，可加速新疆绿洲经济的发展。同时，选用耐盐抗旱的植物品种，如种植友友草或紫花苜蓿等优质牧草，这些牧草改良盐碱土效果良好，而且能同时起到提高植被覆盖、绿肥、饲料等多种作用；精耕细作，农作物收获后及时翻耕可以有效地防止土壤反盐，如冬小麦，若不及时翻耕而晒至 9 月，0—30 厘米土层中土壤盐分含量由 0.5% 上升到 1.75%；此外，土地不平整是盐渍出现的一个重要原因，近年来随着 3S 技术的迅速发展，激光照准平地技术被用于平整土地，可有效避免盐包碱包的出现，应在垦区全面推广使用。

5. 强化绿洲农业生态—经济产业价值链

新疆"红色产业"（番茄、枸杞、红花等）已成规模，种植—加工—销售产业链也初步建立，有待进一步规范和完善，并做大做强，成为新疆绿洲经济的第二支柱。新疆的"绿色产业"（瓜果）具有丰富的品种资源和得天独厚的品质优势，而且吐鲁番葡萄、哈密瓜、库尔勒香梨、阿克苏苹果、喀什石榴、精河枸杞等品牌享誉海内外，但目前生产的组织化程度不高，产品标准化程度低，品质稳定性差，销售体系及网络尚不健全，产品及品牌优势未充分发挥。因此，应组建标准化、规模化的商品生产基地，建立"公司＋基地＋农户"的绿色产业链，将绿色产业扶植为新疆的第三个经济支柱。

三　推广节水灌溉技术

新疆农业问题的关键在于利用有限的水资源确保新疆绿洲农业规模收益最大化。在影响粮食增产众多因素中，灌溉面积增长是最主要因素。要实现亩产量稳定增长，必须积极扩大农业耕地灌溉面积。节水灌溉，既能节水、节地、节能、节劳，还能促进增产、增收、增效。统计显示，微灌可节水 60%—70%，喷灌可节水 50%，管道输水可节水 20%—30%；喷灌一般比地面灌溉增产 20%—30%，滴灌增产 40%；节水灌溉一般可节地 2% 以上。① 在严重缺水的新疆干旱地区，大力发展节水灌溉农业技术，减少水资源浪费，是目前最现实可行的农业水资源供需平衡方案，也是灌溉农业得以长期维系和持续发展的出路所在。

1. 改进灌溉方式

加强渠道防渗，改进灌溉方式。节水挖潜，第一要加强渠道防渗，减少输水损失；第二要开展农田基本建设，平整土地，缩小畦块，为节水灌溉打下良好基础；第三要积极改进灌溉方式，对瓜、果、蔬菜等经济价值高的作物，要普遍推广喷、滴灌和低压管道灌溉等先进的

---

① 新闻分析：《如何用有限的水资源确保国家粮食安全》，网易新闻中心，2016年 12 月 23 日，http://news.163.com/08/1005/19/4NH1BCUO000120GU.html.

节水灌溉方式，对其他作物则实行沟、畦灌，彻底改变大水漫灌的粗放经营方式。

2. 推广节水灌溉技术

改革农田灌溉方式，在现行膜下滴灌技术的基础上，根据不同作物的需水规律，增加管灌、滴灌、微灌和喷灌，提高灌溉效率，进一步减少水分损耗；全面推广农田覆盖，减少田间水分蒸发；改春耕为伏耕、秋耕，改春灌为冬灌，可以有效降低水资源的无效蒸发；平整的土地能有效降低灌溉用水量，引进或开发新型平地机械，与激光照准平地技术相结合可有效地提高土地平整效果，增加可利用水资源量。

四　完善节水激励制度

新疆面临水资源过度开发、水环境退化和农业水资源利用效率效益低下、用水量与用水效益呈巨大反差等问题，尤其是水价严重背离其价值，这些成为水利改革发展阶段性的突出问题和制约经济社会发展的主要"瓶颈"。为满足新型工业化、新型城镇化、农牧业现代化和经济社会发展对水资源的递增需求，解决水利改革发展面临的阶段性问题，实行最严格的水资源管理、提高用水效率、加强水资源优化配置是唯一出路。

1. 完善水权制度，分水到户

现行水资源配置主要有三个环节：一是总量控制，二是水量分配，三是取水许可。由于水资源所有权归国家，总量控制和水量分配应在自上而下的行政主体间逐级分解。而取水许可环节是实现水资源的所有权与使用权的分离，是水资源的微观配置，市场应当比政府更有效率地在水资源微观配置中发挥作用。市场作为水权持有者和水权需求者的交易中介，为水权交易提供平台，包括公开交易信息、通过价格机制来促进交易的完成、风险防控等。水权改革、水市场的建立，是新疆实现农业用水向工业、城市和生态转换的有效途径，是市场经济条件下推动可持续节水的有效机制，是在控制全社会用水总量条件下实现水资源优化配置和用水结构调整的必然选择。

水权交易制度是指政府依据一定规则，把水权分配给使用者，并允许水权所有者之间的自由交易。如此依据市场交易的水分配制度，可以保证高价值用途的用水需求，以避免开发高成本的水源而破坏环境。

按照中央关于推进资源性产品价格改革的要求，以节水环保为宗旨，积极推进水价改革，建立促进水资源可持续利用的水价形成机制。统一制定各行业用水定额标准，明确用水定额红线。根据各行业不同的特点，制定科学合理的"阶梯水价制度"，对用水量不符合要求的部分严格收取高价，或者依法限制其用水量，从而促进成熟节水技术的发展和推广。在保证总用水量红线的情况下，形成一个合理的市场水价机制，使得无论在农业、工业以及生活用水方面都能够形成合理、高效的用水形式。

2014年水利部在系统内部印发了《水利部关于开展水权试点工作的通知》，提出在宁夏、江西、湖北、内蒙古、河南、甘肃和广东七个省区开展水权试点，试点内容包括水资源施用权确权登记、水权交易流转和开展水权制度建设三项内容。2014年8月，新疆首个水权交易中心在玛纳斯县正式揭牌，该中心运作方式为由农民用水协会将农户二轮土地定额内节约的水量，以现行水价6倍的价格在交易大厅进行统一交易，并通过"水银行"（水库）调蓄，政府统一回购后，再由塔西河供水工程供给工业园区企业，实现从农业高效节水向高效用水转变，形成工业"反哺"农业的良性发展格局。2014年自治区在哈密、昌吉等地开展水价水权综合改革试点，2015年在全区每个地州选择部分县市开展确权登记试点，2016年全面完成确权登记工作。

自治区推进初始水权确权登记，应以最严格的水资源管理制度确定的水资源总量控制目标为依据，将水资源控制指标分解细化到乡镇、村，逐级确认用水量和效益。用水总量超指标的地州、县市，对新增用水原则上通过市场购买取得水权。初始水权应确认到户、到人头，发放水权证书。各地应以流域或区域建立水权交易中心，借鉴土地交易、林权交易、排污权交易等平台建设经验，建立水权交易平台；通过水库等调蓄性水利工程建立"水银行"，对节约水量进行调蓄；坚持有偿转让和合理补偿相结合，水权转让双方主体平等，遵循市场交易的基本原则，合理确定双方的经济效益。"今后新增工业用水，原则上不再通过行政审批取得，全部由市场配置、购买取得水的使用权。对农业用水及其他用水户初始水权一定要明确，在发放水权证的基础上，用户结余水量通过水权交易中心上市交易，价格可以随行就市，真正意义上促进水资源优化配置与可持续利用。"[①]

在水权改革方面，新疆水权交易和水市场建设工作已走在全国前列。昌吉州、吐鲁番市和哈密市等地在水权改革中大胆创新，在水权流转制度、水市场建立和交易等环节初步探索出了可供借鉴的经验。

2. 优化水价制度，强化价格杠杆作用

长期以来，水资源被看作自然的公共资源，可以自由取用。由于农业的弱势和较低的农业收益，农业水价长期低于供水成本价，无法正常发挥价格杠杆作用，调整农业水价作为一个敏感问题一直存在。由于农业用水价格长期偏低，导致水资源严重浪费，水利工程缺乏再建设资金，无法对水利工程设施进行维护和更新改造，造成干渠的渗漏和供水能力大幅下降等问题。因此重新评价和核算水资源价值并以之为基准，推进水价改革，由市场决定水价，减少政府干预，加强政府监管，使水价符合经济规律，是从根本上改变农业水资源无价或低价利用现状，抑制低价水的浪费使用，缓解水资源短缺，实现水资源可持续利用的途径。

新疆市场与价格研究所曾对新疆吐鲁番地区农业用水问题进行过调查，节约用水除了大力采用节水技术和节水项目外，更为重要的是要进行水价改革。2016 年，新疆的农业水价为 0.01 元/立方米，[②] 过低的农业水价对新疆水资源节约利用起着制约作用。因此，有必要对水价制度进行适度的改革，制定合理水价政策，用经济手段配置水资

① 《乌鲁木齐水价 12 月 24 日起正式调整居民用水价格涨 5 角》，天山网，2016 年 12 月 23 日，http：//news. ts. cn/content/2014 - 12/23/content_ 10848077. htm。

② 数据来源：新疆收费管理信息网。

源,促进水资源合理利用。建议采取农业基本水价和终端水价的差异化水价制度,实行超定额累进加价制度,开征水资源费和水资源补偿费。在农业基本水价的基础上,收取一部分末级渠系维护费;对超定额和二轮承包土地以外的用水按略高于基本水价的标准征收,用科学的水价改革规划,稳步推进农业水价改革。

3. 采取有效措施,减少农业污染

开发使用无残留、高效、无毒的化学农药,从源头减少农业污染;推广使用物理、生物防治技术,选择抗病性较强的品种;推广病、虫、草害综合防治技术,减少农药使用量,减轻可能产生的品质变异及化学污染;加强生物多样性保护,尤其是对害虫天敌等有益物种和对作物、牲畜野生亲缘物种进行保护,维持生态平衡。

随着地膜技术的推广应用,垦区白色污染日益加大,平均回收率徘徊在57.5%左右(陈浩,2013),减少残留地膜亟待解决。要在地膜尚未老化时实行头水前揭膜,这时地膜不易破碎,由于尚未灌水,膜上没有淤泥,易于揭膜,可以将90%以上的残膜收回。再者,推广光降解膜、生物降解膜等新型地膜取代普通地膜,如生物降解膜在农田覆盖60天左右出现裂纹,80天后出现大裂崩解,覆盖当年即可降解为粉末状,进而消失,而且不会造成化学污染。

五 完善绿洲农业生态保障制度

1. 建立节水利益补偿机制

生态补偿机制是根据生态系统服务价值与生态环境的保护成本,综合运用行政手段和市场手段,协调生态环境的保护、建设各方利益关系的一种环境经济政策。新疆绿洲属典型的生态脆弱区,一方面自然资源相对丰富,另一方面生态环境极端脆弱,两者紧密地交织在一起。由于面临着荒漠化的威胁,维护绿洲生态环境意义重大。生态环境是公共物品,若不建立起有效机制对其调节,最终会造成"公地悲剧"。应该按照污染者补偿以及使用者付费原则进行调节,补偿人们在生产过程中对生态环境造成的影响。这就要求农业开发要将经济利益和生态环境治理保护有机结合，在整个流域范围内建立起由受益者向保护、治理者进行必要经济补偿的制度。

（1）开发、利用生态资源支付相应补偿

开发、利用生态环境资源，例如开采煤炭、石油等矿产资源、采伐森林、采药等，在利用生态资源获取经济利益的同时也会破坏生态环境。生态资源数量有限，而且具有外部性特征，市场机制无法有效调节供给。因此，开发、利用生态资源的组织和个人应支付相应的费用进行补偿，我国广东、广西、上海、江苏等地目前已有征收生态环境补偿费先例。与这些地区相比，玛河流域生态环境资源相对匮乏，适当征收生态补偿费可以有效减少资源的无效耗费。

（2）受益者支付补偿

很多生态环境资源具有公共物品属性，区域内的全体社会成员可以共同享用，保护生态环境外部性明显，如国家投资建设防护林体系，会使全流域受益，水利部门受益于水土保持，农民受益于防风固沙、保护农田，旅游部门则可受益于环境的美化，等等。由于获得了切实的收益，受益者应对此支付相应的费用进行补偿，同时，建立起相应的保障机制，使补偿所得资金继续用于建设生态环境，这样可以形成良性循环，生态环境才能实现可持续发展。

（3）适度补偿减少破坏

由于历史与现实的原因，有些地区的生态破坏是贫穷所致，此时，需要建立起一种可靠的机制从外部注入资金来改善生态环境。绿洲生态功能的改善与区域土地利用方式及农业产业结构调整密切相关，这个调整不是短期内能完成的，其间，可以考虑建立相应的机制对农民进行适度补偿，使他们减少对生态环境的破坏。中国自 2002 年起实施了退耕还林工程等措施，补贴退耕农民，就是政府对农民实施的一种生态补偿。保护、建设生态环境、维护生态功能是一项社会化工程，需要全社会的共同参与，生态补偿机制的建立不能仅仅依靠政府，还应在持续增加公共财政补偿生态环境的基础上，政府、企业、农户携手共同努力。

2. 加强生态恢复，保障生态用水

干旱区水资源短缺，并导致了区域内绿洲农业与天然植被之间的用水矛盾。干旱区生态环境平衡与否直接影响到绿洲农业安全，基于此，人类生产与生活活动不能仅考虑经济效益，而忽视生态环境的稳定性及其可持续发展。这就要求在水资源的使用上要统筹兼顾，既要考虑绿洲经济发展需要，又要考虑维持天然绿洲稳定以及促进其可持续发展所需的生态用水。

1999 年以来，石河子垦区由于膜下滴灌技术推广迅速，垦区农业用水得到大量节约，节余的水被用于扩耕种草种树，林果业也取得了较大发展，同时向下游先后五次生态调水，2011 年调水达 2 亿立方米，使已干涸的玛纳斯湖重现生机，生态环境得以改善。

另外，与生产、生活用水不同，生态用水对水质的要求不高，微碱水、生活污水或净化循环水都可以满足生态用水的需要从而能够提高水资源的再生利用率。近年来石河子垦区进行了有益的尝试，如天宏纸业利用污水在盐碱地种植芨芨草，在此基础上形成了"污水—芨芨草—治沙治碱—造纸"模式的生态良性循环，不仅节约了水资源，有效地治理了盐碱地，还取得了较好的经济效果。

同时，应统筹兼顾流域上、中、下游用水，尤其是中上游地区要合理用水，严格控制生产规模，保证下游生态用水；其次，有效协调绿洲内部国民经济用水和生态用水之间的矛盾，尤其是要保证防风固沙林、农田防护林等人工林以及人工草场建设所需的生态用水；最后，节水灌溉节余的水应主要用于种树、种草，发展林果业生产以及下游生态用水，严格控制用水总量，将其控制在保证生态供水后的水平之内，保证绿洲生态系统的稳定，实现绿洲经济的可持续发展。

3. 建立"生态无人区"，推进生态旅游

新疆地区生态脆弱，跨区气候条件差异大，全面治理困难重重，荒漠化、盐渍化等生态问题日益凸显，建立"生态无人区"的理念应运而生。"生态无人区"这一理念尚未有统一明确的定义，通常情况下，我们将那些暂时用人力很难进行恢复的区域设为"生态无人区"。

在这一区域内,要对人类的活动进行限制,强化自然的修复能力,增强生态保护措施,特别是因地制宜和利用科学技术逐步推进、全面渗透式恢复生态环境。通过这种封闭或半封闭的方式,使生态无人区形成自然群落。

建设"生态无人区"并非舍弃人与自然和谐共存,而是将人工恢复与自然恢复相结合,用最短的时间实现最佳的自然恢复状态。要实现这一管理制度,当地政府必须高度重视,在实地考察的基础上,制定最为有效的政策。

全面治理脆弱生态区环境,是一项极为复杂、庞大的工程。它既结合了自然、生态的发展,又与经济社会的前进密不可分。是在脆弱生态区极端退化和落后的社会生产力与经济发展水平的基础上,对自然环境与社会经济秩序的整合和构建。这种基于治理模式的尝试与生态产业链重组的发展模式,必然会对已存在的经济发展构架和区域性文化观念造成不小的冲击,矛盾的产生是又一个待解决的难题。另外,地区的经济和技术基础也一定程度上限制了生态环境的全面治理,只有国家的支持和龙头企业的投资才能提供强大的保障。

恢复后的生态系统是可持续的系统,应充分利用它的生态效益,建立自然保护区,发展生态旅游产业。对于生态脆弱地区来说,恢复生态、发展旅游业益处良多,不仅减少了污染、改善了人们的居住生存环境,还大大增强了可持续性。另外,发展旅游业可以吸收一部分的劳动力,把人们从落后的生产中解放出来,不但可以缩小落后的生产规模,改善农民的经济状况,还对生态环境的改善起到了积极的推动作用。最后环境的改善又能推动经济、社会、生态的可持续发展。

4. 协调新疆当地生态文化传统与经济发展

任何民族的生存和发展都有自身的规律和进程,生态环境和地理条件却制约和影响着民族形成的早晚和发展的快慢。生态文化指人们正确认识和处理人类社会与自然环境系统相互关系的理念、态度及生存和发展方式,是维护生态平衡、保护生态环境的一切活动。由于民族所处的地域有差异,形成了有差异的生态、经济文化。

对新疆来说，多民族、多宗教、多元文化并存是其最基本的特征。维吾尔族是新疆人口最多的少数民族，在其悠久的历史进程中，衍生出独具维吾尔族特色的鲜明的民族文化。改造干旱环境、建设绿洲、开发自然资源、发展灌溉农业……在这一系列生产活动过程中，维吾尔族人民积累了丰富的利用自然、改造自然的经验，并逐渐形成了维吾尔族生产文化传统。

新疆干旱问题较为严重，干旱总面积占全疆面积比重大，新疆人民赖以生存的绿洲面积又极小，并且由于利用不当，存在逐年减少的风险。对以农业为生的新疆人民来说，绿色是生命和希望，保护绿洲生态环境势在必行。

多年来形成的绿洲生态文化，具有三个显著的特点：第一，房前屋后必须有果园。果树既为农民提供了经济来源，又可以增加绿化面积，起到防风固沙的作用，因此果园的选址要和果园的经营发展有效结合起来；第二，选用绿色。在维吾尔族人民的意识里，绿色就象征着大自然，对大自然的尊崇逐渐演化为对绿色的尊崇，绿色对他们生存生活的意义是其他事物所无法代替的；第三，《民卷》《医学由司比》等医书中，都有绿色思想贯穿其中。在长期的实践中，维吾尔族人民创立了一套独有的诊断和治疗疾病的方法。

除此之外，维吾尔族在发展的进程中还形成了独有的保护水环境的生态文化传统。珍惜食物是维吾尔族人民的优良传统，而食物以水为生，所以维吾尔族人民首先推崇水。新疆干旱的自然环境也使这里的人民更加珍视和节约用水，并形成了一种强烈的信仰。这种信仰促使人们形成了自觉保护水资源、不污染水资源、不在饮用的水中洗衣服、循环用水等优良的传统。在这种保护水环境的文化基础上，诞生了坎儿井生态文化。人们修建坎儿井，用来灌溉农田，促进了新疆地区农业的发展。

新疆生态环境脆弱，经济发展较为迟缓，寻求可持续发展的经济发展之路是当务之急。所谓生态农业，一般而言指"按照生态学原理，建立一个生态上自我维持的低输入、经济上可行的农业生态系统"（李文华，2003）。生态农业是针对现代农业产生的，现代农业使用化肥、机械、农药等来促进农业的发展，但同时也出现了资源枯竭、能源短缺、生态环境恶化等弊端，阻碍了农业的可持续发展。面对这样的现状，就维吾尔族居住地区来说，要把握农村建设的机遇，优化生态环境，利用区域优势，发展绿色产品，实现工业经济和生态效益的同步发展，把经济建设推向绿色化循环化发展。

5. 实施"阳光工程"，发展"生态产业"

新疆地域辽阔，光热资源丰富，但对光热能的利用仅限于占总面积不足 5% 的人工绿洲和 1.68% 的森林。目前，受水资源的制约，荒漠植被严重退化，大量的后备耕地和弃耕地无法利用。"阳光工程"是指通过发展高效节水农业（膜下滴灌可节水 40%—50%），将节约下来的水用于低产田退耕、弃耕地收复、宜垦荒地开发等，以发展林草业，提高光热资源转换率，增加生物产出量。"生态产业"则是通过对生态产出进行后续加工、转化，将生态资源转化为经济产品的加工产业。围绕"生态产业"新理念可以建立一条产业链：退（弃）耕还林还草，发展畜牧业；建立荒漠生态保护区，发展荒漠生态旅游业；种植各种药用植物，发展中草药加工业；发展特有野生植物种植业、动物养殖业（如马鹿、狐狸）及产品加工业等。这样，就通过高效节水技术将绿洲农业节约的水用于发展林草产业，增加生物产量，进而建立农牧复合、贸工农一体化的产业链。

六 完善相关法律体系

水资源兼具私人物品和公共物品二重属性。这种特征决定了对其管理需要公法和私法，宏观的法律制度和具体的管理制度相结合。水资源宪法制度、水资源环境法律制度、水资源民事法律制度和水资源行政法律制度共同构成了我国的水资源法律体系。目前，我国的水资源法律体系还有待完善，仍需要在理论创新和法律的完善方面多下功夫。

1. 水资源民事法律制度的完善

水资源的占用及开发利用制度，是各平等的主体之间围绕水资源的权属和使用收益发生的包括所有权制度、他物权制度和债权制度的法律制度。由于水资源较一般财产有诸多不同的特性，仅通过传统民法来调整水资源的开发利用是远远不够的。只有在理论创新和制度创新的基础上，明确水资源权属、利用和交易制度，才能扩大民法调整的财产范围，拓展民法的作用空间。

按照各国现代法的规定，水资源物权制度是一种综合制度，它兼具了公法和私法的性质，逐渐从传统的排他性的、完全由个人支配的权利转变为受社会公益限制的具有一定义务的制度。20世纪以来，水资源日益彰显出其多元价值，人们也普遍认识到水资源私有制的局限性及水资源的环境社会价值。1976年国际水法协会提倡，一切水都要为全社会所共有，为公共使用或直接归国家管理。完善水资源民事法律制度主要是指完善水资源用益物权制度和债权制度，满足水资源所有人直接支配水资源价值以及通过市场优化配置水资源两方面基本需求，解决所有权和利用之间以及各种利用之间的矛盾，实现水资源效益的最大化。

2. 对地下水的立法保护

新疆地下水资源丰富，储存量居全国前列，但近年来开采量已超出了国际开采警戒线。除伊犁、阿勒泰两地以外，新疆其余地区地下水开采率为73.1%。其中东疆、北疆、南疆分别达到了164.8%、98.5%和49%，东疆已成为地域性地下水严重超采区。针对新疆地下水资源严重超采的情况，本书认为应该完善地下水的污染与生态保护制度，对《新疆维吾尔自治区地下水资源管理条例》进行修改，用制度约束来激励水资源节约和保护行为。

首先，应严格实行用水总量控制，严格落实国务院"三条红线制度"。新疆2012年地下水实际开采量是111亿立方米，而红线规定不能超越的开采量仅为75亿立方米。这种超采模式的继续，将对今后的地下水开采利用及子孙后代的生产生活带来极恶劣的影响。其次，应加大力度管控危险、固体废物等对水资源的污染，并做好应急响应措施，以便在发生泄漏事故时能及时、准确开展补救措施。最后，完善水价制度，通过经济杠杆强化水资源配置，逐步确立地下水的确权与流转机制。

3. 水资源管理体制的立法设想

在我国目前的水资源管理体制中，政府既是参与者又是仲裁者，这种大比重的参与对水资源市场的发展完善造成了不利影响。多头管理，即在水权争议发生时，多部门都管或都不管，这种不良现象加速了对水资源管理体制改革的欲求。以色列的"水委会"制度为新疆水资源管理提供了借鉴。在这种制度中，水资源管理决策由"水委会"作出，即"水委会"是最权威的机构。新疆在塔里木河流域的治理中，首先建立了塔里木河流域管理局，之后成立了以自治区副主席为首的塔里木河流域水资源管理委员会，加强了塔河全流域的统一管理体制，发挥了显著的作用。

4. 健全水资源的监测制度及水资源污染防治的构想

水资源污染的防治工作是一项长期而又艰巨的工作，如果采取放任的态度，将影响整个新疆的经济建设发展，甚至造成生态环境危机。新疆目前的监测网点数量较少，且分布不均，无法实现能源的共享。为实现地与区级水资源管理平台互联互通和资源共享，应当尽早建立现代化的监测网络。

对新疆农村水污染防治可以从以下几个方面入手：第一，建立农村饮用水保护与监控机制，及时治理农村水源地的污染现象；第二，按照对水资源的污染程度重新规划相关企业，严格考核污染重、难治理的小微企业，关闭不达标的企业；第三，实时监测水源，加大水源地卫生及防疫投入，严格管理取水、制水、供水的每个环节，建立定期检查制度，确保水源环境、供水水质达标；第四，加强农村卫生基础设施建设，集中处理农村生活垃圾，从根源上防治生活垃圾污染的扩散。

5. 保证国际河流开发合法

在国内法上，我国应当构建国际河流环境安全管理体系，应对国际河流环境纠纷所带来的问题和压力，使我国国际河流的环境安全得以维护。同时，国际河流环境安全管理要注重短期利益与长期利益的结合，建立国际河流环境安全的长效机制；在我国国家需求清楚的条件下，从下游人民生存和发展出发，以及河流的整体性原则出发，研究作为负责任大国需承担的国际义务和责任。要设立专门的管理和协调机构，保持和发展与相邻国家和国际河流流域内国家间的信息交流与合作，按照平等互利的原则处理好环境安全纠纷，实现经济和社会的和谐、可持续发展。要将边疆民族地区水资源利用和经济发展问题纳入我国国际河流安全应对机制的研究和构建中去，以国际河流开发带动边疆地区经济、基础设施、文化社会事业的发展，提高人民收入，稳定边疆民族的安定团结。

针对新疆地区国际河流以水资源争夺为主的安全威胁，我国政府可采取以下应对措施。首先，我国应积极与哈萨克斯坦等流域国家达成公平合理利用和不造成实质性危害的用水共识，共同推动国际河流从单边取水的传统方式向双边或多边合作机制下整体开发水资源的分配模式发展。其次，签订区域性合作条约或公约，建立资源分配机制、受益补偿机制。在平等互利、共同协商的基础上实现对国际河流资源的保护，加强国家间的协调，进行统一的水资源供需平衡。再次，以上游国家的有利身份要求哈萨克斯坦等下游国家承认上游国合理用水的权利，同时我方也应承诺在开发国际河流时对下游国家利益的尊重和保护。最后，呼吁建立由流域国各方组成的管理机构，推动或监督国际河流的协调开发管理，并按照国际法或国际惯例来解决纠纷。

第 九 章

政策建议与研究展望

生态文明是关系人民福祉、关乎民族未来的大事，功在当代，利在千秋。生态文明是一项系统工程，任重而道远。习近平总书记强调，要清醒认识保护生态环境、治理环境污染的紧迫性和艰巨性，清醒认识加强生态文明建设的重要性和必要性。生态文明不是单纯的生态环境保护，而是贯穿于经济建设、政治建设、文化建设、社会建设等领域的综合战略。因此生态文明涉及多方面建设，其中水生态文明就是重要的组成部分。水是生命之源、生产之要、生态之基，推进水生态文明建设对于提高我国的生态文明水平，建设美丽中国具有重要的意义。目前，我国农业用水是用水的第一大户，但农业用水本身效率不高。提高农业水资源的配置水平，对于促进水生态文明建设和整个生态文明的进程具有重要的意义。提高农业水资源的优化配置，除了技术创新外，观念转变和制度改革也十分重要。本书在深入探索西北地区农业水资源优化配置的理论与实践的基础上，从观念转变、制度改革等层面进行政策设计。

第一节 主要内容回顾

本书对生态文明视域下的农业水资源优化配置进行了深入的研究。主要分为生态文明对农业水资源配置的理论分析、农业水资源配置的效率测算以及相关的案例分析。

一 生态文明与农业水资源优化配置

生态文明是关系人民福祉、关乎民族未来的长远之计，是实现中华民族永续发展的根本保障。生态文明改变了人们的基本思维和生产、生活模式，对农业水资源配置具有重要的意义，并提出了全新的要求。生态文明改变了人与自然对立的态势，深化了对自然、社会、经济系统的认识，对人水和谐理念的形成以及农业水资源的可持续利用具有重要的指导意义。生态文明对承载力的强调，唤起了农业水资源配置的"红线思维"。生态文明呼唤社会公平，引起了农业水资源配置对用水者主体的重视。

生态文明彻底改变了工业文明视域下农业水资源配置的思维，对我国的农业水资源优化配置提出了新的要求。生态文明改变了农业水资源配置的思维，实现了从"人水对立"到"人水和谐"的思维转变。改变了农业水资源配置的目标，实现了从增长绩效到福利绩效的转变。改变了农业水资源配置的手段，实现了从水量调节到水量—水质—水生态三位一体的调节模式。具体而言，对于水资源的要求是总量控制、分配公平、提高效率以保持水质和水生态的安全。将水资源的使用控制在安全的"生态围栏"之内。对于农业产业的要求：实现双脱钩，农业生产与水资源脱钩，尽可能减少农产品的"生态背包""生态足迹"。人民福祉与农业产量相脱钩，调整农业结构，在满足对农产品更高的要求的前提下，提升农业水资源的产业附加值。对于用水者主体来说，改变传统思维观念，充分尊重后代人、自然这类主体的根本利益，以命运共同体的观念看待农业水资源配置。

二 西北农业水资源配置效率研究

通过测算2005—2014年西北六省区的农业水资源压力指数，得出新疆维吾尔自治区、宁夏回族自治区、甘肃省压力指数均大于1，属于背向可持续发展的趋势，而陕西、青海、内蒙古自治区压力指数均小于1，属于趋向可持续发展的趋势。与之相对应的，趋向可持续发展趋势的三个省份的农业水资源配置效率均较高，其中陕西省最高，为 1.6365，达到高效率组；其次是青海省为 1.127，也达到高效率组；内蒙古自治区的配置效率为 0.7824，达到中效率配置组。这主要与它们所处的地理位置以及经济发展程度有很大的关系。内蒙古和陕西的 GDP 在西北地区居于第一位和第二位的位置，经济发达，采取相应的节水设施和节水技术较强，达到水资源高效配置。而背向可持续发展趋势的省份，其配置效率均是较低的。甘肃省和宁夏回族自治区的配置效率均为 0.7019 和 0.6868，属于中效率配置组；新疆农业水资源配置效率居于最末位，仅为 0.3371，处于低效率组。新疆水资源一方面总量紧缺，另一方面开发利用不充分，农业灌溉耗水量大的问题与用水浪费、水资源不足、时空分布不均的问题并存，造成新疆农业水资源配置效率低下。

通过对农业水资源优化配置的因素进行分析，水权及水市场构建是影响配置效率的关键因素，此外水价、配置主体及气候因素也是影响西北地区农业水资源配置的内在因素。面对我国西北地区水资源严重短缺以及水质下降的现实，基于此影响因素，应合理对农业水资源进行优化配置，提高配置效率，实现西北地区农业水资源可持续利用。

三　农业水资源优化配置案例分析

由于西北地区地域辽阔，不可能对每一个地区进行研究，因此本研究选取了三个比较典型的区域作为案例对农业水资源优化配置进行了深入的分析。并在此基础上对西北地区生态文明视域下农业水资源优化配置提出了相关的政策建议。

本研究选取了陕西省西安市、甘肃省张掖市以及新疆地区三个地区作为典型案例进行研究。从水资源禀赋上看，从西安到张掖再到新疆，水资源禀赋是逐渐下降的。西安市都市农业发展在西北地区具有代表性，农业现代化程度较高。同时西安市是丝绸之路经济带重点发展城市、国家中心城市，同时是世界四大古都之一，在国家的“一带一路”建设中具有重要的战略意义。都市经济的大发展，带来的是人口的积聚和服务业等现代产业的发展，而这必须通过农业水资源向非农水资源的转换才能够实现。在这种情况下，都市农业只能走高效节水的战略发展道路。甘肃省张掖市是河西走廊绿洲农业发展的典范，是我国重要的制种玉米基地。张掖市农业发展不仅历史悠久，且地位重要。新世纪张掖市在执行国务院黑河分水计划的背景下，开展了一系列节水战略，其节水型社会建设和水权制度建设都走在了全国的前列，是最早的一批实践者。同时张掖市的均水制已经存在了将近300年。新疆绿色农业是典型的沙漠绿洲农业，是在干旱条件下发展的绿洲农业。无论是从农业发展的地位还是农民增收或是生态价值上看，新疆绿洲农业的地位都十分重要。新疆是丝绸之路经济带的桥头堡，在新的历史机遇下，新疆的绿洲农业迎来新的发展黄金期，而水资源则成为制约新疆绿洲农业可持续发展的最重要因素。

第二节　政策建议

目前我国的生态文明建设就是从理念和制度两个层面构建完善的生态文明制度体系，推动生态文明的进程。因此理念转变和制度改革就成为生态文明建设的两根支柱。要实现生态文明视域下的农业水资源优化配置，建议从这两个层面着手。

一　牢固树立人水和谐的理念，培育生态文明用水观念

观念的转变是生态文明建设的前提，人与自然和谐的理念是生态文明建设的首要原则。只有牢固树立人水和谐的理念，尊重自然规律，才能以水定需、量水而行、因水制宜，才能推动农业用水和水资源承载力相匹配。工业文明的思维是对资源粗放式使用和管理的思维，在农业用水领域的体现就是大水漫灌，浪费现象严重，同时不注重对水质、水环境的保护，导致水质下降，水环境退化严重。在一定程度上，科技创新不足限制了农业水资源配置效率的提高。但是农业水资源配置效率低和传统的用水观念分不开。在生态文明的要求下，必须首先

转变这种用水观念，培育生态文明的用水观念。核心要求就是将农业用水主体培育成"生态公民"，具有生态忧患意识、参与意识和责任意识，以生态文明价值观、道德观、世界观贯穿生活的方方面面。具体方法是通过教育引导、舆论宣传、文化熏陶、政策激励等方式让生态文明理念内化为人们的精神追求，外化为人们的自觉行动。

1. 加强人水和谐生态文明理念的宣传

人水和谐的生态文明理念只有在用水者的心中扎下根，才能够对用水行为的改变产生实质的影响。而要让观念生根不能单纯依靠数据统计。一方面，要加大对农村地区宣传力度的投入，如多建设宣传栏，让更多的农民能够了解这种新的用水理念。要创新宣传方式，如以农民画等形式宣传，让老百姓喜闻乐见。另一方面，要树立节约用水的典型，将贯彻生态文明用水理念的农业用水者作为典型，加强宣传，形成榜样效应。

2. 将人水和谐的理念纳入职业农民教育培训

目前，我国正在构建职业农民培训体系以适应农业现代化进程中对新型职业农民的需要。而如何科学用水，使之能够适应生态文明的要求理应成为职业农民的基本素质之一。因此建议国家在对职业农民进行培训的过程中，要始终贯彻人水和谐的理念，让生态文明的用水观念深入每一个职业农民的心中。首先，要编写贯彻生态文明理念农业水资源利用的职业农民培训教材。其次，要将生态文明用水观纳入职业农民考核体系，并占有相当的份额。最后，要将农民是否具有生态文明用水观念作为是否能够取得职业农民资格证书的条件之一。而对于传统农民，要组织专人下乡进行教育，以农业用水者协会为单位，定期组织学习。同时要通过电视等媒体进行电视、网络教育。总之，人与自然和谐的生态文明用水观必须成为农民基本教育与培训内容之一。

3. 加强对生态文明水文化的挖掘

我国的传统文化有着丰富的生态文明理念，而水文化又是我国文化的重要组成部分。治水是贯穿我国文化和文明发育的主线之一。我国的水文化包含了丰富的生态文明因素，不仅包括丰富的思想，也包括丰富的实践。丰富的文献典籍之中，记录了丰富的农业用水思想和实践。应该加强对我国传统农业用水文化的挖掘，将这些丰富的思想和实践整理出来，让每个农业用水者都能够接受这种水文化的熏陶。要加强对农业用水历史的研究，总结出那些具有代表性的案例，让古人的经验在现代中国再度发挥作用。

4. 加强对生态文明用水实践的政策激励

良好的激励机制能够促进良性行为的培养，生态文明的用水观念需要转化为实践，需要在实践中贯彻，这就需要对执行生态文明用水观念的农业用水者的行为进行激励，以促进其行为的持续，并形成示范效应。首先，要对贯彻生态文明理念的农业用水户进行水费上的优惠，以提高其行为的经济价值。其次，要对贯彻生态文明理念的农业用水户给予水权交易的优先权。最后，要对那些改善农业水质和水环境的农业用水户进行奖励和生态补偿。总之，要通过政策的激励进一步激发农业用水户用水行为的转变，逐渐形成生态文明的用水习惯。

二　完善农业水资源相关制度，提升农业水资源配置效率

制度是观念落实的根本保障。提升农业水资源配置效率，实现生态文明视域下农业水资源的优化配置需要不断完善农业水资源相关制度。推进改革是解决问题的关键所在，完善农业水资源相关制度的主要思路是：以"两权一价"为核心，以基层水资源管理制度和融资制度的改革为保障，全方位推动农业水资源相关制度的完善。

1. 推进农业水权制度改革，构建水权市场，提升农业水资源使用效率

理论和实践已经证明，市场是目前配置资源效率最高的手段之一。农业水权市场改革的基本思路是：确定规模、分配水权、提高效率。首先，要坚决贯彻最严格水资源管理制度，坚守用水红线、用水效率红线。在总量控制和定额管理的指导思想下，按照生态文明理念的基本要求，根据农业发展的实际情况，界定可以利用的农业水资源总额。

其次，要逐级细化分解农业水权指标。构建省市—县区—灌区—乡镇—用水者协会—村民小组的逐级水权分配体系，按照核定的灌溉定额和有效的耕地面积，将农业水权逐级分配至农户，并颁发相应的水权证书。最后，搭建农业水权交易平台，构建农业水权市场，为符合条件的农业水权转让提供条件和空间。总量控制和定额管理有效地控制了农业水资源开发和利用的规模，并确保了生态等基本用水，这就使农业水资源的使用始终能够维持在生态环境可承载范围之内。分配水权保障了社会公平，凡是合法取得水权的都能够得到根本的保障，水权证的办法有效地控制了水权的侵权行为，保障了农业用水户，特别是弱势群体农业用水的根本利益。水权交易，使农业水资源的流动更加的灵活，提升了水资源使用的效率。这样通过农业水权制度的构建，从生态规模、社会公平、经济效率三个层面提升了农业水资源的配置效率。而这三个方面正是生态文明的最本质要求。因此推动农业水权制度改革，构建水权市场，就成为农业水资源制度体系的核心。

2. 深化农村小型水利产权改革，破解农田水利"最后一公里"难题

农村小型水利工程是农业用水顺利实现灌溉的保障，也是提升农业水资源使用效率的关键。只有保障农村小型水利工程的可持续发展，才能够有效解决农业灌溉"最后一公里"的难题。深化农村小型水利工程产权改革，就是要实现农村小型水利产权和农业水权的同步，水利产权和农业水权实现一致，水随地走，以亩定水，使具有农业水权的农户共同拥有供水工程的产权，按照农民的意愿支配安排好土地、水及水利工程等生产要素。对于已有的农村小型水利工程倡导"谁受益、谁管理，谁使用、谁维护"，对于新建的农村水利工程实行"谁受益、谁投资、谁管理"，支持受益农业用水户成立农业用水者协会，通过民主选举，产生渠长或者水管员等民间"水官"负责，对工程的管护，增强用水户的主人翁意识。如在灌区可以实施干支渠由灌区管理机构管理，斗渠以下归村集体所有。灌区可以打破行政村的限制，按照当地的实际情况，成立"斗渠管理委员会"，推选出"斗长"，对

斗渠实施管理，斗渠的产权、使用权都归全体用水户所有，各户按照利用的农业水量向斗管会提交维护费，集体确定用途并负责监督资金的使用。通过农村小型水利工程的产权改革，理顺了农业用水权和农业水利基础设施的关系，同时通过基层自主管理，提升了管理的效率，弥补了政府和市场的不足。

3. 实施农业水价综合改革，建立政府农户水价分担机制

2008 年我国开始探索农业水价综合改革，以期改变长期以来农业水价不能反映农业水资源稀缺性的问题。2016 年国务院在总结试点经验的基础上出台了《关于推进农业水价综合改革的意见》，对农业水价综合改革进行了详细的顶层设计，并提供了路线图和时间表。

农业水价改革首先需要有综合思维，加强农业水价改革与其他相关改革的衔接，综合运用工程配套、管理创新、价格调整、财政奖补、技术推广、结构优化等举措统筹推进改革。其次是要健全水价形成机制。主要是根据实际情况，因地制宜地确定水价。主要包括分类水价和分档水价。分类水价就是区别粮食作物、经济作物、养殖业等用水类型，在终端用水环节探索实行分类水价。分档水价就是实行农业用水定额管理，逐步实行超定额累进加价制度，合理确定阶梯和加价幅度，促进农业节水。因地制宜探索实行两部制水价和季节水价制度，用水量年际变化较大的地区，可实行基本水价和计量水价相结合的两部制水价；用水量受季节影响较大的地区，可实行丰枯季节水价。最后就是要建立政府与农户分担机制。提高到完全成本水价，如果全部由农户负担，则会加大农户的负担，导致弃耕等行为异化现象，因此要实施政府与农户分担。各地区根据实际情况，制定不同的分担标准。其根本原则是在不增加农户负担的前提下，实现农业节水。

4. 改善农业水资源基层管理，探索多中心治理模式

农业水资源基层管理水平的提高，是提升农业水资源配置水平的关键环节。由于农户在农业灌溉行为上具有信息优势（没有人比农户自己更清楚自己土地的情况），这就使农户自主管理成为更加合理的选择。诺贝尔奖得主奥斯特罗姆从理论和实践两个层面证明了多中心

治理模式的成功。在我国的农业水资源管理上，应该发挥政府结构的宏观调控作用，让市场在微观上发挥作用。同时加强农户对水资源的自主管理。特别是要发挥用水者协会的作用，用水者协会是用水民主的体现。应该让用水者协会发挥更大的作用。

第一，给予地方政府更大的水资源管理权，特别是村镇级别的政府。第二，让用水者协会成为水资源管理的微观主体。负责协调农户之间农业水资源的配置。第三，尝试开设水事法庭，专门负责水资源使用过程中出现的各种矛盾和纠纷。

5. 推动融资制度改革，探索 PPP 模式的应用方式

水利基础设施的可持续性是保障水资源优化配置的关键。没有具有可持续性的水利基础设施，无论水价如何提高、水权如何确定，水资源优化配置都无法实现。水利基础设施的建设和维护等都是耗资巨大的工程，实践已经证明，单靠政府投资很难实现水利基础设施的可持续性，因此需要推动融资制度改革。从目前世界范围的趋势来看，公私合作的 PPP 模式正在逐步成为潮流。

第一，要继续加大政府对水利基础设施的投资。维护好农业的生命线，是政府义不容辞的责任。要协调好中央政府和地方政府之间资金的分配比例。第二，要吸纳社会资本，可以通过水权交易的方式，以水权换投资。通过企业对农业水利基础设施的投资，以换取相应的水权。第三，通过设立水资源生态补偿资金，将资金集中起来，由用水者协会负责管理，用于水利基础设施的维护。

第三节　西北地区农业水资源可持续利用愿景

西北地区农业发展和水资源可持续利用还有很大的发展潜力，随着供给侧结构性改革的深入，农业生产结构和农业用水方式的转变，西北地区农业现代化将会进一步提高。在生态文明理念逐渐深入的情况下，西北地区农业水资源优化配置的水平将会进一步提高。本节将在全书的研究基础上对西北地区农业发展和水资源的可持续利用的前

景进行研究和归纳。

一 西北地区农业发展的愿景

我国农业目前的发展面临着严峻的形势和考验，虽然粮食生产实现连增，但是也是付出了巨大的代价。理论界已经有越来越多的人士认为这种模式很难持续下去。从总体上看，我国农业的发展仍处于从传统农业向现代农业转型的阶段，与西方发达国家的现代化农业相比，还存在很大的差距。再加上我国人多地少，很难实现农业生产的规模化，导致现代化的农业规模效应在中国很难实现。目前中国农业发展态势可以形容为：双板挤压，双灯限行。双板挤压指的是：一方面农产品价格高，已经触及价格的天花板。我国的农产品价格高于国外进口的农产品价格，甚至高于农产品完税后的到岸价格。过高的农产品价格，严重影响了农业的竞争力。另一方面，农产品的生产成本过高。化肥农药价格居高不下，劳动力价格逐年增加，农业生产成本的地板不断升高，已经严重挤压了农业的利润。据调研了解，我国的农业生产利润十分低，特别是粮食生产，利润微乎其微。如果农民不能够从事非农的兼业活动，其收入将是很少的，这也是目前纯粮户所面临的最大困境。双灯限行指的是：一方面，我国的农业生产对土地等资源的使用已经接近承载力，如果不改变这种粗放的生产方式，进行集约化生产，资源的压力将会越来越大。另一方面，我国的农业生产对环境造成了很大的伤害，土壤肥力减退、水资源污染等。资源和环境的两盏红灯警示着我国的农业发展必须进行转型，走绿色农业、生态农业发展道路是必然的选择。

农业发展的道路已经表明，工业化的食物系统和农业发展观不足以支撑全世界人口的发展，目前全球已经有10亿人口处于营养不良状况就表明了这一点。而农业生态学家已经证明用生态农业的办法可以养活几倍于目前全球数量的人口，同时也能恢复自然系统的健康状况。即使是在最贫困的地区，农业生态系统也可以通过生态农业手段达到甚至大大超过常规耕种方法的作物产量，并减少对于农业用地转化量的需求，恢复生态系统服务功能。这种农业发展方式对于我国西北地区生态敏感性高、生态脆弱同时经济发展相对比较落后的情况，无疑是一条光明的出路。

西北地区生态农业的主要形式有两种：一种是节水农业，一种是"三型农业"即资源节约型、环境友好型和生态保育型农业。西北地区农业发展的趋势和前景是建立在西北地区农业发展的基础条件之上的。西北地区农业发展最大的约束来自水资源。随着经济社会的发展和城镇化进程的加快，工业用水和城市生活用水将进一步增加，农业用水的份额势必进一步减少。这对西北地区本就是干旱和半干旱区域的农业发展来说，水资源保障的压力无疑进一步加大。在如此严峻的水资源约束下，西北现代农业发展的唯一出路就是发展节水农业。

节水农业是世界农业发展的一大趋势，包括灌溉农业和旱地农业两种类型。节水农业的最本质特征就是在农业发展的过程中实现水资源的利用效率。我国人均水资源量仅为世界平均水平的四分之一，西北地区更是远远低于世界平均水平。因此不得不提高农业水资源的利用效率。节水农业的内涵就是通过农业节水技术、保水技术和适水种植的结合来实现节水增产。西北地区节水农业的发展方向主要有：一是实现农学意义上的节水，研究出农业作物生产所需的科学水量，精细化农业用水需求，并以此来调节农业结构、农作物结构、改进农作物生产布局、改善农作物耕种制度、培养耐旱的产品等。二是实现灌溉意义上的节水，就是通过灌溉工程等节水措施和节水灌溉技术实现农业节水，这就需要政府以及整个社会不断改善农业灌溉基础设施。三是实现管理意义上的节水，主要包括水资源管理制度、管理政策、管理机制与结构的改革与发展。通过水价和水权改革两个核心环节，最终实现水资源的高效利用。

西北地区现代农业发展趋势从功能上可以称为"三型农业"，即资源节约型、环境友好型和生态保育型农业。"三型农业"发展要求实现人与自然、环境的可持续发展，充分发挥农业的生态作用，并将农业发展同生态文明紧密地结合起来。特别是西北地区生态战略地位十分凸显，"三型农业"发展是生态战略的重要组成部分。可以想见，除了植树造林外，"三型农业"发展将是再造一个山川秀美的大西北的重要措施。农业将成为西北地区重要的生态景观带和生态保育地，这是西北地区农业发展功能的一个巨大拓展，它超越了传统农业发展的局限，又符合西北地区农业发展的特点和地理环境特征，具有重要的意义。

"三型农业"是农业发展不断探索的过程，是中国特色的绿色农业、生态农业。是对中国目前农业发展形势的总结和对未来发展前景的具体描述。是对生态文明建设的重要贯彻。西北地区"三型农业"的发展是落实西北地区生态屏障战略的重要举措。让农业成为生态景观的重要组成部分，让农业成为恢复生态的重要抓手，这是生态文明新时期赋予农业新的任务和内涵。西北地区土地相对贫瘠，因此必须更加集约地利用耕地，要充分注意土壤健康状况的维护，不透支土地的承载力。同时要注重对水资源的节约利用，让最少的水资源发挥最大的价值。减少农药、化肥等的使用量，减少农业对自然环境的污染。在那些生态破坏区，推广适宜的农业生产方式。通过农业的自然生产过程逐步恢复被破坏的生态。

"三型农业"对于西北地区来说可以实现粮食作物和经济作物相协调，并可一定程度地向经济作物倾斜，这样可以更大程度地提升农民的收入，提升农业生产的积极性。西北地区的"三型农业"所形成的特色生态景观带，可以带动相关旅游文化产业的发展，推动整个国民经济发展，同时也有助于进一步发掘农业文化，提升农业文明的价值。

节水农业和"三型农业"这两种具体的绿色农业、生态农业发展形势，将会彻底改变西北地区农业生产的格局，提升西北地区农业的整体实力，同时打造出西北地区农业的特色，有助于西北农业核心竞争力的培育。西北地区目前是丝绸之路经济带建设的重点，节水农业和"三型农业"的打造将有助于西北地区的农业成功地走出去，从而提升农民的整体收入，改善西北地区经济发展的格局，并能够很好地保护并改善西北地区生态屏障，确保西北生态安全。西北地区节水农业和"三型农业"的发展必将成为我国生态文明建设的典范。

二　西北地区农业水资源未来利用愿景

实现节水农业和"三型农业"的关键是实现农业水资源的可持续利用。而西北地区农业水资源管理尚未实现最合理的优化配置的最大原因是缺乏必要的经济激励机制设计。从长期来看，要最终实现西北农业水资源的可持续利用，可以考虑在以下几方面继续探索：

1. 随着水权制度和农业水市场的逐渐完善，水资源将逐渐从商品化转向资本化。从 20 世纪 70 年代开始，西方水资源资本化已经开始形成，出现了证券、基金、期权、银行等多种灵活有效的资本工具。在西北地区随着水利基础设施及水权交易制度的逐渐完善，水银行有可能是农业水资源资本化的未来发展趋势之一。

水银行在西方国家已经成为应对水危机的一种相对比较成熟的方法，这种方法已经为越来越多的国家所采用。水银行是一种专门设计的为方便水资源转向新用途的制度化过程。水银行是一个中介机构，主要扮演经纪人、清算所、造市者三个角色。经纪人主要是负责联系、撮合水资源的买家和卖家来创造水资源的交易；清算所为水资源的出价和竞价提供各种信息服务；造市者主要是维持水市场上足够的、等量的买方和卖方。水银行的主要原理跟普通的银行一样，主要是储存有意愿的卖家的水，将水卖给那些有需求的买家。

根据国外水银行发展的经验，一般可以把水银行分为三类：机构类水银行、地表水银行和地下水银行。美国得克萨斯水银行就是典型的机构类水银行，它主要是针对自然水流的水权，为其提供交易的法律机制。地表水银行的供给相对机构类水银行供给更加稳定，美国加州的干旱水银行是典型代表。地下水银行是提供交换地下水资源的水权的机构，如加利福尼亚州地下水银行，目前这种银行发展最为缓慢，原因是地下水最难管理和计量。

水银行运行的基础是充足的水资源需求和供给。水资源的需求主要有农业用水、工业用水、生态用水和生活用水四大类。农业水银行的水供给主要来自耕地休耕等减少的用水、抽得的地下水以及水库的余水等。水权银行运行中主要存在的两个核心问题是外部性和水价问题。

水权交易的外部性问题是水权转让的最大障碍，也是任何水银行能否成功的关键。水银行涉及的水权交易外部性可能主要来自三个方面：第一，对农业生产的外部性。目前来看，农业用水和非农用水在价格上存在着巨大的差异，农业用水向非农用水的转移将获得巨大的收益。这种转移趋势可以带来巨大的社会收益，但会大量减少农业用水，从而抑制农业的发展。第二，对生态环境的影响。水权交易使回流的水资源减少，改变了水文系统和水循环，这将不可避免地对生态环境造成影响。第三，对第三方效益的影响。水权交易改变了水资源用途和水资源使用的地点，同时改变了水资源的回流，这对水权的非交易双方即第三方水权的使用产生了重要的影响。从实践的发展情况看，主要采取行政和经济两种手段来解决水权交易的外部性问题。另外一个主要问题是水价问题，水资源作为不可或缺的生产要素，从经济学角度来看，水资源的需求属于派生需求，因而水资源的价格取决于水资源最终产品的边际价值。目前从美国水银行的经验来看，水银行水权定价的模式主要有三种：一是清算所制，即水银行充当清算所的角色，让卖家和买家将双方的买卖意愿汇总到一起并公示出去这种定价方式也是最简单和最常用的方式，随着网络的发展，这种价格的展示方式已经开始全面网络化。二是固定价格制，水权交易的价格由水银行根据市场信息来制定，这种模式比较适合小规模水权市场，其信息收集比较容易，同时这种水价可以保证用水户之间的公平。三是拍卖机制两种形式，这是比较好的一种价格发现机制，目前主要有单边拍卖和双边拍卖。克拉马斯河盆地试点银行就使用了单边拍卖，而双边拍卖则在澳大利亚水银行中被成功使用。

2. 在水资源管理一体化的理念下，水资源管理的趋势是社会化的"参与式管理"。这种管理方式应该十分重视社会资本在水资源管理中的作用。

　　社会资本是 20 世纪 80 年代发展起来的一种理解社会的全新视角。布迪厄、科尔曼、帕特南等都对社会资本有过经典的论述。在我国农村由于社会成员之间的长期相互交往以及历史传统、习俗等原因，已经形成了一个复杂的人际及组织关系网络。主要分为家庭社会资本、家族社会资本、邻里社会资本以及自组织社会资本。家庭社会资本主要是指家庭范围内的信任、规范和关系网络，这是一种最基本的社会资本形态。家族社会资本是在家庭资本的基础上，由整个家族形成的一种关系网络。这在传统中国是最重要的一种民间社会资本。邻里社会资本是基于邻里关系而形成的一种社会资本，这和农村比邻而居的特点分不开。自组织社会资本是基于一种自愿组成的自主组织而形成的一种关系网络。这些社会资本具有十分重要的功能，如个体之间的互助功能、提升居民之间情感支持的功能、更好地推进社会和谐的功能。这些功能对提高水资源利用效率，促进农业水资源可持续利用具有十分重要的作用。

　　根据我国农村基层水利设施的基本情况，农业水利必须有国家、农村社区和村民三者合作，才能保障水利公共物品的供给。随着城镇化进程的加快，目前农村的社会资本正在逐渐退化，这不利于农业水资源主体之间的合作，不利于农业水资源管理的集体行动。这种退化主要表现在社会转型的过程中，乡族式的社会资本正在逐渐消解，传统的以血缘为纽带的"差序格局"的延伸半径正在逐步减小，相互之间的联系日益松弛，而新的自组织如用水者协会等尚未完全发展起来。因此必须在未来的水资源优化配置中考虑社会资本的因素。加快培育和维护农村社会资本。主要措施有以下几点：第一，大力弘扬农村优秀的传统社会资本，充分尊重那些建立在道德习俗基础上的乡规民约。弘扬家庭和睦、邻里友善、团结互助、注重诚信的文明乡风。第二，大力培育农村自主组织，如用水者协会等，通过这些新型的组织将农民团结在一起，培养合作的集体意识。第三，推进农村民主建设，完善农村民主选举、民主决策、民主监督和管理的自治制度。

3. 在市场和政府管理模式相结合的前提下，探索社区自治模式。社区是水资源使用最基层也是最基本的单位，是水资源集体行动的载体。奥斯特罗姆的研究已经表明多中心的社区自治是解决水危机，实现水资源优化配置的可行方式。农业水资源属于公共池塘资源，其使用受到"搭便车"行为的影响。

传统的公共池塘资源的解决方案主要有两种，即"私有化"和"政府管制"。农业水资源属于典型的公共池塘资源，学术界解决的思路主要也是这两种方式。一部分人建议应该由国家对绝大多数水资源实行控制，以防止它们的过度使用；另一些人则建议水资源只有实行私有化才能解决问题。但是从世界各地水资源制度的实践看，无论是国家还是纯市场，在使个人以长期的、建设性的方式使用水资源系统方面，都未取得明显的成功。而许多社群的人们借助既不同于国家也不同于市场的制度安排，却在一个较长的时间内，对某些资源系统成功地实行了适度治理。奥斯特罗姆一生的实证研究，已经证明可以通过多中心治理模式，通过社区自治管理探索基层水资源管理。对我国来说，具有中国特色的农业水资源管理制度应该是国家宏观调控和水市场机制相结合，同时积极发展社区水资源管理自治，形成一系列的制度安排，实现制度多样化和当地化，避免"空洞的制度"和"无制度"的制度，让制度能够真正落到实处和符合各地区的特色。

多中心的水资源管理机制的设计原则主要有：①便于排除的边界。水资源管理首先要有一个清晰的边界。这种边界的确定既有助于克服"搭便车"行为，同时又能很好地限制那些生活在水资源社区外的人非法访问。②内部规则的重要性。在清晰界定农业水资源使用边界后，应重点开始制定内部的规则，只有规则明确和赏罚分明，才能既避免农业水资源的"拥挤使用"，又避免农业水资源的"供给不足"。③规则本地化的重要性。农业水资源的使用随着时间和地点而改变，不同的条件决定了不同的使用方式，因而没有适合所有环境的单一管理规则。农业水资源使用者的特点也在发生改变，这将影响农业水资源使用者克服潜在"搭便车"和机会主义行为的能力。④监督和执行的重要性。即使在一个具有强大的社会凝聚力的社区，如果坚持规则没有奖励，打破规则没有惩罚，人们将有一个打破规则的倾向。对运行的规则，有道德承诺的社区会比那些缺乏道德承诺的社区执行得更好。当人们从"正确做事"中获得效用的时候，即使他们是缺乏对错认知的行动者，且可能对他们有一定的成本，他们也会更倾向于执行规则。⑤争议的解决。对争议解决存在明确和完善的程序有可能增加分散解决农业水资源问题的范围。具有发达的、透明的法院系统的社区容易产生农业水资源管理更加可持续的形式。⑥系统规则之间的交互作用。当与农业水资源问题有直接利害关系的人，积极参与改变和强化治理安排的时候，有效的规则更容易产生。当社区为他们自己制定规则的时候，他们有强烈动机执行规则并从错误中学习。当地方设立的规则和产权不被上级治理遵守，尤其是当上级机构响应外部利益集团的需求允许访问资源库的时候，农业水资源系统可能变得高度脆弱。

上述所有因素，都会影响农业水资源管理参与者的激励结构。奥斯特罗姆将这些影响激励结构的制度称为"行动状况"。在农业水资源管理的社会生态系统中，资源治理运行很好的分权社区都存在多个"行动状况"。农业水资源管理制度应该是一种"混合体制"。

4. 农业节水技术的发展是农业水资源优化配置的技术基础，只有在节水技术被农业水资源使用者普遍采用时，才会从根本上解决水资源配置问题。经济学已经证明，只有技术进步才能实现更高水平的均衡。应用在水资源上，就是只有农业节水技术的不断进步，才能促进实现水资源配置的帕累托最优。

随着互联网和信息技术革命的不断深入，农业节水技术逐渐和信息化挂钩，许多新的高效能的节水技术不断产生，同时也在不断地应用到农业生产当中。但是农业节水技术在供给增加的同时，如何能够让普通的用水户大面积地使用，关键在于农业节水技术的成本。目前比较先进的水肥一体化，对农业生产效率的提高作用十分明显，同时也能极大地实现农业节水。但是因为成本过高，单个的农户无法支付其高昂的成本，即使可以支付也是不划算的，目前这种技术仍然处于政府试点状态,难以得到推广。应用农业节水技术促进农业水资源管理的关键是如何提供农户可负担的农业节水技术。实现农业节水技术在实践中的应用是农业水资源实现高效利用的重要条件。

第四节 研究拓展

本书对生态文明视域下西北农业水资源的优化配置进行了初步探索,并从农业水价、农业水权等方面对西北地区农业水资源配置优化提出了建议。农业水资源研究领域博大精深,随着我国经济社会的发展及水资源制度改革,很多问题亟待我们进一步研究。

一 深化对农业水价的研究

随着农业水价综合改革的深入,以及改革路线图和时间表的确定,农业水价提升到完全成本水价只是时间问题。提升后的农业水价是否会增加农民负担,较高的农业水价如何分担成为亟须解决的问题。较高的农业水价势必对农业生产以及第二、第三产业产生影响,影响的路径如何?其传导效应的影响程度如何?这些问题都成为改革过程中亟须研究的问题。

1. 农业水价的分担机制

目前农业水价普遍偏低,改革之后的水价势必上涨,才能反映水资源稀缺性等基本情况,起到调节水资源的作用。但是目前农业的收益很低,如果水价上升,将进一步压缩农业微薄的利润,从而改变农业的种植结构。农业水价的上升会增加农民的负担,这和"惠民生"是不相符合的。因此中央规定农业水价改革的红线就是不增加农民的负担。既实现农业节水又不增加农民负担,这个难题就需要通过建立农业水价分担机制来解决。通过分担和返还等机制的设计,既不增加农民负担,又提高农民的节水意识。

在农业的分担机制中,一个重要的环节就是对各个用水主体对农业水价的承受能力的测算。最重要的就是对农户对农业水价承受能力的测算。目前理论界对这个问题进行了大量的研究，但是不同的学者使用不同的方法得出了很多不同的结论，农民对水价的承受能力的测算仍然没有公认的比较成熟的方法，也没有能够在理论界取得一致的结论。本研究将在学术界现有理论的基础上，对此进行深入探索。

2. 农业水价传导机制

无论是水资源商品化，还是水资源资本化，价格始终是调节农业水资源的核心。农业水价的改变除了影响农业水资源本身之外，还会影响到农户的种植行为的选择。如农业水价的提升可能导致农户选择更加耐旱和更加节水的作物，也可能种植经济附加值高的经济作物，通过高收益来抵消不断升高的农业生产成本。农户甚至会因农业水价的提升而选择放弃农业生产，从事非农产业。这影响到我国农业产业的布局和粮食安全。同时农业水价的改变还会影响到第二、第三产业，改变其用水的行为。

农业水价的传导效应将影响整个国家的经济、社会和自然体系，其传导机制也十分复杂，具体的传导机理目前学术界并没有明确的定论。如何科学模拟农业水价的传导机制及传导效应是本研究未来的重要任务。

二　区域水权市场的构建与运行

随着水权交易试点的推进和扩大，水权交易将在更多的地区、更大的规模上展开。目前，我国已经成立水权交易所，并正式挂牌营业，已经发生水权交易的案例。但是从长远角度看，为了降低交易费用，区域性的水权交易市场的建立势在必行。西北地区是水权交易试点开展较早和较为集中的区域，最有可能在全国范围内建立起区域性的水权交易市场。在实践尚未发生之前，理论界应当对其进行深入的探讨，从而为国家决策提供建议和依据。

1. 区域水权市场的构建

水权交易分为场内交易和场外交易两种，一般临时性、规模较小的水权交易大部分发生在场外，但长期的、规模较大的水权交易一般要求发生在场内。这就需要构建正式的水权市场。对于要构建区域水权市场以及水权市场构建的意义，学术界已经有很多研究，都充分肯定了区域水权交易市场存在的必要性和重要的意义。但对如何构建区域水权市场并没有深入的研究和统一的意见。区域水权市场构建的原则及其组成部分、区域水权市场在何地设立等基础性问题都没有得到很好的回答。因此为了更好地推动农业水权制度改革，必须细致地研究区域水权市场的构建。

2. 区域水权市场的运行

区域水权市场建立后面临如何运行的问题，由于我国水权市场基本上属于"准市场"，即政府在区域水权市场上发挥重要的作用。政府与市场在区域水权市场的作用边界的划分，将决定区域水权市场运行的效率。在区域水权市场中，政府和市场究竟各自应该发挥什么样的作用，如何做到双方在位而不越位，是区域水权市场运行机制的核心。区域水权市场运行的模式决定了水权交易市场的基本形态，究竟是该发展水银行还是发展水权交易所，哪种形态的水权交易市场更加符合西北地区的基本情况，更有利于解决西北地区农业水资源配置等问题，是值得理论界深入探讨的。规范的水权市场运行机制将有效地降低交易费用，提升水权转让的效率，从而有利于规范水权交易。因此区域水权市场运行机制是亟须重点研究的课题。

3. 农业水权交易的绩效评估

随着区域水权交易市场的建立与运行，农业水权交易必将在更大范围内展开，也会发生大量农业用水向非农用水，如工业用水、生态用水、生活用水等的转移。农业水权交易会对农业水资源配置产生什么影响，对农业用水主体的行为会产生什么影响，对生态环境以及第三方及其他农业水资源利益相关者产生什么影响等。这些影响将直接决定农业水权交易的作用，因此亟须对农业水价交易进行绩效评估。只有搞清楚这些复杂的关系，才能将水权交易控制在较为合理的范围之内。既实现水资源配置效率的提高和确保水安全，同时不侵犯利益相关者的利益。只有搞清楚这些影响，才能够更加合理地设计水权交易市场的运行法则和法律规范，从而逐渐完善区域水权交易市场。

三　农业面源污染治理机制研究

我国农业面源污染已经超越工业污染，成为重要的污染来源。农业面源污染，不仅影响水资源的安全，也影响农业生产和整个生态系统的安全。因此亟须探索农业面源污染的治理问题。

1. 农业面源污染的现状及成因分析

农业面源污染十分严重，严重到什么程度，需要有足够的数据支撑和统计分析。农业面源污染的原因什么，是哪些因素导致了农业面源污染的加剧。不同地区农业面源污染的程度和成因各不相同，应该对此进行总结和分类，以便因地制宜地、有针对性地提出解决农业面源污染的方案。

2. 农业面源污染的对策研究

在弄清楚农业面源污染的程度和基本成因后，就应该因地制宜地提出相应的解决方案。单靠政府和市场的力量，已经证明不能有效地解决农业面源污染问题。多中心治理是否是理想的选择，如何凝聚政府、市场和社会的力量，建立合作与共享机制来解决农业面源污染的难题，是理论界研究的重点。

四　农业水资源生态补偿机制研究

构建生态补偿机制是生态文明的基本要求，也是我国生态文明制度的重要组成部分。农业水资源生态补偿机制的建立将对促进水资源的保护与合理利用产生重要的作用。

1. 农业水资源生态补偿的标准

生态补偿机制的首要问题是确定生态补偿的标准。没有科学合理的补偿标准，生态补偿机制将无法正常进行。确定生态补偿的标准，需要首先进行生态系统服务价值评估，这也是目前生态经济学研究的前沿。首先要应用科学合理的生态系统服务价值评估的方法，对水资源生态系统服务价值进行估算，然后根据一定的原则将其折算成补偿的标准。因此评估和折算成为确定生态补偿标准的关键，这也是目前生态补偿理论最应该深化的地方。

2. 农业水资源生态补偿的模式

农业水资源生态补偿的模式主要有哪几种？政府模式还是市场模式？哪种配置模式的效率更高？不同地区的水资源生态补偿模式应该采取哪种模式？是单一模式，还是混合模式？不同模式的选择将决定农业水资源生态补偿的效率和效果，因此要对不同模式的利弊展开深入的分析，以确定最适合的农业水资源生态补偿模式。

参考文献

第一章

[1] 刘敏:《"准市场"与区域水资源问题治理》,《农业经济问题》 2016 年第 10 期。

[2] 钱焕欢:《农业用水水权现状与制度创新》,《中国农村水利水电》2007 年第 5 期。

[3] 汪恕诚:《水权转换是水资源优化配置的重要手段》,《水利规划与设计》2004 年第 3 期。

[4] 赵海林:《我国农业水权制度改革探讨》,《经济问题》2004 年第 4 期。

[5] Eiji Satoh, "Nontransferable water rights and technical inefficiency in the Japanese water supply industry", *Water Resources and Economics*, 2015, 7 (11): 13 – 21.

[6] James Yoo, Silvio Simonit, John P. Connors, Paul J. Maliszewski, Ann P. Kinzig, Charles Perrings, "The value of agricultural water rights in agricultural properties in the path of development", *Ecological Economics*, 2013, 7 (91): 57 – 68.

[7] Maksud Bekchanova, Anik Bhadurib, Claudia Ringlerc, "Potential gains from water rights trading in the Aral Sea Basin", *Agricultural Water Management*, 2015, 4 (152): 41 – 56.

[8] T. L. Anderson, B. Scarborough, L. R. Watson, Water Crises, Water Rights, and Water Markets, "Encyclopedia of Energy", *Natural Re-*

source, and Environmental Economics, 2013, (2): 248 – 254.

第二章

[1] 陈家琦等:《中国大百科全书水利卷》,中国大百科全书出版社 1983 年版。

[2] 单平基:《水资源危机的私法应对:以水权取得及转让制度研究为中心》,法律出版社 2012 年版。

[3] 方兰:《中国农业灌溉活动中利益相关者行为研究》,科学出版社 2016 年版。

[4] 方兰:《水危机与中国农业水资源管理研究》,经济科学出版社 2013 年版。

[5] 黄少安:《产权经济学导论》,经济科学出版社 2004 年版。

[6] 贾绍凤、刘俊:《大国水情:中国水问题报告》,华中科技大学出版社 2014 年版。

[7] 贾绍凤等:《中国水资源安全报告》,科学出版社 2014 年版。

[8] 姜文来、唐曲、雷波:《水资源管理学导论》,化学工业出版社 2005 年版。

[9] 蕾切尔·卡森:《寂静的春天》,上海译文出版社 2015 年版。

[10] 李强等:《中国水问题》,中国人民大学出版社 2005 年版。

[11] 李四林:《水资源危机——政治治理模式研究》,中国地质大学出版社 2012 年版。

[12] 林毅夫:《制度、技术与中国农业发展》,格致出版社 2014 年版。

[13] 刘普:《中国水资源市场化制度研究》,中国社会科学出版社 2013 年版。

[14] 刘思华:《可持续发展经济学》,湖北人民出版社 1997 年版。

[15] 罗马俱乐部:《增长的极限》,四川人民出版社 1983 年版。

[16] 沈满洪:《排污权交易机制研究》,中国环境科学出版社 2009 年版。

[17] 沈满洪等:《生态文明视角下的水资源配置论》,中国财政经济

出版社 2011 年版。

[18] 盛洪：《现代制度经济学》，中国发展出版社 2009 年版。

[19] 水利部水资源司：《十问最严格水资源管理制度》，中国水利水电出版社 2012 年版。

[20] 孙秀玲：《水资源评价与管理》，中国环境出版社 2013 年版。

[21] 王浩、苏杨：《水与发展蓝皮书：中国水风险评估报告（2013）》，社会科学文献出版社 2013 年版。

[22] 王浩：《中国可持续发展总纲》（第 4 卷），《中国水资源与可持续发展》，科学出版社 2007 年版。

[23] 王巧玲：《水权结构与可持续发展：以黄河为例透视中国的水资源治理模式》，世界图书出版公司 2014 年版。

[24] 王小军：《美国水权制度研究》，中国社会科学出版社 2011 年版。

[25] 王宗志等：《流域初始水权分配及水量水质调控》，科学出版社 2011 年版。

[26] 谢平等：《变化环境下地表水资源评价方法》，科学出版社 2009 年版。

[27] 许长新：《区域水权论》，中国水利水电出版社 2011 年版。

[28] 姚傑宝：《流域水权制度研究》，博士学位论文，河南大学，2006 年。

[29] 尹明万、于洪民：《流域初始水权分配关键技术研究与分配试点》，中国水利水电出版社 2012 年版。

[30] 张五常：《经济解释卷四：制度的选择》，中信出版社 2014 年版。

[31] 郑通汉：《中国水危机——制度分析与对策》，中国水利水电出版社 2006 年版。

[32] 周其仁：《产权与制度变迁：中国改革的经验研究》，北京大学出版社 2004 年版。

[33] 朱珍华：《水权研究》，中国水利水电出版社 2013 年版。

[34] 曹洪华：《生态文明视角下流域生态—经济系统耦合模式研

究——以洱河流域为例》，博士学位论文，东北师范大学，2014 年。

[35] 陈旭升：《中国水资源配置管理研究》，博士学位论文，哈尔滨工程大学，2009 年。

[36] 马培衢：《农业水资源有效配置的经济分析》，博士学位论文，华中农业大学，2007 年。

[37] 侍翰生：《南水北调东线江苏境内工程水资源优化配置方法研究》，扬州大学，2013 年。

[38] 王学渊：《基于前沿面理论的农业水资源生产配置效率研究》，浙江大学，2008 年。

[39] 杨朝晖：《面向生态文明的水资源综合调控研究——以洞庭湖区为例》，博士学位论文，中国水利水电科学研究院，2013 年。

[40] 姚傑宝：《流域水权制度研究》，博士学位论文，河南大学，2006 年。

[41] 阿里尔·瑞宛（Ariel Rejwan）、约西·亚考伯（Yossi Yaacoby）：《缺水国家以色列——用创新保证水资源消费》，《博鳌观察》2015 年第 4 期。

[42] 毕晓丽、葛剑平：《基于 IGBP 土地覆盖类型的中国陆地生态系统服务功能价值评估》，《山地学报》2004 年第 1 期。

[43] 陈仲新、张新时：《中国生态系统效益的价值》，《科学通报》2000 年第 1 期。

[44] 陈菁、陈丹、代小平、褚琳琳：《基于利益相关者理论的灌溉水价改革研究》，《节水灌溉》2008 年第 9 期。

[45] 陈军、蒋捷：《多维动态 GIS 的空间数据建模、处理与分析》，《武汉测绘科技大学学报》2000 年第 3 期。

[46] 陈明忠：《关于水生态文明建设的若干思考》，《中国水利》2013 年第 15 期。

[47] 崔丽娟、赵欣胜：《鄱阳湖湿地生态能值分析研究》，《生态学报》2004 年第 7 期。

[48] 杜朝阳：《可持续水资源系统机制研究》，《水科学进展》2013

年第 4 期。

［49］代小平、陈菁、张晓红、陈丹、扬兴海：《基于灌溉多功能性理论的农业水权转让影响评价研究》，《节水灌溉》2009 年第 10 期。

［50］党连文：《流域初始水权分配有关问题的研究》，《中国水利》2006 年第 9 期。

［51］邓朝晖、刘洋、薛惠锋：《基于 VAR 模型的水资源利用与经济增长动态关系研究》，《中国人口·资源与环境》2012 年第 6 期。

［52］窦明、王艳艳、李胚：《最严格水资源管理制度下的水权理论框架探析》，《中国人口·资源与环境》2014 年第 12 期。

［53］付俊文、赵红：《利益相关者理论综述》，《首都经济贸易大学学报》2006 年第 2 期。

［54］高宏、谈为雄：《水资源需求管理与水价的合理制定》，《人民黄河》1997 年第 1 期。

［55］高云峰、江文涛：《北京市山区森林资源价值评价》，《中国农村经济》2005 年第 7 期。

［56］桂发亮、许新发：《水权初始分配中影响系统分析方法因素的研究》，《人民长江》2006 年第 8 期。

［57］韩洪云、赵连阁、王学渊：《农业水权转移的条件——基于甘肃、内蒙古典型灌区的实证研究》，《中国人口·资源与环境》2010 年第 3 期。

［58］何浩、潘耀忠、朱文泉、刘旭拢、张晴、朱秀芳：《中国陆地生态系统服务价值测量》，《应用生态学报》2005 年第 6 期。

［59］和莹、常云昆：《流域初始水权的分配》，《西北农林科技大学学报》（社会科学版）2006 年第 5 期。

［60］侯西勇、王毅：《水资源管理与生态文明建设》，《中国科学院院刊》2013 年第 2 期。

［61］胡继连：《农用水权的界定、实施效率及改进策略》，《农业经济问题》2010 年第 11 期。

［62］胡若隐：《地方行政分割与流域水污染治理悖论分析》，《环境保

护》2006 年第 38 期。

［63］姜东晖、胡继连：《农用水资源需求管理的技术经济原理与机制》，《山东农业大学学报》2007 年第 4 期。

［64］姜文来：《水权及其作用探讨》，《中国水利》2000 年第 12 期。

［65］姜文来：《我国农业用水权亟待解决四大问题》，《农经》2014年第 11 期。

［66］景柱、徐亚骏、肖寒、赵同谦、段光明：《基于可持续发展综合国力的生态系统服务评价研究——13 个国家生态系统服务价值的测算》，《系统工程理论与实践》2003 年第 1 期。

［67］鞠茂森、王金霞、魏征等：《对灌区加强需水管理的几点认识》，《中国水利》2011 年第 3 期。

［68］蓝盛芳、钦佩：《生态系统的能值分析》，《应用生态学报》2001年第 1 期。

［69］雷波、姜文来、刘钰：《流域水资源配置中水资源使用权的界定及其作用研究》，《水利发展研究》2006 年第 9 期。

［70］李海涛、许学工、肖笃宁：《基于能值理论的生态资本价值——以阜康市天山北坡中段森林区生态系统为例》，《生态学报》2005 年第 6 期。

［71］李曼、袁航松：《基于利益相关者理论的城市水价研究》，《经营管理者》2010 年第 21 期。

［72］李双成、郑度、杨勤业：《环境与生态系统资本价值评估的若干问题》，《环境科学》2001 年第 6 期。

［73］李鑫、李琦：《空间信息系统移动终端设计与实现技术》，《测绘科学》2006 年第 1 期。

［74］李长胜、王殿文、吴艳辉：《中国森林生态效益计量研究》，《防护林科技》2005 年第 2 期。

［75］刘健民、张世法、刘恒：《京津唐水资源系统供水规划和调度优化的递阶模型》，《水科学进展》1993 年第 2 期。

［76］刘杰、姜文来、任天志：《农业用水使用权转让补偿机制研究》，

《中国农业资源与区划》2001 年第 6 期。

[77] 刘向阳、徐纬：《浅析 GIS 在我国的发展及其与测绘的关系》，《民营科技》2010 年第 2 期。

[78] 刘妍、郑丕谔：《初始水权分配中的主从对策研究》，《软科学》2008 年第 2 期。

[79] 鲁春霞、谢高地、肖玉、于云江：《青藏高原生态系统服务功能的价值评估》，《生态学报》2004 年第 12 期。

[80] 骆进仁：《公共性解释与水资源公共性治理》，《甘肃社会科学》2014 年第 3 期。

[81] 吕一河：《中国水资源需求管理及其政策评价》，《中国人口·资源与环境》1999 年第 3 期。

[82] 马捷：《区域水资源共享冲突的网络治理模式创新》，《公共管理学报》2010 年第 2 期。

[83] 马晓河、方松海：《中国的水资源状况与农业生产》，《中国农村经济》2006 年第 10 期。

[84] 毛寿龙、龚虹波：《水资源的制度分析》，《水利发展研究》2004 年第 1 期。

[85] 孟祺、尹云松、孟令杰：《流域初始水权分配研究进展》，《长江流域资源与环境》2008 年第 9 期。

[86] 欧阳志云、王如松、赵景柱：《生态系统服务功能及其生态经济价值评价》，《应用生态学报》1999 年第 5 期。

[67] 欧阳志云、王效科、苗鸿：《中国陆地生态系统服务功能及其生态经济价值的初步研究》，《生态学报》1999 年第 5 期。

[88] 欧阳志云、赵同谦、赵景柱、肖寒、王效科：《海南岛生态系统生态调节功能及其生态经济价值研究》，《应用生态学报》2004 年第 8 期。

[89] 潘耀忠、史培军、朱文泉、顾晓鹤、范一大、李京：《中国陆地生态系统生态资产遥感定量测量》，《中国科学》（D 辑：地球科学）2004 年第 4 期。

［90］彭少明、黄强:《黄河水量分配的经济综合模式研究》,《西北农林科技大学学报》(自然科学版) 2006 年第 4 期。

［91］钱焕欢、倪焱平:《农业用水水权现状与制度创新》,《中国农村水利水电》2007 年第 5 期。

［92］钱正英:《从供水管理到需水管理》,《中国水利》2009 年第 5 期。

［93］钱正英:《西北地区的水资源配置》,《中国水利》2006 年第 11 期。

［94］沈大军:《水权及其影响》,《世界环境》2009 年第 2 期。

［95］沈满洪:《生态文明制度的构建和优化选择》,《环境经济》2012 年第 12 期。

［96］沈满洪:《水权交易与政府创新——以东阳义乌水权交易案为例》,《管理世界》2005 年第 6 期。

［97］施坤景:《地理信息系统 (GIS) 的发展现状》,《科技资讯》2008 年第 3 期。

［98］汪国平:《农业水价改革的利益相关者博弈分析》,《科技通报》2011 年第 4 期。

［99］王浩:《流域水资源规划的系统观与方法论》,《水利学报》2002 年第 8 期。

［100］王金霞、徐志刚、黄季焜、Scott Rozelle:《水资源管理制度改革、农业生产与反贫困》,《经济学》(季刊) 2005 年第 4 期。

［101］王克强、刘红梅:《中国农业水权流转的制约因素分析》,《农业经济问题》2009 年第 10 期。

［102］王顺久、侯玉、张欣莉: 《水资源优化配置理论发展研究》,《中国人口·资源与环境》2002 年第 5 期。

［103］王小军、高娟等:《关于强化用水总量控制管理的思考》,《中国人口·资源与环境》2014 年第 11 期。

［104］王亚华:《中国用水户协会改革:政策执行视角的审视》,《管理世界》2013 年第 6 期。

[105] 王宗明、张树清、张柏：《土地利用变化对三江平原生态系统服务价值的影响》，《中国环境科学》2004 年第 1 期。

[106] 王宗志、胡四一、王银堂：《基于水量与水质的流域初始二维水权分配模型》，《水利学报》2010 年第 5 期。

[107] 危永利、钟美、张强：《中国 GIS 发展状况分析》，《地理空间信息》2008 年第 4 期。

[108] 吴丹、吴凤平：《基于双层优化模型的流域初始二维水权耦合配置》，《中国人口·资源与环境》2012 年第 10 期。

[109] 吴丹：《中国经济发展与水资源利用脱钩态势评价与展望》，《自然资源学报》2014 年第 1 期。

[110] 吴凤平、葛敏：《水权第一层次初始分配模型》，《河海大学学报》（自然科学版）2005 年第 5 期。

[111] 吴钢、肖寒、赵景柱、邵国凡、李静：《长白山森林生态系统服务功能》，《中国科学》（C 辑：生命科学）2001 年第 5 期。

[112] 吴玲玲、陆健健、童春富、刘存岐：《长江口湿地生态系统服务功能价值的评估》，《长江流域资源与环境》2003 年第 5 期。

[113] 肖蓓、湛邵斌、尹楠：《浅谈 GIS 的发展历程与趋势》，《地理空间信息》2007 年第 5 期。

[114] 肖荣波、欧阳志云、韩艺师、王效科、李振新、赵同谦：《海南岛生态安全评价》，《自然资源学报》2004 年第 6 期。

[115] 肖玉、谢高地、安凯：《莽措湖流域生态系统服务功能经济价值变化研究》，《应用生态学报》2003 年第 5 期。

[116] 肖玉、谢高地、安凯：《青藏高原生态系统土壤保持功能及其价值》，《生态学报》2003 年第 11 期。

[117] 谢高地、鲁春霞、冷允法、郑度、李双成：《青藏高原生态资产的价值评估》，《自然资源学报》2003 年第 2 期。

[118] 谢高地、张钇锂、鲁春霞、郑度、成升魁：《中国自然草地生态系统服务价值》，《自然资源学报》2001 年第 1 期。

[119] 谢新民、王教河、王志璋、迟鹏超、沈大军、王浩：《松辽流域

初始水权分配政府预留水量研究》，《中国水利》2006 年第
1 期。

[120] 辛琨、肖笃宁：《盘锦地区湿地生态系统服务功能价值估算》，
《生态学报》2002 年第 8 期。

[121] 刑福俊：《加强城市水资源需求管理的研究》，《上海经济研究》
2001 年第 3 期。

[122] 徐萍、赵万恒：《安徽省农业水价改革情况综述》，《江淮水利
科技》2013 年第 1 期。

[123] 徐俏、何孟常、杨志峰、鱼京善、毛显强：《广州市生态系统服
务功能价值评估》，《北京师范大学学报》（自然科学版）2003
年第 2 期。

[124] 徐嵩龄：《生物多样性价值的经济学处理：一些理论障碍及其克
服》，《生物多样性》2001 年第 3 期。

[125] 徐中民、张志强、程国栋、苏志勇、鲁安新、林清、张海涛：
《额济纳旗生态系统恢复的总经济价值评估》，《地理学报》
2002 年第 1 期。

[126] 徐中民、张志强、龙爱华、陈东景、巩增泰、苏志勇、张勃、
石惠春：《额济纳旗生态系统服务恢复价值评估方法的比较与
应用》，《生态学报》2003 年第 9 期。

[127] 徐中民、张志强、龙爱华、陈东景、巩增泰、苏志勇、张勃、
石惠春：《环境选择模型在生态系统管理中的应用——以黑河
流域额济纳旗为例》，《地理学报》2003 年第 3 期。

[128] 许新宜、杨丽英等：《中国流域水资源分配制度存在的问题与改
进建议》，《资源科学》2011 年第 3 期。

[129] 薛达元、包浩生、李文华：《长白山自然保护区森林生态系统间
接经济价值评估》，《中国环境科学》1999 年第 3 期。

[130] 薛达元、包浩生、李文华：《长白山自然保护区生物多样性旅游
价值评估研究》，《自然资源学报》1999 年第 2 期。

[131] 闫华、郑文刚、赵春江、吴文彪：《国外农业节水与水权转换的

实践经验和启示》,《中国农村水利水电》2008 年第 12 期。

[132] 杨凯、赵军:《城市河流生态系统服务的 CVM 估值及其偏差分析》,《生态学报》2005 年第 6 期。

[133] 杨清伟、蓝崇钰、辛琨:《广东—海南海岸带生态系统服务价值评估》,《海洋环境科学》2003 年第 4 期。

[134] 杨彦明:《最严格水资源管理与水资源软路径》,《水利发展研究》2013 年第 6 期。

[135] 叶嘉安、朱家松:《提升地理信息数据可获取性对促进我国经济发展的意义》,《地理信息世界》2004 年第 4 期。

[136] 尹庆民、刘思:《我国流域初始水权分配研究综述》,《河海大学学报》(哲学社会科学版)2013 年第 12 期。

[137] 尹云松、孟令杰:《基于 AHP 的流域初始水权分配方法及其应用实例》,《自然资源学报》2006 年第 7 期。

[138] 于宁:《三维 GIS 技术的若干问题探讨》,《交通科技与经济》2011 年第 2 期。

[139] 余新晓、鲁绍伟、靳芳、陈丽华、饶良懿、陆贵巧:《中国森林生态系统服务功能价值评估》,《生态学报》2005 年第 8 期。

[140] 余新晓、秦永胜、陈丽华、刘松:《北京山地森林生态系统服务功能及其价值初步研究》,《生态学报》2002 年第 5 期。

[141] 詹卫华、邵志忠、汪升华:《生态文明视角下水生态文明建设》,《中国水利》2013 年第 4 期。

[142] 张海林:《组件技术与 GIS 的发展》,《石家庄联合技术职业学院学术研究》2007 年第 4 期。

[143] 张丽娜、吴凤平、贾鹏:《基于耦合视角的流域初始水权配置框架初析》,《资源科学》2014 年第 11 期。

[144] 张瑞美、尹明万、张献锋、闫莉:《我国水权流转情况跟踪调查》,《水利经济》2014 年第 1 期。

[145] 张献锋、冯巧、尤庆国、仇小霖:《推进农业水价改革的思考》,《水利经济》2014 年第 1 期。

［146］张颖：《中国森林生物多样性价值核算研究》，《林业经济》2001 年第 3 期。

［147］张勇、常云昆：《国外典型水权制度研究》，《经济纵横》2006 年第 3 期。

［148］赵军、杨凯：《自然资源福利计量的参数模型与表征尺度：理论与应用比较》，《自然资源学报》2004 年第 6 期。

［149］赵同谦、欧阳志云、贾良清、郑华：《中国草地生态系统服务功能间接价值评价》，《生态学报》2004 年第 6 期。

［150］赵同谦、欧阳志云、王效科、苗鸿、魏彦昌：《中国陆地地表水生态系统服务功能及其生态经济价值评价》，《自然资源学报》2003 年第 4 期。

［151］赵同谦、欧阳志云、郑华、王效科、苗鸿：《中国森林生态系统服务功能及其价值评价》，《自然资源学报》2004 年第 4 期。

［152］周惠成、吴丽、何斌、邵宏胜：《大连市农业水权转让价格研究》，《大连理工大学学报》2010 年第 2 期。

［153］姜文来：《水权的特征及界定》，《中国水利报》2000 年 11 月 4 日。

［154］沈大军：《水权交易：适应市场经济条件的水资源制度变革》，《中国水利报》2005 年 3 月 5 日。

［155］沈大军：《水权交易推进水资源权属管理改革》，《中国水利报》2005 年 3 月 26 日。

［156］David B. Brook and Oliver M. Brandes, " Soft Planning-How to Create a Water Soft Path", Altermatives Journal 33, No. 4, 2007.

［157］Dinar A. , et al. , Water Allocation Mechanisms, Readingss of the WRM Course（R）, the World Bank, 1998.

［158］Dinar A. , *The Political Economy of Water Price Reforms*, New York：Oxford University Press, 2000.

［159］Dixon J. , Analysis and Management of Watersheds, *The Environment and Emerging Development Issues*, Oxford： Clarendrom

Press, 1997.

[160] Jack Boson, Christen M., Elgar E., *Contingent Valuation and En-dangered Species: Methodological Issues and Applications*, Chelten ham: Edward Elgar Press, 1996.

[161] Merrett, S., *The Price of Water*, IWA Publishing, 2007.

[162] "Millennium Ecosystem Assessment: Biodiversity Synthesis Report", Washington D. C.: World Resources Institute, 2005.

[163] *Millennium Ecosystem Assessment: Frameworks*, Washington D. C.: World Resources Institute, 2005.

[164] Spulber N., *Regulation and Markets*, Cambridge, MA: MIT Press, 1989.

[165] Odom H. T., "Energy in Ecosystems", In: N Pluming. Environmental Monographs and Symposia, New York: John Wiley, 1986.

[166] Ostrom, Elionor, "Revisiting the Commons: Local Lessons, Global Challenges", Science, 1999.

[167] Peter H. Gleick, Threats and Challenges Facing the United States, *Environment*, 2001.

[168] Petra Donbner, *Wasser politik*, Suhrkamp Verlag Berlin, 2011.

[169] SCEP (Study of Critical Environmental Problems), *Man's Impact on the Global Environment: Assessment and Recommendations for Action*, Cambridge, MA: MITS Press, 1970.

[170] Balali H., Khalilian S., Viaggi D., Bartolini F., Ahmadian M., "Groundwater Balance and Conservation Under Different Water Pricing and Agricultural Policy Scenarios: A Case Study of the Hamadan-Bahar Plain", *Ecological Economics*, 2011, 70 (5): 863 - 872.

[171] Bandara R., Tisdell C., "The Net Benefit of Saving the Asian Elephant: A Policy and Contingent Valuation Study", *Ecological Economics*, 2004, 48: 93 - 107.

[172] Chen S. C., Wang Y. H., Zhu T. J., "Exploring China's Farmer-level Water-saving Mechanisms: Analysis of An Experiment Conducted in Taocheng District, Hebei Province", *Water*, 2014, 6 (3): 547 – 563.

[173] Cooper B., Crase L., Pawsey N., "Best Practice Pricing Principles and the Politics of Water Pricing, Agricultural Water Management", 2014, 145: 92 – 97.

[174] Costanza R, d'Arge R, de Groot R, et al., "The Value of the World's Ecosystem Services and Natural Capital Nature", 1997, 386 (6630): 253 – 260.

[175] Daily G. C., "Management Objectives for the Protection of Ecosystem service", *Environmental Science and Policy*, 2000, 6: 333 – 339.

[176] David E., K. Haime, "Capacity Expansion and Operational Planning for Regional Water Resource Systems", *Journal of Hydrology*, 1977, 32.

[177] David Katz, "Water Use and Economic Growth: Reconsidering the Environmental Kuznets Curve relationship", *Journal of Cleaner Production*, 2015, 88.

[178] Donna Brennan, "Water policy reform in Australia: Lessons from the Victorian Seasonal Water Market", *Australian Journal of Agricultural and Resource Economics*, 2006, 50: 403 – 423.

[179] E. Schlager, C. Bauer, "Governing Water: Institutions, Property Rights, and Sustainability", Reference Module in Earth Systems and Environmental Sciences, from Treatise on *Water Science*, Volume 1, 2011, pp. 23 – 33, Current as of 15 March 2013.

[180] Garrick D., Whitten S. M., Coggan A., "Understanding the Evolution and Performance of Water Markets and Allocation Policy: A Transaction Costs analysis Framework", *Ecological Economics*,

2013（88）: 195 – 205.

［181］Grafton R. Q. , Horne J. , "Water Markets in the Murray-Darling Basin", *Agricultural Water Management*, 2014（145）: 61 – 71.

［182］Gren I. M. , Groth K. H. , Sylvan M. , "Economic Values of Danube Floodplains", *Journal of Environmental Management*, 1995, 45: 333 – 345.

［183］Hanak E. , Dyckman C. , "Counties Wresting Control: Local Responses to California's Statewide Water Market", *University of Denver Water Law Review*, 2003（6）: 490 – 523.

［184］Hanley N. , Ruffell R. J. , "The Contingent Valuation of Forest Characteristics: Two Experiments", *Journal of Agricultural Economics*, 1993, 44: 218 – 229.

［185］Holder J. , Ehrlich P. R. , Human Population and Global Environment American Scientist, 1974, 62: 282 – 297.

［186］I. Zacharias, "Developing Sustainable Water Management Scenarios by Using Thorough Hydrologic Analysis and Environmental Criteria", *Journal of Environmental Managment*, 2003, 69.

［187］Connell D. , "Irrigation, water Markets and Sustainability in Australias Murray-darling Basin", *Agriculture and Agricultural Science Procedia*, 2015（4）: 133 – 139.

［188］James J. Murphy, Ariel Dinar, Richard E. Howitt, Steven J. Rassenti, Vernon L. Smith, "The Design of 'Smart' Water Market Institutions Using Laboratory Experiments", *Environmental and Resource Economics*, 2000, 17（4）: 375 – 394.

［189］Katherine C. L. , Deshpande S. , Bjornlund H. , Hunter G. , "Extending Stakeholder Theory to Promote Resource Management Initiatives to Key Stakeholders: A Case Study of Water Transfers in Alberta, Canada", *Journal of Environmental ManaGement*, 2013 （129）: 81 – 89.

[190] Lal P. , "Economic Valuation of Mangroves and Decision-making in the Pacific", *Ocean & Coastal Management*, 2003, 46: 823 – 846.

[191] Lawrence W. C. Lai, Mark H. Chua, Frank T. Lorne, "The Coase Theorem and Squatting on Crown Land and Water: A Hong Kong Comparative Study of the Differences between the State Allocation of Property Rights for Two Kinds of squatters", *Habitat International*, Volume 44, October 2014, 247 – 257.

[192] Loomis J. , Kent P. , S trange L. , et al. , "Measuring the Economic Value of Restoring Ecosystem Services in an Impaired River Basin: Results from a Contingent Valuation Survey", *Ecological Economics*, 2000, 33: 103 – 117.

[193] Maksud Bekchanov, Anik Bhaduri, Claudia Ringler, "Potential gains from water rights trading in the Aral Sea Basin", *Agricultural Water Management*, Vol. 152, April 2015, pp. 41 – 56.

[194] Mark. W and Renato Gazmuri S. , "Water Policy for Efficient Agricultural Diversification: Market-based Approaches", *Food Policy*, 1995, Vol. 20, No. 3.

[195] Mendona M. , Sachsida A. , Loureiro P. , "A study on the valuing of biodiversity: The case of three endangered species", *Brazil Ecological Economics*, 2003, 46: 9 – 18.

[196] Pauutanayak S. K. , "Valuing Watershed Services: Concepts and Empirics from Southeast Asia", *Agriculture Ecosystems & Environment*, 2004, 104: 171 – 184.

[197] Pimental D. , Wilson C. , Mccullum C. , "Economic and Environmental Benefits of Biodiversity", *Bioscience*, 1997, 47 (11): 747 – 757.

[198] Renwicr M. E, Green R. D. , "Do Residential Water Demand Side Management Policies Measure Up? -An Analysis of Eight California Water Agencies", *Journal of Environmental Economics and Manage-*

ment, 2000 (40): 37 - 55.

[199] Robert L. Perry, Kelly A. Tzoumis, Craig F. Emmert, "Litigant Participation and Success in Water Rights Cases in the Western States", *The Social Science Journal*, Volume 51, Issue 4, December 2014, 607 - 614.

[200] Ruijs A., Zimmermann A., Berg MVD., "Demand and Distributional Effects of Water Pricing Policies", *Ecological Economics*, 2008, 66 (2 - 3): 506 - 516.

[201] Rupert M. G., "Decadal-scale Changes of Nitrate In Ground Water of the United States, 1988 - 2004", *Journal of environmental quality*, 2008 (37): S240 - S248.

[202] S. Ravet, A. Braïlowsky, "Utilities' Contribution to the Human Right to Water and Sanitation: Importance of Stakeholders' Ownership", *Aquatic Procedia*, Volume 2, 2014, 70 - 78.

[203] Sahin O. Z., Stewart R. A., Porter M. G.," Water Security Through Scarcity Pricing and Reverse Osmosis: A System Dynamics Approach", *Journal of Cleaner Production*, 2015 (88): 160 - 171.

[204] Shi M. J., Wang X. J., Yang H., Wang T., "Pricing or Quota? A Solution to Water Scarcity in Oasis Regions in China: A Case Study in the Heihe River Basin", *Sustainability*, 2014, 6 (11): 7601 - 7620.

[205] Shiferaw B., Reddy V. R., Wani S. P., "Watershed Externalities, Shifting Cropping Patterns and Groundwater Depletion in Indian Semi-arid Villages: The Effect of Alternative Water Pricing Polices", *Ecological Economics*, 2008, 67 (2): 327 - 340.

[206] Stephen Merrett, "Behavioural Studies of the Domestic Demand for Water Services in Africa", *Water Policy*, 2002, Vol. 4, Issue1.

[207] Sutton P., Costanza R., "Global Estimates of Market and Nonmarket Values Derived from Night Time Satellite Imagery, Land Cov-

er, and Ecosystem Service Valuation", *Ecological Economics*, 2002, 41: 509 – 527.

[208] Turner R, Bergh, Jereon C, et al., "Ecological-economic Analysis of Wetlands: Scientific Integration for Management and Policy", *Ecological Economics*, 2000, 35: 7 – 23.

[209] Veettil P. C., Speelman S., Frija A., Buysse J., Huylenbroeck G. V., "Complementarity between Water Price, Water Rights and Local Water Governance: A Bayesian Analysis of Choice Behaviour of Famers in the Krishna River Basin", India, *Ecological Economics*, 2011, 70 (10): 1756 – 1766.

[210] Westman W., "How Much are Nature's Service Worth", *Science*, 1977, 197: 960 – 964.

[211] Wheeler S. A., Zuo A., Hughes N., "The impact of Water Ownership and Water Market Trade Strategy on Australian Irrigators Farm Viability", *Agricultural systems*, 2014 (129): 81 – 92.

[212] Asia development bank, "Asian water development outlook 2013: measuring water security in Asia and the Pacific".

[213] "Yearbook of International Organizations, 1998/1999", Complied by Union of International Association, New York, 1999.

第三章

[1] 马晓强:《中卫黄河水权制度变迁调查报告》, 中国社会科学出版社 2001 年版。

[2] 毕明爽:《论我国水资源管理体制改革和水权制度的构建》, 硕士学位论文, 吉林大学, 2004 年。

[3] 财政部、国家发展和改革委员会、水利部:《水资源费征收使用管理办法》, 2008 年 11 月 10 日, http://www.law-lib.com/law/law_view.asp?id=279623。

[4] 陈永:《重庆市水利发展研究中心:〈加快建立水资源有偿使用制

度的思考〉》,《人民长江报》2016 年 8 月 2 日。

［5］ 董志贵、张永丽:《河西屯垦农业水权演变的制度经济学分析及创新思路》,《甘肃农业》2010 年第 12 期。

［6］ 杜威漩:《中国农业水资源管理制度创新研究——理论框架、制度透视与创新构想》,博士学位论文,浙江大学,2005 年。

［7］ 范仓海、唐德善:《中国水资源制度变迁与动因分析》,《干旱区资源与环境》2009 年第 1 期。

［8］ 吴金艳:《中国水价制度变迁与政策取向》,《学术论丛》2008 年第 48 期。

［9］ 张允、赵景波:《中国水制度的历史演变特征与启示》,《前沿》2009 年第 2 期。

［10］ 范战平:《水权制度变迁的动因考察》,《河南社会科学》2006 年第 6 期。

［11］ 雷波:《我国农业水价现状与发展趋势》,《中国建设信息》(水工业市场)2008 年第 9 期。

［12］ 李永珍:《中国水资源产权制度变迁内在机制及利益关系分析》,《经济师》2007 年第 5 期。

［13］ 马晓强、韩锦绵:《我国水权制度 60 年:变迁、启示与展望》,《生态环境》2009 年第 12 期。

［14］ 马晓强、韩锦绵:《政府、市场与制度变迁——以张掖水权制度为例》,《甘肃社会科学》2009 年第 1 期。

［15］ 乔文军:《农业水权及其制度建设研究》,硕士学位论文,西北农林科技大学,2007 年。

［16］ 任庆:《中国水权制度变迁研究》,硕士学位论文,郑州大学,2004 年。

［17］ 国家发展和改革委员会、水利部:《水利工程供水价格管理办法》,2004 年 1 月 1 日,http://www.fdi.gov.cn/1800000121_ 23_ 66947_ 0_ 7.html。

［18］国家环境保护总局、国家计划委员会、建设部：《关于加大污水处理费的征收力度建立城市污水排放和集中处理良性运行机制的通知》，1999 年 9 月 6 日，http：//law. esnai. com/view/63035。

［19］国务院办公厅：《关于加大改革创新力度加快农业现代化建设的若干意见》，2015 年 2 月 1 日，http：//www. gov. cn/zhengce/2015 – 02/01/content_ 28130 34 . htm。

［20］国务院办公厅：《国务院办公厅关于落实中共中央国务院关于全面深化农村改革加快推进农业现代化若干意见有关政策措施分工的通知》，2004 年 2 月 23 日，http：//www. gov. cn/zhengce/content/2014 – 03/10/content_ 8705. htm。

［21］国务院办公厅：《国务院办公厅关于推进农业水价综合改革的意见》，2016 年 1 月 29 日，http：//www. stats. gov. cn/wzgl/ywsd/201601/t20160130_ 1313670. html。

［22］国务院办公厅：《国务院办公厅关于推进水价改革促进节约用水保护水资源的通知》，2004 年 4 月 19 日，http：//www. gov. cn/xxgk/pub/govpublic/mrlm/ 200803/t20080328_ 32372. html。

［23］国务院办公厅：《取水许可和水资源费征收管理条例》，2006 年 4 月 15 日，http：//www. gov. cn/zwgk/2006 – 03/06/content_ 220 023. htm。

［24］国务院：《水利产业政策》，1997 年 9 月 4 日，http：//www. law – lib. com/law/ law_ view. asp？ id = 65729。

［25］国务院：《水利工程水费核订、计收和管理办法》，1985 年 7 月 22 日，http：//ww w. china. com. cn/law/flfg/txt/2006 – 08/08/content_ 7059473. htm。

［26］山西省第五届人民代表大会常务委员会：《山西省水资源管理条例》，1982 年 10 月 29 日，http：//www. law-lib. com/lawhtm/1982/17931. htm。

［27］上海市公用事业局：《上海深井管理办法》，1979 年 11 月 17 日，

http：//www. en vir. gov. cn/law/11. htm。

[28] 水利部、国家发展和改革委员会：《水利工程供水价格管理办法》，2003 年 7 月 3 日，http：//www. law-lib. com/law/law _ view. asp？id＝78589。

[29] 水利部：《关于开展水权试点工作的通知》，2014 年 7 月 23 日，http：//cswe. mwr. gov. cn/hyxw/201407/t20140729_ 572122. html。

[30] 水利部：《水利产业政策实施细则》，1999 年 6 月 11 日，http：//www. 51wf. com/print-law？id＝1127024。

[31] 水利部：《水利部关于水权转让的若干意见》，2005 年 1 月 11 日，http：//www. law-lib. com/law/law_ view. asp？id＝87990。

[32] 水利部：《水利部关于印发水权制度建设框架的通知》，2005 年 1 月 11 日，http：//www. 51wf. com/law/194719. html。

[33] 水利部：《水权交易管理暂行办法》，2016 年 4 月 19 日，http：//www. mwr. gov. cn/zwzc/zcfg/bmfggfxwj/201605/t20160505_ 741915. html。

[34] 王亚华：《中国水权制度建设：评论与展望》，《国情报告》（第十卷 2007（上）），2012 年。

[35]《我国水资源费征收标准问题研究》课题组：《我国水资源费征收标准现状分析》，2011 年 4 月 18 日，http：//www. china-reform. org/？content_ 139. html。

[36] 新华网：《中国将推进农业水价综合改革》，2014 年 2 月 5 日，http：//news. xinhuanet. com/fortune/2014-02/05/c_ 119214779. htm。

[37] 中华人民共和国第六届全国人民代表大会常务委员会：《中华人民共和国水法》，1988 年 1 月 21 日，http：//ziliao. aqsc. cn/law/fmks/102726/98601. html。

[38] 中华人民共和国第九届全国人民代表大会常务委员会：《中华人民共和国水法》，2002 年 8 月 29 日，http：//www. fdi. gov. cn/1800000121_ 23_ 67309_ 0_ 7. html。

［39］中华人民共和国第十一届全国人民代表大会常务委员会：《中华人民共和国水法》，2009 年 8 月 27 日，http：//www. foodmate. net/law/jiben/13766. html。

［40］中华人民共和国第十二届全国人民代表大会常务委员会：《中华人民共和国水法》，2016 年 7 月 2 日，http：//www. zhb. gov. cn/gzfw_ 13107/zcfg/fg/xzfg /201610/t20161008_ 365107. shtml。

［41］中国产业信息网：《2014 年 7 月水权交易试点正式启动，我国水权交易发展历程回顾及主要形式分析》，2014 年 8 月 26 日，http：//www. chyxx. com/ind ustry/201408 /276003. html。

［42］中央机构编制委员会办公室：《关于矿泉水地热水管理职责分工问题的通知》，1998 年 12 月 16 日，http：//www. chinalawedu. com/news/1200/22016/22026/ 22256/22287/2006/12/wc8255348111522160024558 –0. htm。

第四章

［1］方兰、陈龙：《 "绿色化" 思想的源流、科学内涵及推进路径》，《陕西师范大学学报》（哲学社会科学版）2015 年第 5 期。

［2］郭展新：《 十六大以来党的生态文明理论与政策研究》，硕士学位论文，陕西师范大学，2012 年。

［3］廖曰文、章燕妮：《生态文明的内涵及其现实意义》，《中国人口·资源与环境》2011 年第 S1 期。

［4］刘博：《中国生态文明建设的路径与意义研究》，硕士学位论文，吉林大学，2015 年。

［5］刘静：《中国特色社会主义生态文明建设研究》，博士学位论文，中共中央党校，2011 年。

［6］任金一：《 马克思主义生态文明理论及当代价值》，硕士学位论文，沈阳理工大学，2013 年。

［7］任雪山：《 "生态文明" 理论的提出及其当代意义》，《合肥学院学报》（社会科学版）2008 年第 3 期。

［8］是丽娜、王国聘：《生态文明理论研究述评》，《社会主义研究》
2008 年第 1 期。

［9］张修玉：《生态文明创建要因地制宜》，《中国生态文明》2016 年
第 4 期。

［10］覃正爱：《从综合文明高度看待生态文明》，《光明日报》2015
年 9 月 11 日。

［11］中共环境保护部党组：《构建人与自然和谐发展的现代化建设新格
局——党的十八大以来生态文明建设的理论与实践》，2016 年 6
月 28 日，http：//ww w. zhb. gov. cn/xxgk/hjyw/201606/t2016062
8_ 356330. shtml。

［12］威廉·麦克唐纳、迈克尔·布朗嘉特：《从摇篮到摇篮：循环经
济设计之探索》，同济大学出版社 2005 年版。

第五章

［1］刘展、屈聪：《MATLAB 在超效率 DEA 模型中的应用》，《经济研
究导刊》2014 年第 3 期。

［2］刘渝、王岌：《农业水资源利用效率分析》，《华中农业大学学
报》（社会科学版）2012 年第 6 期。

［3］李建亮：《基于 DEA 新疆农业资源配置效率的实证分析》，硕士
学位论文，新疆大学，2008 年。

［4］吕克军：《水票制：节水型社会治理机制的创新——以甘肃省张
掖市梨园河灌区西街为例》，硕士学位论文，华中师范大学，
2014 年。

［5］汪怒诚：《水权转换是水资源优化配置的重要手段》，《水利规划
与设计》2004 年第 3 期。

［6］沈大军：《推进农业水价综合改革，为农业现代化添翼》，《中国水
利报》2016 年第 5 期。

［7］王战平：《宁夏引黄灌区水资源优化配置研究》，博士学位论文，
宁夏大学，2014 年。

［8］张秀琴：《气候变化背景下我国农业水资源管理的适应对策》，博士学位论文，西北农林科技大学，2013 年。

［9］赵玉田：《脆弱生态系统下西北干旱区农业水资源利用策略研究》，博士学位论文，兰州大学，2010 年。

［10］严婷婷、王金霞、黄季焜：《气候变化条件下农业水资源的优化配置及其对农业生产的影响：黄河流域的模拟分析》，中国水利技术信息中心，2012 年。

［11］沈满洪：《水权交易与契约安排——以中国第一包江案为例》，《管理世界》2006 年第 2 期。

［12］马培衡：《农业水资源有效配置的经济分析》，博士学位论文，华中农业大学，2007 年。

［13］杨骞、刘华军：《污染排放约束下中国农业水资源效率的区域差异与影响因素》，《数量经济技术经济研究》2015 年第 1 期。

［14］许朗、黄莺：《农业灌溉用水效率及其影响因素分析——基于安徽省蒙城县的实地调查》，《资源科学》2012 年第 1 期。

［15］Lovell C. , "Applying Efficiency Measurement Techniques to the Measurement of Productivity Change", *Journal of Productivity Analysis*, 1996, (7): 329 – 340.

［16］Andersen P. , Petersen N. C. , "A Procedure for Ranking Efficient Units in Data Envelopment Analysis", *Management Science*, 1993, (39): 1261 – 1264.

［17］Cooper B. , Crase L. , Pawsey N. , "Best Practice Pricing Principles and the Politics of Water Pricing", *Agricultural Water Management*, 2014, (145): 92 – 97.

［18］Grafton R. , Horne J. , "Water Markets in Murray-Darling Basin", *Agricultural Water Management*, 2014, (145): 61 – 71.

［19］Nahra T. A. , Mendez D. , Alexander J. A. , "Employing Super-efficiency Analysis as an Alternative to DEA: An Application in Outpatient Substance Abuse Treatment", *European Journal of Operational*

Research, 2009, (196): 1097 – 1106.

[20] Veettil P. C., Speelman S., Frija A., Buysse J., Huylenbroeck G. V., "Complementarity Between Water Price, Water Rights and Local Water Governance: A Bayesian Analysis of Choice Behaviour of Famers in the Krishna River Basin", *India*, *Ecological Economics*, 2011, 70 (10): 1756 – 1766.

第六章

[1] 顾晓君:《都市农业多功能发展研究》, 中国农业科学院, 2007 年。

[2] 贺丽洁、罗杰威:《以生态文明观发展小城镇的都市农业》,《哈尔滨工业大学学报》(社会科学版) 2013 年第 15 期。

[3] 刘亚飞、程远贝、周琳:《生态文明视域下的四川省生态农业建设研究》,《改革与战略》2012 年第 28 期。

[4] Andersen P., Petersen N. C., "A Procedure for Ranking Efficient U-nits in Data Envelopment Analysis", *Management Science*, 1993, (39): 1261 – 1264.

[5] Blanke A., Rozelle S., Lohmar B., Wang J. X., Huang J. K., "Water Saving Technology and Saving Water in China", *Agricultural Water Management*, 2007, (87): 139 – 150.

[6] Chen S. C., Wang YH, Zhu T. J., "Exploring China's Farmer-level Water-saving Mechanisms: Analysis of an Experiment Conducted in Taocheng District, Hebei Province", *Water*, 2014, (6): 536 – 547.

[7] Fang X. M., Roe T. L., Smith RBW, "Water Shortages, Intersectoral Water Allocation and Economic Growth: The Case of China", *China Agricultural Economic Review*, 2015, (7): 2 – 26.

[8] Guan D. H., Zhang Y. S., Al-Kaisi M. M., "Wang Q. Y., Zhang M. C., Tillage Practices Effect on Root Distribution and Water Use Efficiency of Winter Wheat Under Rain-fed Condition in the North China

Plain", *Soil & Tillage Research*, 2015, （146）: 286 – 295.

［9］Mu L., Fang L., "Exploring Northwestern China's Agricultural Water Saving Strategy: Analysis of Water Use Efficiency Rased on SE – DEA Model Conducted in Xi'an, Shaanxi Province", *Water Science and Technology*, 2016, 74（5）: 1106 – 1115.

第七章

［1］马晓强、韩锦绵:《我国水权制度 60 年: 变迁、启示与展望》,《生态环境》2009 年第 12 期。

［2］马晓强、韩锦绵:《政府、市场与制度变迁——以张掖水权制度为例》,《甘肃社会科学》2009 年第 1 期。

［3］王亚华:《中国用水户协会改革: 政策执行视角的审视》,《管理世界》2013 年第 6 期。

［4］杨彦明:《最严格水资源管理与水资源软路径》,《水利发展研究》2013 年第 6 期。

［5］钟玉秀:《张掖市节水型社会建设试点的经验和启示》,《水利发展研究》2003 年第 7 期。

［6］方兰:《中国农业灌溉活动中利益相关者行为研究》,科学出版社 2016 年版。

［7］Brooks D. B., "Beyond Greater Efficiency: The Concept of Water soft Paths", *Canadian Water Resources Journal*, 2005, 30（1）.

［8］Brooks, D. B. & Holtz, S., "Water Soft Path Analysis: From Principles to Practice", *Water International*, 2009, 34（2）.

第八章

［1］赖先齐:《中国绿洲农业学》,中国农业出版社 2005 年版。

［2］魏玲玲:《玛纳斯河流域水资源可持续利用研究》,博士学位论文,石河子大学,2014 年。

［3］谢芳:《兵团绿洲现代农业发展模式研究》,博士学位论文,石河

子大学，2011年。

[4] 张红丽：《新疆节水生态农业系统理论与制度创新研究》，博士学位论文，华中农业大学，2004年。

[5] 郑芳：《新疆农业水资源利用效率的研究》，硕士学位论文，石河子大学，2013年。

[6] 艾热提江·噢斯曼·笔理科雅尔：《新疆农业生态环境恶化的成因分析与对策研究》，《农业环境与发展》2010年第1期。

[7] 曹东勃：《适度规模：趋向一种稳态成长的农业模式》，《中国农村观察》2013年第2期。

[8] 曹雪、阿依吐尔逊·沙木西：《水资源约束下的干旱区种植业结构优化分析——以新疆库尔勒市为例》，《资源科学》2011年第9期。

[9] 陈浩、杨达源、金晓斌：《石河子垦区耕地土壤污染问题分析》，《干旱区资源与环境》2013年第2期。

[10] 程维明：《基于水资源分区和地貌特征的新疆耕地资源变化分析》，《自然资源学报》2012年第11期。

[11] 邓依萍、刘涛：《新疆节水农业区划及分区对策研究》，《节水灌溉》2008年第10期。

[12] 樊自立：《塔里木河下游生态保护目标和措施》，《中国沙漠》2013年第33卷第4期。

[13] 顾宁、余孟阳：《农业现代化进程中的金融支持路径识别》，《农业经济问题》2013年第9期。

[14] 合力力·买买提：《维吾尔族生态文化传统与经济发展研究》，《黑龙江民族丛刊》2008年第5期。

[15] 姜松：《西部地区农业现代化演进、个案解析与现实选择》，《农业经济问题》2015年第1期。

[16] 李谷成：《中国农业的绿色生产率革命：1978—2008》，《经济学》（季刊）2014年第2期。

[17] 李国平：《生态补偿的理论标准与测算方法探讨》，《经济学家》

2013 年第 2 期。

[18] 李君：《新疆农村水资源的法律制度完善》，《中国经贸》2015
年第 15 期。

[19] 李利民、苗昊翠：《新疆花生栽培生产现状及发展对策研究》，
《中国农学通报》2011 年第 27 卷第 9 期。

[20] 李万明：《新疆水资源可持续利用对策分析》，《新疆农垦经济》
2015 年第 5 期。

[21] 李子联、华桂宏：《新常态下的中国经济增长》，《经济学家》
2015 年第 6 期。

[22] 刘时银：《基于第二次中国冰川编目的中国冰川现状》，《地理学
报》2015 年第 1 期。

[23] 钱争鸣、刘晓晨：《我国绿色经济效率的区域差异与影响因素分
析》，《中国人口·资源与环境》2013 年第 7 期。

[24] 钱争鸣：《环境管制、产业结构调整与地区经济发展》，《经济学
家》2014 年第 7 期。

[25] 宋丹丹：《新疆水资源承载力综合评价研究》，《新疆师范大学学
报》（自然科学版）2014 年第 4 期。

[26] 宋燕平：《我国农业环境政策演变及脆弱性分析》，《农业经济问
题》2013 年第 2 期。

[27] 王清军：《论水资源法律体系及完善》，《河北法学》2005 年第
6 期。

[28] 王永静、闫周府：《种植业用水结构演变与种植结构调整研
究——以石河子垦区为例》，《节水灌溉》2016 年第 3 期。

[29] 徐春海：《1972—2013 年新疆玛纳斯河流域冰川变化》，《干旱
区研究》2016 年第 3 期。

[30] 杨雅雪、赵旭等：《新疆虚拟水和水足迹的核算及其影响分析》，
《中国人口·资源与环境》2015 年第 5 期。

[31] 雍会：《新疆绿洲生态农业经济可持续发展对策研究》，《中国农
业资源与区划》2006 年第 4 期。

[32] 袁晓玲、李政大:《中国生态环境动态变化、区域差异和影响机制》,《经济科学》2013 年第 6 期。

[33] 张恒全:《水资源约束与中国经济增长》,《产业经济研究》2016 年第 4 期。

[34] 张杰:《我国棉花产业的困境与出路》,《农业经济问题》2014 年第 9 期。

[35] 周建华:《资源节约型与环境友好型技术的农户采纳限定因素分析》,《中国农村观察》2012 年第 2 期。

[36] Allan J. A. , "Virtual Water – the Water, Food and Trade Nexus: Useful Concept or Misleading Metaphor?", IWRA, *Water International*, 2003, 28 (1): 4 – 11.

[37] Dhehibi B. , Lachaal L. , Elloumi M. , et al. , "Measuring Irrigation Water Use Efficiency Using Stochastic Production Frontier: An Application on Citrus Producing Farms in Tunisia", *Afrian Jounal of Agricultural and Resource Economics*, 2007, 1 (2): 1 – 15.

[38] Karagiannis G. S. , "Estimation of a Production Frontier Model with Application to the Pastoral Zone of Eastern Australia", *Australian Journal Resource Economics*, 2003, 26 (1): 57 – 72.

[39] Niels Thevs, Ahemaitijiang Rouzi, "Evapotranspiration of Cotton, Apocynum Pictum, and Zyzyphus Jujuba in the Tarim Basin, Xinjiang, China", *Journal of Water Resource and Protection*, 2015 (7).

[40] Timmerman P. Vulnerability, *Resilience and the Collapse of Society: A Review of Models and Possible Climatic Applications*, Toronto, Canada: Institute for Environmental Studies, University of Toronto, 1981.

[41] Wichelns, *The Policy Relevance of Virtual Water Can be Enhanced by Considering Comparative Advantages*, Agricultural Water Management, 2004, 66: 49 – 63.

[42] 库尔勒市环保局, http://www.xjepb.gov.cn/web_admin/

01. asp？ ArticleID＝93743，2011－04－23。

[43] 《库尔勒晚报》，http：//szb. loulanwang. com/2016-08/27/content_ 211915. htm，2016－8－27。

[44] 《如何用有限的水资源确保国家粮食安全》，http：//219. 238. 161. 100/html/1223873120625. html。

[45] 天山网，2014 年 9 月 26 日，http：//news. ts. cn/content/2014 － 09/26/content_ 10564292. htm。

[46] 《新疆水资源公报》2012 年、2013 年、2014 年。

[47] 《新疆统计年鉴 2015》。

[48] 《新疆维吾尔自治区（地方）第一次水利普查公报》。

[49] 中国经济与社会发展统计数据库。

第九章

[1] 雷波、姜文来、刘钰：《流域水资源配置中水资源使用权的界定及其作用研究》，《水利发展研究》2006 年第 9 期。

[2] 马永喜：《基于 Shapley 值法的水资源跨区转移利益分配方法研究》，《中国人口·资源与环境》2016 年第 10 期。

[3] 王克强、刘红梅：《中国农业水权流转的制约因素分析》，《农业经济问题》2009 年第 10 期。

[4] 王亚华：《关于我国水价、水权和水市场改革的评论》，《中国人口·资源与环境》2007 年第 5 期。

[5] 谢慧明、沈满洪：《中国水制度的总体框架、结构演变与规制强度》，《浙江大学学报》（人文社会科学版）2016 年第 7 期。

[6] James Yoo, "The Value of Agricultural Water Rights in Agricultural Properties in the Path of Development", *Ecological Economics*, 2013 (91)：57 –68.

[7] Lawrence W. C. Lai, Mark H. Chua, Frank T. Lorne, "The Coase Theorem and Squatting on Crown Land and Water: A Hong Kong Comparative Study of the Differences between the State Allocation of Proper-

ty Rights for two Kinds of Squatters", *Habitat International*, 2014 (44): 247–257.

[8] Sarah E. Null, Liana Prudencio, "Climate change effects on water allocations with season dependent water rights", *Science of the Total Environment*, 2016 (571): 943–954.

后　记

　　每次完成一篇文稿，激动、忐忑中都带着满满的收获和回忆。近十年来，我和我的研究团队以陕西为起点，沿河流向四方辐射。向西我们行至甘肃河西走廊黑河流域、新疆塔里木河流域，向东我们到了河南、山东的黄河流域，向南我们的足迹至湖北、安徽、贵州的长江流域，向北至山西、内蒙古的黄河流域。记不清多少个酷暑寒冬，我们奔走在田间地头，溪水阡陌。印在脑海里满满的都是在火热的田野上学生们充满热情和青春的身影和笑容，还有在钟灵毓秀的雁塔校区文科科研楼 502 室大家热烈的头脑风暴。师者的学术生涯和学术成就，因为传道的神圣、授业的执着、育人的奉献而变得更有意义。

　　笔者自 20 世纪 90 年代参加工作以来即从事与"三农"相关的工作，在二十余年的工作和学习中，深刻体会到"水"对于中国干旱的西北地区生命般的意义。广袤的土地、极端干旱的天气，因为水的存在，让西北地区变得如此富饶、迷人，让千年的"丝绸之路"文明绵延至今。

　　"一带一路"建设为西北地区提供了更大的发展机遇，发展经济也成为沿线区域的重中之重。必须清醒地看到，西北地区发展的最大制约在于"水"，然而水资源短缺与浪费的"悖论"在西北地区并存；西北的水资源管理和改革（如水权制度建设）在全国都具有示范意义，然而资料显示西北地区农业水资源利用效率一直在全国末位徘徊；

西北灌区的农业水价偏低，几乎无法发挥市场的调节功能；农业水权交易依然以政府行政主导为主，尚未产生巨大的市场价值；农业水生态环境退化缺乏完善的补偿机制和责任追究机制等。诸多的问题亟待学者去研究、探索。

目前我国农业水资源领域正在进行全面的深化改革，生态文明建设与农业水资源优化配置有机结合，对促进我国农业水资源优化配置具有重要意义。基于西北地区脆弱的生态系统，从生态文明的视角下研究水资源优化配置，具有重要的意义。在项目的执行过程中，笔者反复思考，几易其稿，从最初单纯聚焦于以经济和技术为核心的水资源优化配置，转向以生态文明理念为指导的水资源优化配置研究。这是一个艰难的探索最终蜕变升华的过程！我们力图做到以"人水和谐"的理念为前提，通过农业生产方式的转变，水资源管理制度的改进等综合方式，全方位提升农业水资源的优化配置水平。不仅考虑水量调节，而且将水质、水环境联合起来，形成三位一体的调节模式。不仅考虑水资源对农业生产的支撑，更是从生态系统的角度考虑水资源对整个经济社会生态系统的安全的影响。这才是实现西北地区农业水资源优化配置的必由之路。

本书的相关研究工作由笔者与所指导的博士后、博士研究生以及硕士研究生共同完成。全书共九章内容，各章节具体分工如下：第一章：方兰、陈龙、穆兰；第二章：方兰、乔娜、穆兰；第三章：方兰、燕星辰、王雪莹；第四章：方兰、陈龙；第五章：方兰、穆兰；第六章：方兰、穆兰；第七章：方兰、陈龙、穆兰、李军、王雪莹、魏倩倩；第八章：方兰、屈晓娟、魏倩倩；第九章：方兰、陈龙。全书由方兰进行总体设计、统稿及定稿。陈龙和李军为全书的编辑和校对做了大量的工作。

本书初稿于2016年12月中旬完成，之后我赴国外访学一年，回国后忙于教学、科研、管理各项工作，导致本书的出版不得已一再延后。在延迟出版期间，书稿经过数次修改、校对，尽可能做到了数据和表述更加准确和合理。

在此向我的学生们致谢，因为你们的努力工作和出色表现，不仅使我们的研究工作更加精彩，更让我们的人生更加精彩！

在此也向中国社会科学出版社张林编辑表示诚挚的感稿，因为她认真、细致、严谨的编辑工作，使本书得以高质量地出版。

本书是笔者主持的教育部人文社会科学研究基地重大项目（11JJD790012）的最终研究成果，没有教育部人文社会科学研究基地项目的资金支持，我们不可能成功地完成我们的研究工作，在此致以衷心的感谢。

方　兰

2019 年 6 月 15 日